工业互联网技能人才培养基础系列教材

物联网技术

刘海平◎主编

人民邮电出版社
北京

图书在版编目（CIP）数据

物联网技术 / 刘海平主编. -- 北京 : 人民邮电出版社, 2021.11
工业互联网技能人才培养基础系列教材
ISBN 978-7-115-57642-2

Ⅰ. ①物… Ⅱ. ①刘… Ⅲ. ①物联网－教材 Ⅳ. ①TP393.4②TP18

中国版本图书馆CIP数据核字(2021)第204044号

内 容 提 要

物联网是技术发展与应用需求达到一定阶段的必然产物。物联网通过汇聚多种新兴技术，将物与物、人与物联系起来，使网络延伸到物理世界中。物联网改变了传统的通信方式与信息连接方式，推动了技术升级，加速了工业化与信息化的融合。本书梳理了物联网技术涉及的相关内容，涵盖了物联网的架构、关键技术和应用等，形成了理论与实例、技术与应用、学术与行业相结合的物联网知识体系，主要内容包括物联网技术的概述、物联网感知技术、无线传感网络技术、蜂窝物联网技术、物联网平台技术、物联网典型应用等。

本书可以作为高等学校电子信息类、计算机类等相关专业师生的参考书，也可作为高职高专工业互联网等相关专业的物联网技术课程教材，还可作为物联网工程师和物联网爱好者的参考书或培训材料。

◆ 主　　编　刘海平
　责任编辑　王海月
　责任印制　陈　犇

◆ 人民邮电出版社出版发行　　北京市丰台区成寿寺路 11 号
　邮编　100164　　电子邮件　315@ptpress.com.cn
　网址　https://www.ptpress.com.cn
　北京市艺辉印刷有限公司印刷

◆ 开本：787×1092　1/16
　印张：14.75　　　　2021 年 11 月第 1 版
　字数：286 千字　　　2021 年 11 月北京第 1 次印刷

定价：59.80 元

读者服务热线：(010)81055493　印装质量热线：(010)81055316
反盗版热线：(010)81055315
广告经营许可证：京东市监广登字 20170147 号

编辑委员会

出版说明

工业互联网的核心功能实现依托于数据驱动的物理系统和数字空间的全面互联，是对物联网、大数据、网络通信、信息安全等技术的综合应用，最终通过数字化技术手段实现工业制造过程中的智能分析与决策优化。

本套教材共包括 5 册：《物联网技术》《工业大数据技术》《网络通信技术》《信息安全技术》《工业制造网络化技术》。

《物联网技术》一书系统地讨论了物联网感知层、网络层、应用层的关键技术，涵盖云计算、网络、边缘计算和终端等各个方面。将这些技术应用于工业互联网中，能够自下而上打通制造生产和管理运行数据流，从而实现对工业数据的有效调度和分析。

《工业大数据技术》一书介绍了大数据采集、存储与计算等技术，帮助读者理解如何打造一个由自下而上的信息流和自上而下的决策流构成的工业数字化应用优化闭环，而这个闭环在工业互联网三大核心功能体系之间循环流动，为工业互联网的运行提供动力保障。

《网络通信技术》一书系统地介绍了不同类型的通信网络。通信技术通过有线、无线等媒介在工业互联网全环节的各个节点间传递信息，将控制、管理、监测等终端与业务系统连接起来，使工业互联网实现有效数据流通。先进的通信技术将在工业互联网数字化过程中起到重要作用。

《信息安全技术》一书介绍了防火墙入侵防御、区块链可信存储、加解密原理、PKI 体系等内容，这些技术和原理保证了工业互联网在采集、传输、存储和分析数据的整个生产制造流程中安全运行，能够有效阻止生产过程受到干扰和破坏。提升工业互联网的安全保障能力是保证设备、生产系统、管理系统和供应链正常运行的基本需求。

《工业制造网络化技术》一书展现了网络技术如何在工业互联网中落地，以及如何帮助工业企业实现敏捷云制造的最终目标。

本套教材面向发展前沿，关注主流技术，充分反映了工业互联网新技术、新标准和新模式在行业中的应用，具有先进性和实用性。本套教材主要用于在校生学习参考和一线技术人员的培训，内容力求通俗易懂，语言风格贴近产业实际，深入浅出，操作性强，在探索产教融合方式、培养发展工业互联网所需的各类专业型人才和复合型人才方面做了有益尝试。

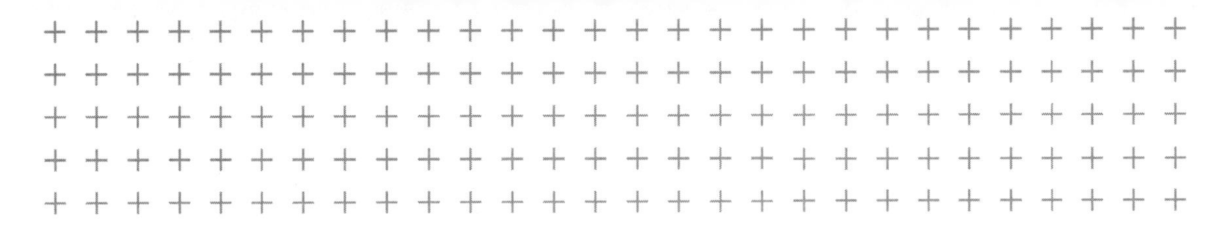

丛书序

未来几十年，新一轮科技革命和产业变革将同人类社会发展形成历史性交汇。世界正在进入以信息产业为主导的新经济发展时期。各国均将互联网作为经济发展、技术创新的重点，把互联网作为谋求竞争新优势的战略方向。工业互联网的发展源于工业发展的内生需求和互联网发展的技术驱动，顺应新一轮科技革命和产业变革趋势，是生产力发展的必然结果，是未来制造业竞争的制高点。

当前，全球制造业正进入新一轮变革浪潮，大数据、云计算、物联网、人工智能、增强现实/虚拟现实、区块链、边缘计算等新一代信息技术正加速向工业领域融合渗透，将带来制造模式、生产组织方式和产业形态的深刻变革，推动创新链、产业链、价值链的重塑再造。

2020 年 6 月 30 日，中央全面深化改革委员会第十四次会议审议通过《关于深化新一代信息技术与制造业融合发展的指导意见》，强调加快推进新一代信息技术和制造业融合发展，要顺应新一轮科技革命和产业变革趋势，以供给侧结构性改革为主线，以智能制造为主攻方向，加快工业互联网创新发展，加快制造业生产方式和企业形态根本性变革，夯实融合发展的基础支撑，健全法律法规，提升制造业数字化、网络化、智能化发展水平。

《工业和信息化部办公厅关于推动工业互联网加快发展的通知》明确提出深化工业互联网行业应用，鼓励各地结合优势产业，加强工业互联网在装备、机械、汽车、能源、电子、冶金、石化、矿业等国民经济重点行业的融合创新，突出差异化发展，形成各有侧重、各具特色的发展模式。

当前，我国工业互联网已初步形成三大应用路径，分别是面向企业内部提升生产力的智能工厂，面向企业外部延伸价值链的智能产品、服务和协同，面向开放生态的工业互联网平台运营。

我国工业互联网创新发展步伐加快，平台赋能水平显著提升，具备一定行业、区域影响力的工业互联网平台不断涌现。截止到 2021 年 6 月，五大国家顶级节点系统的功能逐步完备，标识注册量突破 200 亿。但不容忽视的是，我国工业互联网创新型、复合型技术人才和高素质应用型人才的短缺，已经成为制约我国工业互联网创新发展的重要因素，尤其是全国各地新基建的推进，也会在一定程度上加剧工业互联网“新岗位、新职业”的人才短缺。

工业互联网的部署和应用对现有的专业技术人才和劳动者技能素质提出了新的、更高的要求。工业互联网需要既懂 IT、CT，又懂 OT 的人才，相关人才既需要了解工业运营需求和网络信息技术，又要有较强的创新能力和实践经验，但此类复合型人才非常难得。

随着工业互联网的发展，与工业互联网相关的职业不断涌现，而我国工业互联网人才基础薄弱、缺口较大。当前亟待建立工业互联网人才培养体系，加强工业互联网人才培养的产教融合，明确行业和企业的用人需求，学校培养方向也要及时跟进不断变化的社会需求，强化产业和教育深度合作的人才培养方式。

因此，以适应行业发展和科技进步的需要为出发点，以“立足产业，突出特色”为宗旨，编写一系列体现工业和信息化融合发展优势特色、适应技能人才培养需要的高质量、实用型、综合型人才培养的教材就显得极为重要。

本套教材分为 5 册:《物联网技术》《网络通信技术》《工业大数据技术》《信息安全技术》《工业制造网络化技术》，充分反映了工业互联网新技术、新标准和新模式在行业中的应用，具有很强的先进性和实用性，主要用于在校生的学习参考和一线技术人员的培训，内容通俗易懂，语言风格贴近产业实际。

邬贺铨
中国工程院院士

前言

物联网是国家新兴战略产业中信息产业发展的核心，在国民经济发展中发挥着重要作用。目前，物联网是全球研究的热点之一，国内外将其提升到国家级的战略高度，称之为继计算机、互联网之后世界信息产业的第三次浪潮。

物联网是通过各种信息传感设备及系统、条码与二维码、全球定位系统，按约定的通信协议，将物与物、人与物连接起来，通过各种接入网、互联网进行信息交换，以实现智能化识别、定位、跟踪、监控和管理的一种信息网络，是“感知、传输、应用”3 项技术相结合的信息获取和处理技术。物联网的蓬勃发展推动了工业的大踏步前进，总体上，工业物联网是工业互联网中的“基建”，涵盖了云计算、网络、边缘计算和终端，自下而上打通工业互联网中的关键数据流。互联网让万物相连成为了可能，物联网让工厂获取更多与生产相关的数据，两者的配合使得工厂可以通过“工业互联网”实现工业数据的调度分析和应用。

本书共 6 章，第 1 章是物联网技术的概述，主要包括物联网的概念、物联网的体系结构和物联网各层功能；第 2 章是物联网感知技术，主要包括物品的分类与编码、自动识别技术、条码识别、二维码识别、RFID、NFC 和其他自动识别技术；第 3 章是无线传感器网络技术，包括无线传感器网络的通信协议、组网技术和核心支撑技术；第 4 章是蜂窝物联网技术，包括蜂窝物联网技术体系、NB-IoT 技术和基于 5G 的高可靠物联网关键技术；第 5 章是物联网平台技术，包括物联网开放平台总体架构和设备管理平台、连接管理平台、应用使能平台、业务分析平台的功能介绍；第 6 章是物联网典型应用，主要涉及公共事业、无人驾驶、工业应用、智慧物流等领域。

物联网作为一种集成技术，涉及众多行业，发展迅速，限于编者的水平和时间，难以做到尽善尽美，不足之处，恳请广大读者不吝指正。

本书配备了教学 PPT 和习题答案，读者可扫描下方二维码加入“工业互联网技能人才培养教材”QQ 群免费获取。

编者

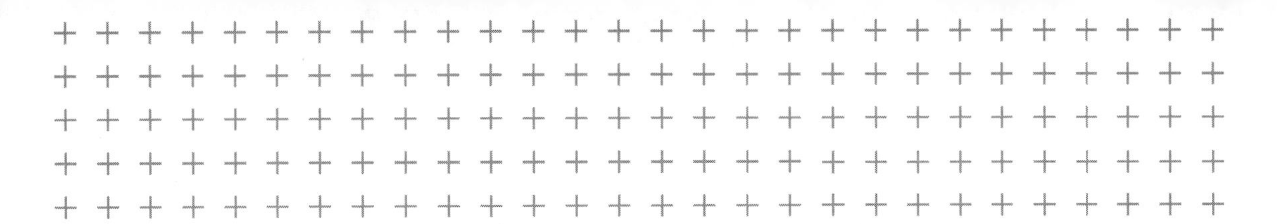

目录

CHAPTER 1

第1章 物联网技术的概述

学习目标

掌握物联网的基本概念与体系结构，了解物联网与各种网络之间的关系，熟悉物联网的各层功能。

本章知识点

（1）物联网的概念与体系结构。

（2）物联网与各种网络之间的关系。

（3）物联网的各层功能及相关技术。

内容导学

物联网是能够在物品与物品之间自动实现信息交换的通信网络。在物联网中，可以利用自动识别、传感技术等感知技术采集物品信息，通过互联网把所有物品连接起来，实现物品的智能化管理。

在学习本章时，应重点关注以下内容。

（1）掌握物联网与各种网络之间的关系

互联网、传感网和泛在网都与物联网密切相关。互联网和物联网之间的关系类似于“父子”。因为物联网是基于互联网的新一代信息网络，是互联网对物理世界的延伸。而传感网和物联网有很多相似之处（例如，都需要对物体进行感知，都用到相同的技术，都要进行数据传输等），传感网曾一度被认为是物联网，但其实物联网的概念比传感网更宽泛。泛在网和物联网的终极目标是一样的，从泛在网的角度来看，物联网是泛在网的初级阶段，实现的是物与物、物与人的通信。

（2）了解物联网的体系结构及相关模型

物联网三层模型是最早的、也是最简单的物联网分层架构，它将物联网自下而上分为感知层、网络层和应用层 3 层，体现了物联网 3 个明显的特征：全面感知、可靠传输和智能处理。2012 年，ITU-T 在发布的《Y.4000-2012 物联网综述》中定义了物联网的参考模型，由应用层、业务支持和应用支持层、网络层、装置层 4 层及与之相关的管理和安全能力构成。除了分层架构，还可以从功能域的角度划分物联网。“六域模型”打破了简单分层的模式，从业务和应用上指引物联网项目的开发与设计，具有较强的工程实践指导意义。

（3）掌握物联网感知层关键技术

感知层是物联网的最底层，其功能是通过传感器收集物体上的各种信息，是物联网发展和应用的基础。感知层主要涉及物品信息编码技术、自动识别技术、定位技术、传感器网络技术和嵌入式系统等。

（4）掌握物联网最顶层的主要功能

应用层是物联网的最顶层，负责向用户交付特定于应用的服务，如智能家居、智能电网、智慧交通、智慧物流等。

1.1 物联网的概念

1.1.1 物联网的定义

关于物联网，目前业界有很多定义，具有代表性的定义如下。

1999 年，美国麻省理工学院的 Auto-ID 研究中心将物联网定义为通过射频识别（Radio Frequency Identification，RFID）、条码等技术将所有物品与互联网连接起来，实现智能识别和管理功能的网络。这是物联网最早的定义。

2005 年，国际电信联盟（International Telecommunication Union，ITU）扩展了物联网的定义，提出了通过连接任何时间、任何地点的任何对象来实现泛在网络和泛在计算的愿景。除了 RFID 技术，传感器技术、纳米技术、小型化技术、智能终端等也将得到更广泛的应用。

2009 年，欧盟第七框架计划下的欧洲物联网研究项目组（CERP-IoT）认为，物联网是未来互联网的一个组成部分，可以被定义为基于标准和可互操作通信协议并具有自我配置能力的动态全球网络基础设施。物联网的“物”具有标识、物理属性和实质性的特点，利用智能接口实现与信息网络的无缝连接。

2010 年政府工作报告对物联网进行了更为具体的说明：物联网是指通过信息传感设备，

按照约定的协议，把各种物品与互联网连接起来，进行信息交换和通信，以实现智能化识别、定位、跟踪、监控和管理的一种网络。它是在互联网基础上延伸和扩展的网络。

1.1.2 物联网与各种网络之间的关系

互联网、传感网和泛在网（Ubiquitous Network，UN）都与物联网密切相关。从目前的发展情况来看，这些网络之间的关系如图 1-1 所示。

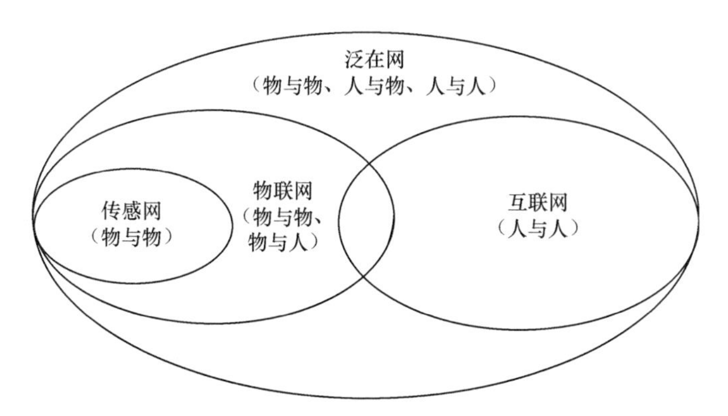

图 1-1 传感网、物联网、互联网和泛在网之间的关系

1. 物联网与互联网的关系

互联网是一个巨大的国际网络，网络相互串联在一起，为人们提供信息服务。互联网和物联网之间的关系类似于“父子”。因为物联网是基于互联网的新一代信息网络，是互联网对物理世界的延伸。物联网的发展促进了工业化和信息化的结合。从某种意义上说，互联网是物联网的灵感来源；反过来，物联网的发展进一步推动了互联网的演进，实现从人与人延伸到人与物，以及物与物之间的信息共享。

物联网与互联网有着十分密切的联系，但实际上，物联网与互联网有很多不同之处。从技术要求的角度来看，物联网很难由现在的互联网延伸，因为互联网的承载网是单一的，而物联网的承载网不是单一的；从系统集成的角度来看，由于物联网涉及的技术和行业太多，因此，它对系统集成的要求比互联网高得多；从应用的角度来看，互联网的应用是虚拟的，而物联网的应用是针对物理对象的，这种差异形成了两种应用之间的成本差异；从数据源的角度来看，互联网的数据是通过人工手段获取的，而物联网的数据是通过自动感知获取的，这些海量数据是物品根据自身或周围环境生成的；从网络建设和使用的角度来看，互联网的建设和使用是全球性的，而物联网则是产业性或区域性的，要么建立自己的专用网，要么使用互联网中的虚拟专用网（Virtual Private Network，VPN）。

2. 物联网与传感网的关系

传感网一般指无线传感器网络（Wireless Sensor Network，WSN），它是由部署在监控区域的大量传感器节点通过无线通信连接而成的多跳自组织网络。因为传感网和物联网有很多相似之处，如都需要对物体进行感知，都用到相同的技术，都要进行数据传输等，所以传感网曾一度被认为就是物联网。

但是，物联网的概念比传感网更宽泛。传感网主要关注如何获取更多的信息，重点是传感技术和传感器设备。物联网主要是为人们提供高层次的应用服务。它不但可以处理数据，而且更注重对象的识别和指示。物体属性包括动态属性和静态属性，动态属性需要传感器实时检测，而静态属性可以存储在标签中，然后由设备直接读取。所以，除了传感网，为物联网提供物理信息的还有 RFID 技术、二维码、全球定位系统（Global Positioning System，GPS）、语音识别、红外传感、激光扫描等。从这个角度来说，传感网是物联网的一部分，两者是局部和整体的关系。来自传感网的数据是物联网海量信息的主要来源。

3. 物联网与泛在网的关系

泛在网即广泛存在的网络，其目标是实现任何人、任何物在任何时间、任何地点都能顺畅地通信。2004 年，日本提出了“U-Japan”战略，其中“U”即泛在（Ubiquitous）。紧随其后，韩国确立了“U-Korea”总体政策规划，并于 2006 年在 IT-839 计划中引入“泛在的网络”概念。2009 年，ITU-T 在 Y.2002 标准提案中规划了泛在网的蓝图，指出泛在网的关键特征是“5C”和“5A”。“5C”强调了泛在网无所不能的功能特性，分别是融合（Convergence）、内容（Contents）、计算（Computing）、通信（Communication）和连接（Connectivity）。“5A”强调了泛在网无所不在的覆盖特性，分别是任意时间（Any Time）、任意地点（Any Where）、任意服务（Any Service）、任意网络（Any Network）和任意对象（Any Object）。

从泛在性的内涵来看，泛在网首先关注的是人与周围环境的互动。它最大的特点就是信息的无缝连接。无论是人们日常生活中的通信、管理和服务，生产中的传输、交换和消费，还是自然界中的防灾、环保和资源勘探，都需要通过泛在网来进行连接，实现统一的网络。这种广泛的包容性是物联网所不具备的。

泛在网和物联网的终极目标是一样的。从泛在网的角度来看，物联网是泛在网的初级阶段（泛在物联阶段），实现的是物与物、物与人的通信。到了泛在协同阶段，泛在网实现的是物与物、物与人、人与人的通信，这也是物联网的理想形态。从目前的研究范围来看，泛在网比物联网的范围更大，两者的研究重点有所不同。物联网强调感知和识别，泛在网强调网络和智能，比如多个异构网络互联。

1.2 物联网的体系结构

1.2.1 物联网三层模型

物联网三层模型是最早的、也是最简单的物联网分层架构，它将物联网自下而上分为感知层、网络层和应用层。

（1）感知层：感知层主要从物理世界收集信息，是物联网的数据基础。感知层就如同人体系统中的感觉器官，负责利用传感器采集外界环境的物理信息、化学信息和生物信息。感知层涉及的主要技术包括 RFID 技术、短距离无线通信技术（如 Wi-Fi、Mesh、蓝牙、ZigBee 等）、传感器与控制技术等。

（2）网络层：网络层负责处理和传输感知层获得的信息，实现感知层和应用层之间的数据传输和交互，是物联网的中间环节。网络层建立在现有通信网络和互联网的基础上，通过有线和无线的结合、移动通信技术和各种网络技术的配合，为用户提供智能选择接入网络的模式。

（3）应用层：应用层承载用户业务和功能，利用感知信息对不同的业务进行处理，并将处理后的信息反馈更新，为用户提供服务。

物联网三层模型体现了物联网 3 个明显的特征：全面感知、可靠传输和智能处理。三层模型表明，物联网的本质是传感、通信和信息的集成。不过这种划分还是比较粗糙的，虽然可以快速地了解物联网的全貌，但也出现了一些技术难以明确分类、各种技术之间的集成关系不清晰等问题，容易让人产生误解。

1.2.2 ITU-T 参考模型

2012 年，ITU-T 在发布的《Y.4000-2012 物联网综述》中定义了物联网的参考模型，如图 1-2 所示。该模型由应用层、业务支持和应用支持层、网络层、装置层 4 层及与之相关的管理和安全能力构成。

（1）应用层：应用层包括所有物联网应用。

（2）业务支持和应用支持层：业务支持和应用支持层不仅可以为所有业务和应用提供通用的支持能力，如数据处理，还可以为指定的业务和应用提供特定的支持能力以满足不同应用的需求。

（3）网络层：网络层提供网络能力和传输能力。网络能力提供网络连接的相关控制功能，如接入和传输资源控制，移动性管理，以及认证、授权和结算。传输能力侧重于支持物联网应用的数据信息和相关控制管理信息的传输。

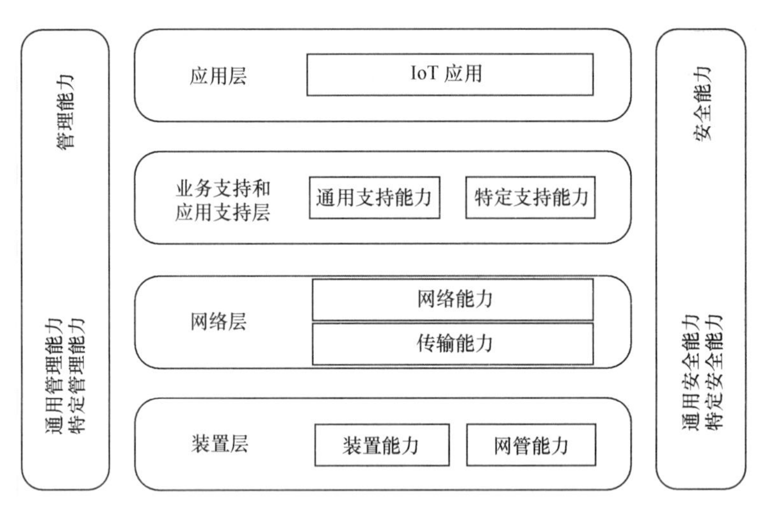

图 1-2　ITU-T 参考模型

（4）装置层：装置层提供装置能力和网管能力。装置能力包括设备和通信网络之间的信息传输、设备之间的自组网，以及设备的睡眠和唤醒等。网管能力包括支持多种通信接口和协议转换等。

（5）管理能力：与传统通信网络类似，物联网的管理能力包括“FCAPS”5 种基本功能，即故障管理（Fault Management）、配置管理（Configuration Management）、计费管理（Accounting Management）、性能管理（Performance Management）和安全管理（Security Management）。管理能力可分为通用管理能力和特定管理能力。其中，通用管理能力包括装置管理、区域网拓扑管理、流量和拥塞管理等。特定管理能力与特定应用要密切对应，例如，智能电网电力传输线的监测。

（6）安全能力：安全能力包括通用安全能力和特定安全能力。通用安全能力独立于应用，负责在各个网络层次上提供授权、认证、数据保密性和完整性保护等。特定安全能力与特定应用要密切对应，例如，移动支付的安全。

1.2.3　物联网的域模型

除了分层架构，还可以从功能域的角度对物联网进行划分。物联网的“六域模型”以应用级业务功能为主要原则，将整个系统划分为目标对象域、感知控制域、服务提供域、资源交换域、运行管理域和用户域六大域，如图 1-3 所示。物联网“六域模型”打破了简单分层划分的模式，从业务和应用上指引物联网项目的开发与设计，具有较强的工程实践指导意义。

（1）用户域：在设计物联网系统之前，需要了解相关用户是谁，用户的需求是什么。

用户域用于分析用户对物理世界的感知和控制的需求。

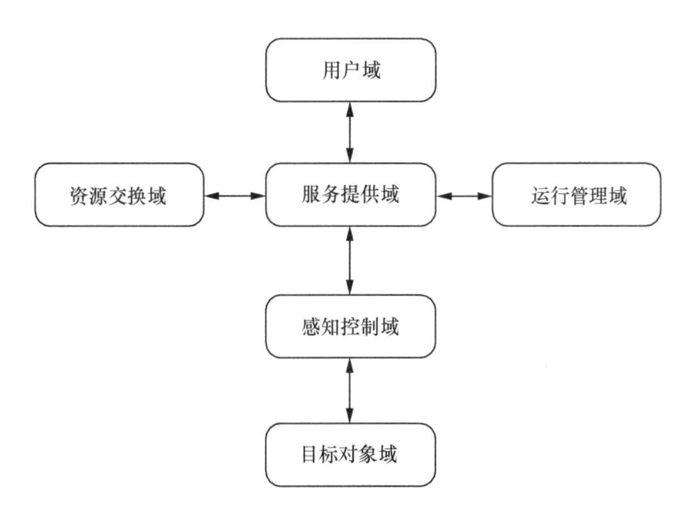

图 1-3　物联网的“六域模型”

（2）目标对象域：目标对象域负责将用户域定义的用户需求映射到物理实体。

（3）感知控制域：感知控制域根据所需的物体信息，设定具体的感知系统以及感知系统之间的协同工作。这个域类似于物联网三层模型中的感知层，但它定义了前端真实场景中获取对象信息的感知控制系统。例如，为了获得车辆的信息，需要知道布置什么类型的传感器及它们布置在车辆中的位置。

（4）服务提供域：服务提供域对海量的物联网设备上传的异构信息进行处理，并提供专业服务。

（5）运行管理域：运行管理域分为技术层面和法律层面。技术层面是指对系统的运行维护管控。当物联网涉及的行业越来越多时，大量的信息是通过设备获取的，因此设备系统的准确性、可靠性和安全性对信息的质量至关重要。法律层面是指法律规定的管理和限制。物联网作用于实物，有大量的法律规定，可以对实物进行管理，因此物联网的管理不得不考虑这一点。

（6）资源交换域：资源交换域负责各部门物联网系统的信息资源和外部资源的交换，从而共同形成高效的服务。

1.3　物联网各层功能

如图 1-4 所示，新一代物联网的体系结构将物联网分为 4 个层级，分别是感知层、传输层、处理层、应用层。

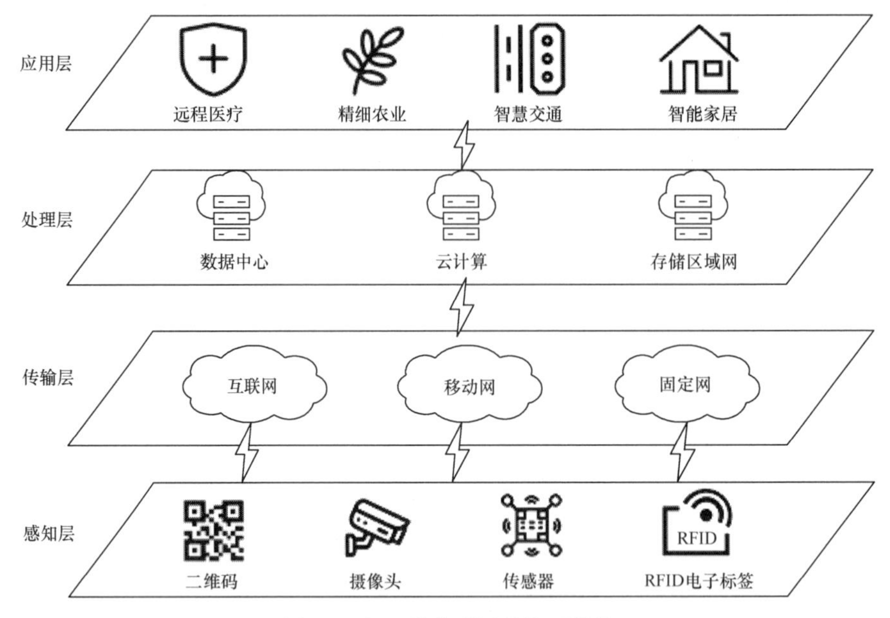

图 1-4　新一代物联网的体系结构

1.3.1　感知层

感知层是物联网的最底层，是物联网发展和应用的基础，其功能是通过传感器收集物体上的各种信息。目前，常见的数据采集设备包括红外感应器、摄像头、传感器、条码扫描器、手机和各种终端设备等。

感知层构建物与物的网络，与普通的公众通信网络有很大不同，这也体现在物联网的基础设施建设上。物联网的基础设施建设主要集中在感知层，其他层次的基础设施建设可以充分利用现有的网络基础设施。由于物联网中传感器数量多且位置不固定，不适合使用有线连接，因此无线传输技术在传感器网络中得到广泛的应用。

感知层涉及的主要有物品信息编码技术、自动识别技术、定位技术、传感器网络技术和嵌入式系统等。

物品信息编码技术是自动识别技术的基础，可以为我们提供准确的物品信息。物品信息编码技术包括条码、光学标签编码和电子产品代码（Electronic Product Code，EPC）等。自动识别技术包括 RFID、图像识别和语音识别等。定位技术包括卫星定位、基站定位等室外定位技术和 Wi-Fi 定位、蓝牙定位、RFID 定位等室内定位技术。传感器网络技术包括传感器网络数据的存储、查询、分析、挖掘、理解，以及基于传感数据进行决策的理论和技术。嵌入式系统包括嵌入式微处理器、嵌入式操作系统和嵌入式应用软件开发等。

1.3.2 传输层

传输层的主要功能是通过各种通信协议将感知层采集的数据传输到数据中心、控制系统等进行处理，实现所有可以独立寻址的普通物理对象的互联、互通。

传输层面临的最大问题是如何让众多异构网络无缝互联。通信网络按地理范围从小到大分为体域网（Body Area Network，BAN）、个域网（Personal Area Network，PAN）、局域网（Local Area Network，LAN）、城域网（Metropolitan Area Network，MAN）和广域网（Wide Area Network，WAN）。BAN局限在人体表面、人体内或人体周围，一般不超过十米，其通信标准由IEEE 802.15.6制定。BAN可组成身体传感网络（Body Sensor Network，BSN）等。PAN范围一般在几十米，具体技术包括ZigBee、超宽带（Ultra Wideband，UWB）、蓝牙、无线千兆比特（Wireless Gigabit，WiGig）、高性能个域网（High Performance PAN，HiperPAN）等。LAN的范围一般在几百米，具体技术有以太网、Wi-Fi等。在大多数情况下，局域网还作为传感网和互联网之间的接入网络。MAN的范围一般在几千米至几万米，具体技术包括无线的WiMAX、有线的弹性公组环（Resilient Packet Ring，RPR）等。WAN一般用于长途通信，具体包括同步数字体系（Synchronous Digital Hierarchy，SDH）、光传送网（Optical Transport Network，OTN）、异步传输模式（Asynchronous Transfer Mode，ATM）及软交换等传输和交换技术，是构成移动通信网和互联网的基础网络。感知层一般采用体域网、个域网或局域网技术，传输层一般采用局域网、城域网和广域网技术。

1.3.3 处理层

处理层通过数据挖掘等技术，对网络中的海量信息进行实时高速处理，智能挖掘、管理、控制和存储数据，通过计算和分析将各种信息资源整合成一个大规模的智能网络，为上层服务管理和大规模工业应用提供高效、可靠、可信的支撑技术平台。在物联网产业链中，感知层和处理层被视为物联网的核心环节。

处理层的设备包括超级计算机、服务器集群和海量网络存储设备，通常放置在数据中心。数据中心也称计算中心。超级计算机是将大量处理器连接在一起，利用并行计算技术实现大规模研究课程的计算机。超级计算机可以为物联网的一些行业的海量数据处理提供高性能的计算能力。服务器集群是一组共同为客户端提供网络资源的计算机系统，当其中一台服务器出现故障时，系统会将客户的请求转移到另一台服务器进行处理。海量网络存储设备包括硬盘、磁盘阵列、光盘和磁带等，这些设备为物联网的海量数据提供存储和共享服务。

1.3.4 应用层

应用层是物联网的最顶层，负责向用户交付特定于应用的服务。应用层利用分析处理后的感知数据，为各行业的实际应用搭建管理平台和运营平台，为用户提供丰富的个性化服务。

应用层负责数据格式化和表示，互联网中的应用层通常基于超文本传输协议（Hypertext Transfer Protocol，HTTP），但是，HTTP 不适合在资源受限的环境中使用，因为它具有较大的解析开销。目前已经为物联网环境开发了许多替代协议，例如受限应用协议（Constrained Application Protocol，CoAP）和消息队列遥测传输（Message Queuing Telemetry Transport，MQTT）协议。

CoAP 可以被视为 HTTP 的替代方案，它被用于大多数物联网应用。与 HTTP 不同，CoAP 结合了针对受限应用程序环境的优化。CoAP 使用 EXI（高效 XML 交换）数据格式，EXI 是一种二进制数据格式，与纯文本 HTML/XML 相比，它在空间利用方面要高效得多。其他受支持的功能内置在标头压缩、资源发现、自动配置、异步消息交换、拥塞控制以及对多播消息的支持中。CoAP 中有 4 种消息类型：不可确认、可确认、重置（无应答）和确认。为了通过用户数据报协议（User Datagram Protocol，UDP）进行可靠的传输，CoAP 使用了可确认的消息，可以在确认消息中附带响应。此外，出于安全目的，CoAP 采用数据报传输层安全性（Datagram Transport Layer Security，DTLS）加密。

MQTT 协议是构建在 TCP/IP 上的发布/订阅协议，它是由国际商业机器公司（International Business Machines Corporation，IBM）作为客户端-服务器协议开发的。客户端是发布者（Publisher）/订阅者（Subscriber），服务器充当代理（Broker）。客户端通过传输控制协议（Transmission Control Protocol，TCP）连接到代理，客户可以发布或订阅消息。这种通信是通过代理进行的，该代理的工作是协调订阅并验证客户端的安全性。MQTT 协议是一种轻量级协议，适用于物联网应用，但是它基于 TCP 运行，因此不能与所有类型的物联网应用程序一起使用。

本章小结

本章介绍了物联网的概念、体系结构以及各层的功能。物联网三层模型是最早的、也是最简单的物联网分层架构，体现了物联网 3 个明显的特征：全面感知、可靠传输和智能处理。按照物联网的体系结构，每一层都有自己的关键技术。传输层的关键技术是无线传输网络技术和互联网技术。处理层的关键技术是数据库技术和云计算技术。应用层的关键技术是行业专用技术与物联网技术的集成。物联网作为一个热门的研究领域，其体系结构需要不断完善，各层功能也需要相关的技术支撑。

本章习题

1. 什么是物联网？简述物联网的概念。
2. 物联网与传感网有什么关系？
3. 什么是互联网？互联网与物联网有什么不同？
4. 物联网三层模型和域模型有什么区别？三层模型各层次之间的关系是什么？
5. ITU-T 参考模型分为几层？每层的主要功能是什么？

CHAPTER 2

第2章 物联网感知技术

学习目标

了解物联网感知技术；掌握物品的分类与编码方法；熟悉自动识别技术，掌握条码识别、二维码识别、RFID、NFC等识别技术；了解语音识别、生物识别等识别技术。

本章知识点

（1）物品的分类与编码。

（2）自动识别技术的分类与构成。

（3）条码识别、二维码识别等技术的结构及特点。

（4）RFID系统的能量传输与数据传输。

（5）一些自动识别技术的特点及典型应用。

内容导学

物联网的宗旨是实现万物的互联与信息的传递，要实现人与人、人与物、物与物互联，首先要对物联网中的人或物进行识别。物品信息编码是自动识别技术的基础，自动识别技术提供了物联网“物”与“网”连接的基本方法。

在学习本章时，应重点关注以下内容。

（1）掌握物品代码的表现形式

代码是一组有序的符号对，用于表示商品的信息。一般来说，有3种表达方式：数字型、字母型和数字字母混合型。代码分为两类：无含义代码和有含义代码。代码用于标识物品，所以其正确性将直接影响编码系统的质量。

（2）掌握自动识别技术

自动识别技术是一种高度自动化的数据采集技术，可以对每个物品进行标识和识别，是实现全球物品信息实时共享的重要组成部分，是以计算机技术和通信技术为基础的综合科学技术。自动识别技术已经广泛用于交通运输、物流、医疗卫生和生产自动化等领域，根据获得的识别信息的确定性可将自动识别技术分为两类：数据采集技术和特征提取技术。

（3）熟悉 RFID 技术

RFID 技术是 20 世纪 90 年代兴起的一种非接触式的自动识别技术，涉及射频信号的编码、调制、传输和解码等多个方面。RFID 技术识别过程无须人工干预，可工作于恶劣环境，可识别高速运动的物体，可同时识别多个标签，操作快捷方便。RFID 技术的这些优点使其迅速成为物联网的关键技术之一。

（4）了解生物识别技术

生物识别技术是指一种通过人体生物特征进行身份认证的技术。生物特征识别技术主要基于生物独特的个体和可以被测量或自动识别验证的特征，具有遗传性或永久性等特点。指纹识别技术是生物识别技术最早的发展方向之一。此后，人脸识别、掌纹识别和虹膜识别也纷纷进入身份认证领域。

2.1 物品的分类与编码

“万物互联”形成物联网，因此物联网的核心是“物”，即实体。一个实体可能由多个特征组成，如房间的温度与湿度等。物理实体泛指现实世界中的任何对象，如用于检测物理对象的感知设备，没有感知能力的交通工具、高楼和道路等。人作为特殊的存在，也是物理实体的一部分。物品编码可以帮助人们更好地理解和管理事物。通过对物品进行编码，实现了物品的数字化，从而能自动识别物品的种类、状态、地理位置和逻辑位置，提高信息处理的效率。

编码主要是实现识别、分类和参考等功能。分类的作用是给出信息的类型，根据代码值将不同应用系统之间的信息关联起来。

随着物联网的大规模应用，作为物-物通信基础的物品编码变得越来越重要。建立统一的物联网编码体系有助于实现各行业、各领域的协同工作。

2.1.1 物品分类

物品分类可以提高物品编码的效率，降低编码的复杂度。在对物品进行分类与编码的过程中，首先需要了解集合的概念。集合是数学领域中的一个基本概念，集合论的创立者康托尔认为，集合是人们把某些确定的、彼此完全不同的对象看作一个整体。物品分类与编码方法的原理和实现与集合的概念和性质相关。

物品分类时应遵循目的性、明确性、包容性、唯一性和逻辑性等基本原则，并依据分类原则将所属范围内的物品科学地、系统地逐级划分为若干范围更小、特征更一致的子集，直至最小的应用单元。对常用商品进行分类时，由于商品本身的属性，分类的依据也有很多，如商品的用途、原材料、生产加工方法、商品的主要成分或特殊成分等。

目前国内外主要的物品分类编码体系有全球商业倡议联盟制定的全球产品分类（GPC）、世界海关组织制定的商品名称及编码协调制度（HS）、联合国统计部署制定的产品总分类（CPC）和产品电子代码（EPC）等。

图 2-1 是 GPC 产品分类框架。大类是产品隶属的行业，中类是小行业，小类是族，细类是适合客户使用的具体产品品种，即基础产品类别，除对产品进行分类外，还会对产品的属性如外观、价格和包装等进行描述。

大类	中类	小类	基础产品类别 细类	基础产品类别 定义	基础产品类别 特征属性描述	基础产品类别 特征属性值

图 2-1　GPC 产品分类框架

例如，某种葡萄酒的 GPC 代码为 5020220510000275，则其代码含义为：50 表示大类中的食品、饮料和烟草，20 表示中类中的饮料，22 表示小类中的葡萄酒，05 表示细类中的发泡型葡萄酒，10000275 表示该葡萄酒的标识代码。

2.1.2　物品代码

代码是一组有序的符号，用于表示商品的信息。一般来说，有 3 种表达方式：数字型、字母型和数字字母混合型。代码分为两类：无含义代码和有含义代码。无含义代码是指代码本身不提供任何关于编码对象的信息，只是作为编码对象的唯一标识，用来代替编码对象名称。有含义的代码是指代码既能表示编码对象，又能表现出编码对象的一些特征，便于物品信息的交换和传输。无含义代码和有含义代码的常用代码类型如图 2-2 所示。

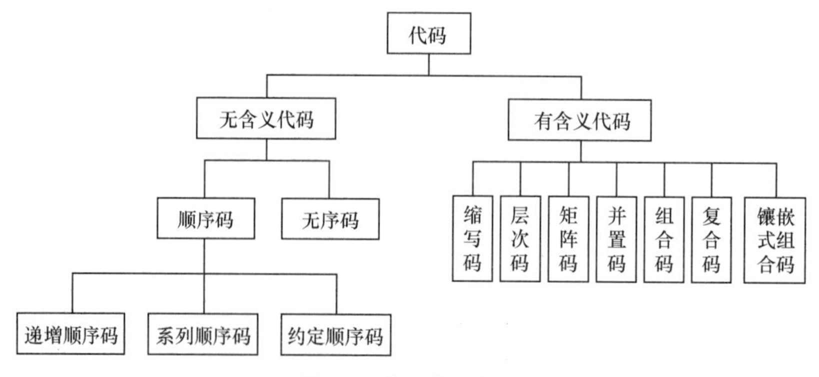

图 2-2　常用代码类型

代码用于标识物品，所以其正确性将直接影响编码系统的质量。为了验证输入代码的正确性，在代码本体中添加了校验码。校验码是一种附加字符，可以通过数学方法验证其正确性。校验码的生成和正确性验证由校验系统来完成。当代码输入到校验系统时，系统将使用验证程序计算输入的本体代码，然后将校验结果与输入代码的校验码进行比较。如果二者一致，则代码输入正确；如果不一致，则代码输入是错误的。

2.1.3 物品编码的载体

物品编码后，需要相应的载体来携带其编码。不同的物品编码选择的载体也不同。物品编码的载体主要包括条码标签、射频标签和卡片。

条码标签用于承载条码符号，带有条码和人工可读字符，通过印刷、粘贴或吊牌的方式附着在物品上。条码标签根据其制作工艺可分为覆隐条码标签、覆合条码标签、永久性标签、印刷标签、打印标签和印刷打印标签等。根据印刷标签应用领域的不同，可将其分为商品条码标签、物流标签、生产控制标签、办公管理标签和票证标签等。根据其印刷载体的不同，可分为纸质标签、合成纸和塑料标签，以及特殊标签等。根据其信息表示维度的不同，可分为一维码和二维码。

射频标签用于承载电子信息编码，通常粘贴在需要识别或跟踪的物品上。射频标签具有以下特点：非接触识别、高速运动物体识别、抗恶劣环境、保密性强、可同时识别多个物体等，其应用场合十分广泛。射频标签根据其供能方式分为有源标签和无源标签。根据其工作频率可分为低频（30～300kHz）、高频（3～30MHz）、超高频（860～960MHz）或微波标签。根据其形态材质可分为标签、注塑和卡片。

卡片也是物品编码的一种载体。人们日常生活中使用的名片、身份证和银行卡等都属于这一类。目前，卡可分为两大类：半导体卡和非半导体卡。非半导体卡包括磁卡、聚对苯二甲酸二醇脂卡、光卡和刻字卡。半导体卡包括集成电路卡（Integrated Circuit Card，IC 卡）等。IC 卡又分为接触式 IC 卡和非接触式 IC 卡，由此还衍生出双接口卡，即可在一张卡上同时提供接触式和非接触式两种接口模式。

2.2 自动识别技术概述

自动识别技术是一种高度自动化的数据采集技术，可以对每个物品进行标识，是实现全球物品信息实时共享的重要组成部分。它是以计算机技术和通信技术为基础的综合科学技术，是自动读取信息数据并输入计算机的重要方法和手段，是物联网的基石。换句话来讲，自动识别技术就是一种能够让物品“开口说话”的技术。自动识别技术已经广泛应用于交通运输、物流、医疗保健和生产自动化等领域，提高了工作效率，进而实现机器的自动化和智能化。

2.2.1 自动识别技术的分类

自动识别技术是一种自动数据采集技术。它应用某种识别装置，通过识别某些物理现象或被识别物品与识别装置的接近活动，自动地获取被识别物品的相关信息，并通过专用设备传输到后续数据处理系统来完成相关处理。在计算机系统中，数据的采集是信息系统的基础，这些数据通过数据处理系统进行分析和过滤，最终会影响我们的决策。换句话说，自动识别是利用机器对各种事物或现象进行检测和分析并做出判别的过程。在这个过程中，人们需要把经验和标准告诉机器，让机器按照一定的规则正确地收集事物数据并进行分析。

国际自动识别制作商协会（AIM Global）主要负责自动识别技术的标准化。中国自动识别技术协会是 AIM Global 的成员之一，其业务领域涵盖条码识别技术、卡片识别技术、光学符号识别技术、语音识别技术、射频识别技术、视觉识别技术、生物识别技术和图像识别技术等自动识别技术。

识别就是对有关事物进行归类和定性。根据获得的识别信息的确定性，自动识别技术可分为两类：数据采集技术和特征提取技术。两者的区别在于特征提取技术是根据事物本身的行为特征来判决信息，而数据采集技术需要特定的载体来存储信息。

1. 数据采集技术

数据采集技术中被识别的物体需要具有一定的识别信息，这些信息存储在特定的识别特征载体上，如条码和电子标签等。数据采集技术只要读取载体上的信息就能自动识别物体。根据信息存储的介质类型，数据采集技术可分为光存储、磁存储和电存储。

（1）光存储。如条码识别、二维码识别、光标识读器。

（2）磁存储。如磁条、非接触式磁卡、磁光存储、微波信号。

（3）电存储。如射频识别、IC 卡识别、视觉识别、能量扰动识别。

2. 特征提取技术

特征提取技术是基于被识别对象自身的生理或行为特征来完成数据的自动采集和分析，如语音识别、指纹识别等。根据特征的类型，特征提取技术可以分为以下 3 类。

（1）静态特征。如指纹、虹膜、人脸和光学字符识别（Optical Character Recognition，OCR）等。其实条码识别和二维码识别本质上也是静态特征提取技术，它们之所以被归为数据采集技术，是因为它们的特征不是自然的，而是人为规定的规则图像，需要特殊载体来呈现这些图像。

（2）动态特征。如语音、步态、签名和键盘敲击等。签名本身是一种静态特征，如果考虑到书写的笔画顺序、力度等因素，则识别结果会更为精准。

（3）属性特征。如化学感觉特征、物理感觉符号、生物抗体病毒特征、联合感觉系统。

特征提取技术实际上是模式识别技术在自动识别领域的应用。模式识别能够对语音波形、地震波、心电图、图像、字符、符号和生物传感器等具体特征进行识别和分类，主要应用于图像分析与处理、语音识别、通信、计算机辅助诊断和数据挖掘等领域。

2.2.2 自动识别系统的构成

自动识别系统具有信息的自动获取和录入功能，无须手工录入就可将数据录入计算机。自动识别系统的一般模型如图 2-3 所示。

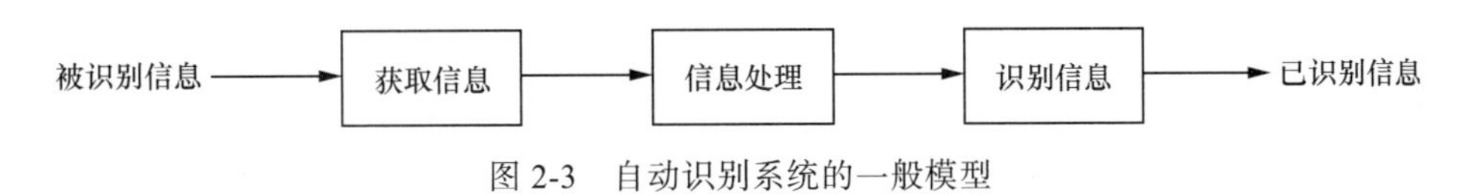

图 2-3 自动识别系统的一般模型

自动识别系统基于数据采集技术，如条码识别和 IC 卡识别，因为其信息格式是固定的且可以量化，故其系统模型相对简单，只需要把图中相应的信息处理模块换成相关解码工具即可。

如果输入的信息包含二维图像或一维波形等图像类信息，如指纹、声音等，这些信息没有固定的格式，且数据量大，需要使用模式识别技术进行特征提取和分类决策，因此其系统模型相对复杂，可以抽象为图 2-4 所示的模型。

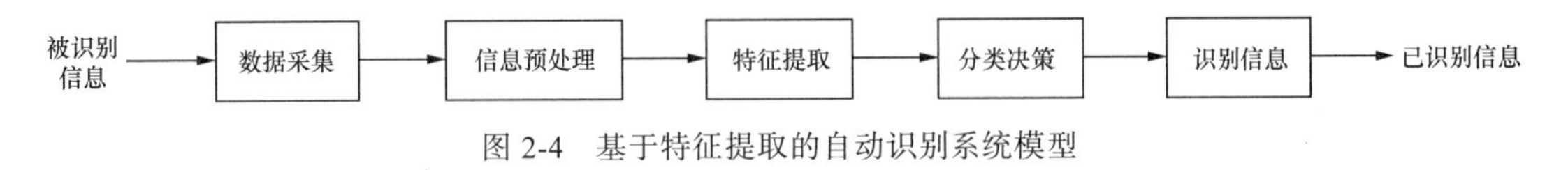

图 2-4 基于特征提取的自动识别系统模型

基于特征提取的自动识别系统一般由数据采集单元、信息预处理单元、特征提取单元和分类决策单元组成。数据采集单元通常采用传感技术实现，所需数据由传感器获取。信息预处理单元是为了消除或抑制信号干扰。特征提取单元是提取信息的特征，从而根据相关的判断标准或经验做出分类决策。

2.2.3 自动识别应用系统的开发

自动识别应用系统的开发所涉及的领域非常广泛，采用的技术手段也各不相同。针对二维码、RFID 和声纹等自动识别技术所开发的应用已经深入到人们的日常生活之中，提高了人们的生活质量。

1. 二维码识别系统的开发

随着移动互联网和智能手机的发展，手机二维码被广泛应用。利用手机摄像头识别二维码，不仅可以克服传统识别设备价格高、体积大、不易携带等缺点，还可以随时将数据信息上传到网络。在 O2O（线上线下）中，手机二维码实现了信息的实时传递，成为线上线下融合的关键接口。

Android 系统是目前智能手机的主流操作系统之一，在 Android 平台上进行二维码生成和识别需要用到第三方开发包，如 Qrcode_swetake.jar 提供的编码 API（应用程序接口）、QRCode.jar 提供的解码 API 和谷歌公司提供的开源类库 ZXing，前两者专门用于高速识读码的编解码，ZXing 还能够用来识别多种格式的条码。每一种自动识别技术的固有特性都使应用具有优势和限制，许多情况下必须多种技术、多种手段并用来满足实际应用需要，例如，条码和 RFID 就经常联合使用。2014 年，我国正式发布二维码统一编解码 SDK（软件开发工具包），涵盖多种码制、多种操作系统和多种应用终端。

二维码识别系统的开发通常包含两部分：二维码的生成和二维码的识别。生成二维码时，调用编码 API 将用户输入的字符转换成二维数组，然后调用绘制功能完成对二维码图形的绘制。识别二维码时，首先调用手机的摄像头完成二维码图像的采集，然后调用解码 API 译出二维码携带的信息。

（1）二维码的生成

二维码的生成主要靠相应的编码包，将用户输入的字符转换成二维数组，然后使用绘图功能根据二维码的编码规范绘制出二维码。

名片、短信、文字、电子邮件和网络书签都能生成二维码。系统应提供相应的交互界面，让用户选择要生成二维码的信息类型并输入数据。具体的开发步骤如下。

① 编写交互界面，供用户输入需要生成的字符串内容。

② 编写快速响应矩阵码（QR Code，以下简称 QR 码）的编码函数，方法是调用第三方开发包 Qrcode_swetake.jar，导入 com.swetake.util.Qrcode，利用 qrcode.calQrcode() 函数将输入的字符串转变成二维数组。

③ 编写二维码的绘制函数，方法是利用 Canvas 类完成对 QR 码的绘制，并通过交互界面上的 ImageView 控件显示生成的二维码。

（2）二维码的识别

二维码的识别主要包括图像预处理和解码两部分。图像预处理是为了更好地实现识别效果，通过摄像头采集的二维码图像可能会有光照不均、图像模糊扭曲等问题，通过图像预处理可以使这些问题得到解决，提高识别效率。预处理后的二维码按照译码规则标准提取数据。

进行二维码识别时，首先摄像头开始扫描，对检测到的图像进行预处理，然后将图像数据发送到后台解析。如果解析成功，将会弹出对话框，显示所识别的信息；如果解析不成功，它将再次调用摄像头，重复上述步骤，一直到预设定的时间之后结束扫描，弹出扫描失败对话框。具体开发步骤如下。

① 编写图像采集模块，使用 Camera 类完成相机调用和图像采集。摄像头的图像数据是通过实现摄像头的接口 onPreviewFrame 获得的。为了能够得到清晰的图像，需要调用 Autofocus Callback 自动对焦，每隔特定时间自动对焦一次。

② 编写预处理模块，完成对所采集图像的灰度化、二值化、图像滤波、定位和校正。在实际编程过程中，该部分属于对识别效果的优化步骤，也可以省略预处理模块，直接将采集的图像交由解码函数解码。

③ 编写 QR 码的解码函数，方法是调用第三方开发包 QRCode.jar，导入 jp.sourceforge.qrcode.QRCodeDecoder，利用 QRCode Decoder.decode()函数依照解码规范对预处理后得到的 QR 码符号进行部分解码，将图像解析为数据信息，最后输出数据。

2. RFID 应用系统的开发

RFID 技术目前已应用于各行各业，在学校食堂、公交车上及一些小区的门卫处，都能见到以 RFID 技术为基础的应用系统。以门禁系统为例，系统通过 RFID 读写器读取通行人员所持门禁卡携带的身份信息与数据中心存储的数据进行比对，认证通过后向微控制器发送指令打开电磁锁放行，从而实现人员身份的快速确认，自动完成从身份认证到放行的整个过程。

门禁系统分为 3 个子系统，即 RFID 管理系统、数据库管理系统和门禁控制系统，其结构如图 2-5 所示。

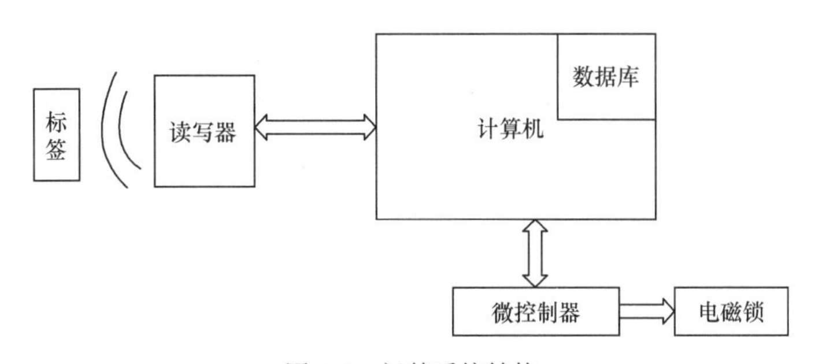

图 2-5　门禁系统结构

RFID 管理系统由 RFID 读写器和计算机上的控制程序组成，负责完成人员信息的采集和识别。标签的 ID 信息是持卡人身份的判别标志，系统控制程序会将读取的标签 ID 信息与数据库中的持卡人 ID 信息进行比对，比对结果将作为持卡人是否可以通过的判断依据。

数据库管理系统是门禁系统的数据中心，负责建立人员信息库，方便系统查询持卡人的通过权限。对于一个需要管理流动人口信息的门禁系统，数据库的删除、更新和查找等操作必不可少，这些操作确保了门禁系统的正常运行。

门禁控制系统是门禁系统的控制中心，主要包括微控制器和电磁锁。它的主要功能是识别开、关门信息，依据判别结果完成自控门的开关操作。

3. 声纹识别系统的开发

声纹识别技术是一种基于生物特征的新型认证技术，又称为说话人识别技术。提取语音信号中携带的个性特征信息后，说话人的身份可以通过模型训练和比较识别自动确定。该技术具有广泛的应用前景，在互联网、经济领域和军事安全等各个领域都起到了重要作用。

声纹识别系统的逻辑结构如图 2-6 所示。整个系统分为两个部分：训练和识别。训练阶段是指在不限定内容的情况下，随意记录讲话者所说的一段话，提取该段语音中的特征参数，然后构建讲话者自己的模型参数集。识别阶段是指提取待测语音的特征参数，与训练阶段得到的说话人的数据集合进行比较，并按照相似性准则进行判决。

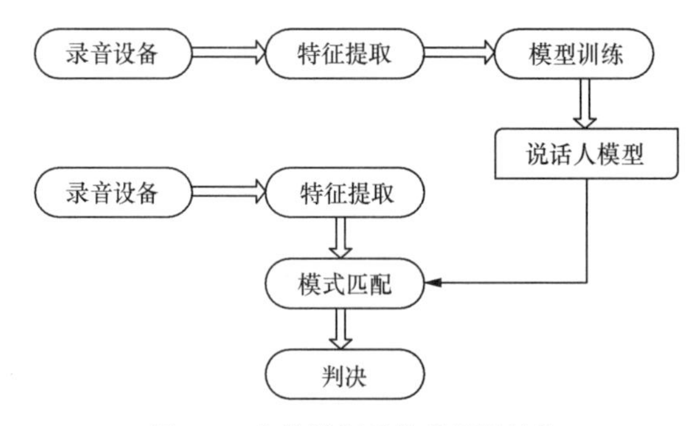

图 2-6 声纹识别系统的逻辑结构

目前，声纹识别的模式匹配方法分为以下 4 种。

① 动态时间规整（Dynamic Time Warping，DTW）方法。由于讲话者的声音有稳定的因素（发声器官的结构、发声习惯等）和不稳定的因素（速度、语调、重音、节奏等），所以将识别的模板和参考模板进行时间比较，得出两个模板的相似程度。

② 矢量量化（Vector Quantization，VQ）方法。按照一定的失真测度，利用特定算法将数据进行分类。该方法判断速度较快，准确率较高。

③ 隐马尔可夫模型（Hidden Markov Model，HMM）方法。它是一种基于状态转移概率矩阵和输出矩阵的模型，不需要时间规整，在与文本无关的说话人识别过程中采用隐马尔可夫模型，可以节约计算时间和存储量，但计算量较大。

④ 高斯混合模型（Gaussian Mixture Model，GMM）方法。求取特征参数的混合权

重、均值和协方差，建立说话人模型，然后把待测语音的特征参数输入到每个说话人模型，以计算得到的概率值最大的说话人作为判决结果。

2.3 条码识别

条码技术是自动识别技术最早的应用之一，属于图形识别技术，使用黑白线条的各种组合模式来表示不同的商品编码信息。典型的条码系统由编码、印刷、扫描识别和数据处理等几个部分组成，其处理流程如图 2-7 所示。

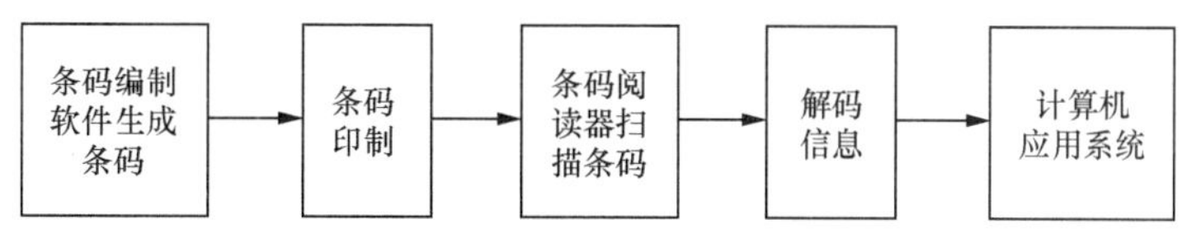

图 2-7　条码系统处理流程

任何条码都有其对应的物品编码标准，从编码到条码的转换可以通过条码编译软件来完成，生成相应的条码图形符号，然后通过非现场印刷或现场印刷方法，印制在纸质标签或商品包装上。通过条码阅读器扫描条码图形，可以获得条码所表示的物品信息，并送往计算机中的各种应用系统进行处理。

20 世纪 40 年代，美国的两位工程师开发了用于表示食品项目的代码和相应的自动识别设备，并获得了专利，这标志着条码的诞生。条码系统是由条码符号设计、制作和扫描阅读器组成的自动识别系统。20 世纪 70 年代左右，条码真正得到应用和发展。1973 年，美国统一编码协会（Uniform Code Council，UCC）建立了商品统一代码（Universal Product Code，UPC）系统。食品杂货业把 UPC 码作为该行业通用的标准码制，这对条码技术在商业流通和销售领域的广泛应用起到了推动作用。目前，条码技术已经在世界各国得到广泛应用，并逐渐渗透到许多技术领域。1974 年，Intermec 公司的戴维·阿利尔研制出 39 码，此码是第一个字母和数字相结合的条码，在工业领域得到了广泛的应用，很快被美国国防部作为军用条码。1976 年，美国和加拿大超市成功应用 UPC 码，尤其是欧洲超市，给人们带来了极大的鼓舞。1977 年，欧洲共同体签署了“欧洲物品编号”协议备忘录，正式成立了欧洲物品编码协会（European Article Numbering Association，EAN），在 UPC 码的基础上制定了 EAN 码。到 1981 年，EAN 协会已经发展成为一个国际组织，故改名为“国际物品编码协会”。

自 20 世纪 80 年代初以来，围绕提高条码符号的信息密度进行了深入的研究。128 码和 93 码就是其中的研究结果。这两种码的优点是条码符号的密度比 39 码高出近 30%。随着条码技术的发展，条码码制种类越来越多，标准化问题就显得很突出。因此，军用标准 11899、ITF25 码、39 码和条码 ANSI 标准 MHI0.8M 等先后被制定出来。与此同时，戴维 · 阿利尔又研制出 49 码，这是一种非传统的条码符号，它比以前的条码符号（即二维码的雏形）密度更高。此外，一些行业也开始建立行业标准，以满足发展的需要。之后 Ted Williams 推出了 16K 码，这是一种适用于激光扫描的编码。到 1990 年年底，条形编码系统已有 40 多种，相应的自动识别设备和印刷技术也得到了长足的发展。图书、邮电、物资管理部门和外贸部门等一些行业已经开始使用条码技术，国内一些高等院校、科研部门和一些外贸企业把条码技术的研究和推广提上日程。1988 年 12 月，经国务院批准后，原国家技术监督局成立了“中国物品编码中心”。该中心的任务是研究和推广条码技术，统一组织、发展、协调和管理国内的条码工作。

在经济全球化的信息社会到来之前，起源于 1940 年的条码和条码技术及各种应用系统已经引起了世界流通领域的巨大变化，并受到全世界的青睐。在 20 世纪 90 年代的国际流通领域，条码被视为商品进入国际计算机市场的“身份证”，让全世界以全新的眼光看待它。印刷在商品外包装上的条码，如同经济信息纽带，一旦与电子数据交换（Electronic Data Interchange，EDI）系统建立联系，便形成多元化的信息网络，各种商品的相关信息就像一个无形的、永无止境的自动导向传输机制，流向世界各地，活跃在世界商品流通领域。

总的来说，条码及其技术的应用有以下优势。

（1）准确可靠。根据相关资料，键盘输入平均每 300 个字符有一个错误，条码输入平均每 15 000 个字符有一个错误。如果加上奇偶校验位，条码的错误率极低，是千万分之一。

（2）经济便宜。与其他自动识别技术相比，推广应用条码技术的成本更低。

（3）数据输入速度快。一个每分钟能打 90 个字的打字员 1.6 秒可输入 12 个字符或字符串，而使用条码做同样的工作只需要 0.3 秒，速度提高了很多。

（4）灵活实用。条码符号可以单独作为一种识别手段使用，也可以与相关设备组成识别系统实现自动化识别，还可以与其他控制设备协作实现整个系统的自动化管理。同时，当没有自动识别装置时，也可用手工键盘输入。

（5）结构简单。条码符号识别设备的结构简单，操作方便，无须对操作人员进行专门培训。

（6）自由度大。识别装置和条码标签之间的相对位置的自由度比较大。条码通常只表示一维方向的信息，这样即使标签部分缺失，仍然可以从正常部分输入正确的信息。

（7）易于制作。条码是可以打印的，被称为“可打印的计算机语言”。条码标签易于制作，一般的印刷设备及材料即可完成。

从前面介绍可知，条码技术为我们提供了一种识别和描述物流中各种货物的方法。借助自动识别技术、销售终端（Point of Sales，POS）系统、EDI 系统等现代技术手段，企业可以随时了解相关产品在供应链中的位置，并即时做出响应。在条码技术应用的基础上，欧美等发达国家兴起高效客户响应、快速响应、自动连续补货等供应链管理策略。条码是实现电子商务和供应链管理等的技术基础，也是物流管理现代化、提高企业管理水平和竞争力的重要技术手段。

2.3.1 条码的构成和种类

条码由条码符号及其对应的字符组成，可以用扫描仪读取。条码符号是一组黑白（或深浅色）相间的平行线条，长度相同，宽窄不同，而它们对应的字符则由数字、字母和特殊字符组成，供人工识读。识别条码时，先用条码阅读器进行扫描得到一组反射光信号，在光电转换后成为一组与条和空相对应的电子信号，再根据相应的编码规则转换成相应的数字和字符信息，然后由计算机系统进行处理。

一个完整的条码通常由两侧空白区、起始符、数据符、校验符、终止符和供人工识读的字符代码组成，如图 2-8 所示。条码的部分位置和基本功能如下。

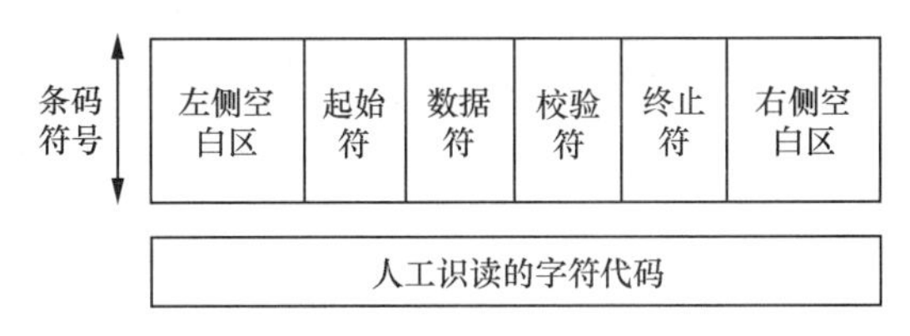

图 2-8 完整条码的组成

（1）空白区：位于条码两侧没有任何符号和信息的白色区域，用于提示扫描仪准备扫描。

（2）起始符：位于条码起始位置的几个条和空，用于标识条码符号的开始。扫描仪确认此字符存在后，开始处理扫描脉冲。

（3）数据符：位于起始符号后面，用于标识条码符号的具体数值，允许双向扫描。

（4）校验符：用于校验条码符号的正确性。当扫描仪读取条码进行解码时，先计算读取的信息。如果计算结果与校验符号相同，则判定此次读取有效。校验符通常是一种算术运算的结果。

（5）终止符：位于条码结束位置的若干条与空，用于标记条码符号的结束。

条码类型非常多，例如交叉 25 码、库德巴码、39 码、EAN 码、UPC 码和国际标准书号等。

根据字符符号的数量是否固定，条码分为定长条码（如 UF 条码）和非定长条码（如库德巴尔码）；按有无字符符号间隔可分为连续条码（如 EAN-128）和不连续条码（如 39 码、库德巴尔码）；按码制分，世界上约有 225 种条码，每种条码都有自己的一套编码规范，各自规定每个字符由几个空和条组成，以及字母的排列顺序等。

2.3.2 条码阅读器

1. 条码阅读器

要将条码转换成有意义的信息需要经过扫描和解码两个过程。条码的扫描和解码需要光电阅读器来完成，其工作原理如图 2-9 所示。条码阅读器由光学设备、光电转换部件和解码器等几部分组成。

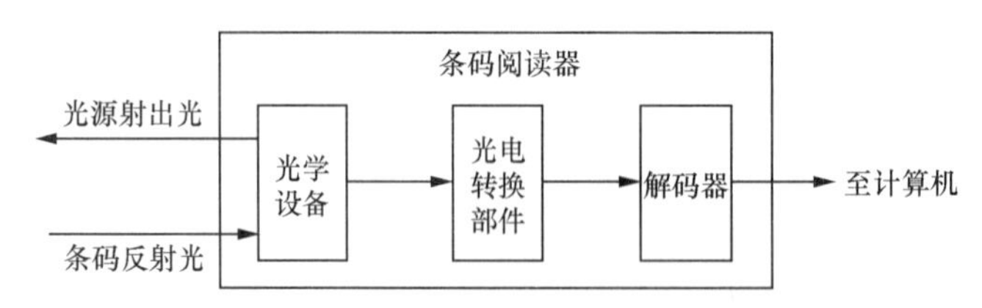

图 2-9　条码阅读器的工作原理

物体的颜色是由其反射光的类型决定的。白色物体可以反射不同波长的可见光，黑色物体则吸收不同波长的可见光。因此，当条码阅读器的光源在条码上反射后，反射光被条码阅读器接收到内部的光电转换部件上，光电转换部件根据不同强度的反射光信号将光信号转换成电子脉冲。解码器使用数学算法将电子脉冲转换成二进制代码，然后通过计算机接口将解码后的信息传送给手持终端，这就是条码识别的全过程。

条码阅读器按工作方式分为固定式和手持式两种；按产品种类分为光笔阅读器、电子耦合器件阅读器和激光阅读器等；按光源分为发光二极管、激光等。条码阅读器实例如图 2-10 所示。

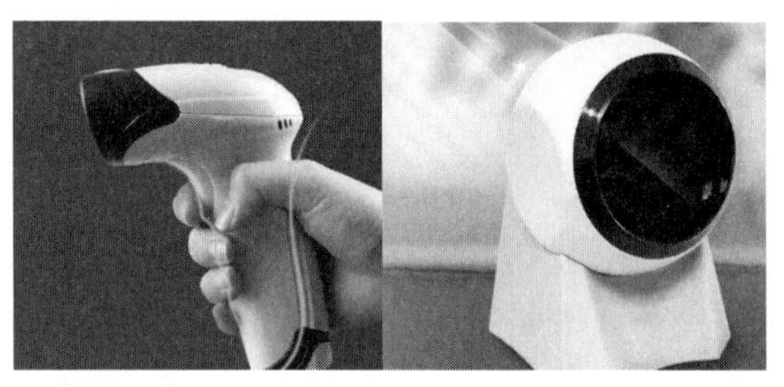

图 2-10　条码阅读器实例

图中的几种阅读器都由电源供电，与计算机之间通过电缆连接来传送数据，接口有 RS232 串口、USB 等，属于在线式阅读器。还有一些便携式阅读器，也被称为数据采集器或盘点机，它们将条码扫描装置与数据终端一体化，由电池供电，并配有数据储存器，有些还内置蓝牙、Wi-Fi 等无线通信模块，能将现场采集到的条码数据通过无线网络实时传送给计算机进行处理。

手持式条码扫描仪是 1987 年推出的技术形成的产品，外观与超市收银员使用的条码扫描仪非常相似。大部分手持式条码扫描仪都采用接触式图像传感器（Contact Image Sensor，CIS）技术，光学分辨率较高，有黑白、灰度、彩色多种颜色，其中颜色型号一般为 18 位彩色。也有个别高档产品使用电荷耦合元件（Charge Coupled Device，CCD）作为感光器件。

小型滚筒式条码扫描器，绝大多数采用 CIS 技术，作为手持式条码扫描器和平台式条码扫描器的中间产品，其光学分辨率为 300 像素，有彩色和灰度两种，颜色型号一般为 24 位彩色。还有少数使用 CCD 技术的小型滚筒式条码扫描仪，扫描效果明显优于 CIS 技术产品，但由于结构限制，相比于 CIS 技术的产品，它的体积一般比较大。小滚筒的设计是将条码扫描器的镜头固定，像打印机一样工作，移动镜头进行扫描，要扫描的物件必须穿过机器再送出。因此，要扫描的对象不能太厚。这类条码扫描器最大的优点是尺寸小，但在使用中有非常多的限制，例如只能扫描薄纸，范围不能超过条码扫描器的尺寸等。

平台式条码扫描器，又称平板式条码扫描器，是目前市面上最常使用的扫描器。这种条码扫描器的光学分辨率在 300 像素～8 000 像素，扫描幅面一般为 A4 或 A3，色彩位数在 24 位～48 位。此类扫描器使用相当方便，就像使用复印机一样，书籍、报纸、杂志和照片底片都可以放在扫描器上进行扫描，而且扫描的效果也是目前常见类型条码扫描器中最好的。

2. 条码编码技术

（1）码制

条码的码制是指条码符号的类型。不同类型的条码有不同的编码方法。每种码制都具有固定的编码容量和指定的条码字符集。

（2）条码编码

条码编码是指按照固定的规则，将数字或字符用条和空表示出来。条码编码方法一般有宽度编码法和模块组配法两种。

① 宽度编码法。宽度编码法是指条码的条和空宽度设置不同。二进制“1”用宽单元（条或空）表示，二进制“0”用窄单元（条或空）表示，宽单元与窄单元的比例一般控制在 2.00～3.00。39 码、库德巴码、交叉 25 码都采用宽度编码的方法来编码。

② 模块组配法。模块组配法是指条码符号的每个条码字符的条与空分别由若干个模块组配而成。一个模块宽度的条表示二进制“1”，一个模块宽度的空表示二进制“0”。普通商品条码（EAN 码）、UPC 码、128 码等都是按照模块组配法编码的。

（3）条码纠错

① 一维码的纠错。一维码主要采用校验码来保证识读的正确性。由于受信息容量的限制，一维码通常是对物品的表示，而不是对物品的描述。有些条码在一个条码字符内部就含有校验的机制，有些条码在标准中含有校验码的计算方法。

② 二维码的纠错。二维码的编码和纠错采用了更复杂的方法，技术含量更高。不同二维码可能采用不同的纠错算法。例如，PDF417 码在纠错方法上采用索罗门算法。纠错是在二维码局部损坏时，还能使用替代来恢复出正确的码字信息。

（4）编码容量

每种码制都有一定的编码容量，编码容量限制了条码字符集的字符数。对于宽度编码，只有两种宽度单元的条码符号，编码容量为 $c(n,k)$，这里 $c(n,k)=n(n-1)(n-2)\cdots(n-k+1)/k!$，其中，$n$ 是每一条码字符中所包含的单元总数，k 为单元的数量。

（5）连续性和不连续性

条码符号的连续性是指每个条码字符之间不存在间隔。但不连续的条码字符间隔造成的误差较大，一般规范没有给出具体的指标限制。从某种意义上来说，连续条码密度相对较高，而非连续条码的密度相对较低。对于连续的条码，除了控制尺寸误差外，还需要控制相邻条码之间的尺寸误差、空和空的边缘误差，以及每个条码字符的尺寸误差。

（6）条码字符集

条码字符集是指某一条码所包含的所有条码字符的集合。有些编码系统只能表示数字字符 0～9，如 25 码；有些码制不仅可以表示 10 个数字字符，还可以表示几个特殊字符，比如库德巴码。39 码可以表示数字字符 0～9，26 个英文字母 A～Z，以及一些特殊符号，条码字符的字符总数不能大于该码制的编码容量。

（7）定长条码和非定长条码

定长条码是指只能表示固定数量字符的条码。非定长条码是指可以表示可变字符格式的条码。定长条码限制了字符数，即解码的误读率相对较低。EAN、UPC 码是定长条码，如 EAN13 只能代表 13 个字符。39 码是非定长条码，非定长条码灵活、方便，但在扫描设备和打印区域的限制下无法表示任意多的字符，且在扫描设备读取时可能会造成译码错误。

（8）自校验特性

条码符号的自校验特性是指条码字符本身具有校验特性。而是否具有自校验功能，是由其编码结构决定的。比如 39 码、交叉 25 码都有自校验功能，自校验功能还可以检查出一些印刷缺陷。UPC 码、矩阵 25 码等没有自校验功能。

（9）双向可读性

大多数编码系统可以双向读取，双向可读性不仅仅是条码符号本身的特性，也是条码符号和扫描设备的综合特性。条码符号的双向可读性是指从两侧扫描条码均可被识别。对于非双向可读的条码，解码器在读取过程中需要区分扫描方向。在这种情况下，可以通过条码数据符号的特定组合来实现扫描方向的辨别。对于某些类型的条码，扫描方向由起始符和终止符决定。例如，39 码、库德巴码。对于某些类型的条码，由于从两个方向扫描所产生的数字脉冲信号完全相同，所以不能用它们来区分扫描方向，如 EAN 码和 UPC 码。

（10）条码符号的密度

条码符号密度是指单位长度上所含有的条码字符数。由于印刷条件和扫描条件的限制，很难把条码符号的密度做得太高。显然，对于任何一种码制来说，每个单元的宽度越小，条码符号的密度就越高，也就越节省打印面积。39码的最高密度为9.4块/英寸（1英寸=2.54厘米）；交叉25码的最高密度为17.7块/英寸；库德巴码的最高密度为10.0块/英寸。对于一个条码符号，密度越高，所需扫描设备的分辨率也就越高，设备对印刷缺陷的敏感度就越高。

此外，在设计和选择码制时，应考虑以下因素。

① 条码字符宽度。

② 对扫描速度变化的适应性。

③ 结构的简单性。

④ 允许偏差。

⑤ 所有字符应有相同的条数。

2.4 二维码识别

二维码可以存储各种语音、文字和图像信息，包含了大量的信息，拓展了条码的应用领域。二维码有很多种，其编码比较复杂，需要大量的预处理。比如PDF417码、汉信码等。

2.4.1 二维码的特点和分类

一维码只能表达水平方向的信息。二维码是在一维码无法满足实际应用需求的前提下产生的。大多数二维码的基本图元已经脱离了条形的约束，图形较为复杂。二维码将信息存储在由水平方向和垂直方向组成的二维空间中，因此称其为二维码。

二维码技术兴起于20世纪80年代，通常使用图像式识读器，如摄像头、照相机等，线性CCD识读器和光栅激光识读器只适用于行排式二维码。二维码的码制有QR码、PDF417、Maxicode、49码、Code 16K和Softstrip等。

1. 二维码的基本特点

二维码的密度是一维码的几十到几百倍，实现对物品特征的描述，而且具有耐磨、纠错等特点。二维码可以存储更多的信息，它可以表示各种字符和数字信息，也可以表示声音和图像信息。

一般语音、字符和图像在计算机中存储时都是以字节码的形式来表示的。二维码具有字节表示模式，因此可以将文字和图像先转换成字节流，再用二维码来表示。二维码可以借助图案自身起到数据通信的功能，减少了对网络和数据库的依赖，因此，二维码又被称为“便携式纸质数据库”。此外，还可以在二维码中引入加密机制，加强信息管理的安全性，防止各种证件和卡的伪造。二维码与一维码的比较如表 2-1 所示。

表 2-1 二维码与一维码的比较

项目	信息密度与信息容量	错误校验及纠错能力	垂直方向携带信息	用途	对数据库和通信网络的应用	识读设备
一维码	较小	有错误校验能力 无纠错能力	不携带信息	对物品的标识	多数应用场合	线性扫描器
二维码	大	有错误校验能力 有纠错能力	携带信息	对物品的表述	可独立使用	图像扫描器

2. 二维码的分类

根据编码方式的不同，二维码可以分为行排式、矩阵式和邮政码等几种类型。行排式二维码是在一维码的基础上按需要堆叠成两行或更多行而形成的，又称层叠式二维码。常见的有 PDF417、49 码和 Code 16K。

矩阵式二维码是在矩阵空间中通过黑白像素的不同分布来编码的。在矩阵对应元素的位置上，用点（方点、圆点或其他形状）的出现表示二进制“1”，用点的不出现表示二进制“0”，由点的排列组合确定矩阵式二维码的意义。常见的矩阵式二维码有 Code One、Maxicode、Vericode 码、田字码、汉信码和龙贝码等。

邮政码通过不同高度的条进行编码，主要用于邮件编码，如 Postnet、BPO 4-State 等。

彩码是在传统二维码的基础上添加色彩元素而形成的，通常以 4 种相关性最大的单一颜色（红、绿、蓝和黑）来表述信息，因此也称为三维码。

复合码是各种条码类型的组合。例如，EAN.UCC 系统复合码将一维码和二维码进行组合，其中一维码作为物品编码的主要标识，相邻的二维码对附加数据编码，加上批号和有效日期等。

2.4.2 二维码的符号结构

二维码是用图形来记录信息的。不同种类的二维码具有自己独特的图像排列规律。下面以 QR 码为例，介绍二维码的编码结构。

QR 码是目前使用最为广泛的二维码，QR 码除了具有二维码的共同特点，还具有超高速识读、全方位识读和高效表示汉字等特点。

每个 QR 码符号都是由正方形模块组成的一个正方形阵列，由编码区域和功能图形组成。功能图形是用于符号定位和特征识别的特定图形，不用于数据编码，它包括位置探测图形、分隔符、定位图形和校正图形。符号周围留有至少 4 个模块的空白区域。图 2-11 是 QR 码结构图。

图 2-11 QR 码结构图

（1）符号版本。QR 码符号共有 40 种版本，版本 1 为 21×21 个模块，模块是指组成二维码的基本深浅色块单元，深色块单元代表数字 1，浅色块单元代表数字 0。版本 2 有 25×25 个模块，以此类推，每一符号版本每边比上一个版本增加 4 个模块。

（2）寻像图形。寻像图形用于识别二维码符号，确定二维码的位置和方向。位置探测图形由 3 个同心的正方形组成。

（3）分隔符。在每个位置探测图形和编码区域之间有宽度为 1 个模块的分隔符，全部由浅色模块组成。

（4）定位图形。水平和垂直定位图形分别为一个模块宽度，是由深色与浅色模块交替组成的一行和一列图形，它们分别位于第 6 行与第 6 列，作用是确定符号的密度和版本，为模块坐标位置作参考。

（5）校正图形。每个校正图形可看作是 3 个同心的正方形，由 5×5 深色模块、3×3 浅色模块和一个中心深色模块构成。校正图形的数量视版本而定。

（6）编码区域。编码区域包括数据码字、纠错码字、版本信息和格式信息。

（7）空白区。空白区为环绕在符号四周的 4 个模块宽的区域，其反射率应与浅色模块相同。

2.4.3 二维码的编码过程

QR 码的编码是将数字信息转换成图形信息。整个过程分为数据分析、数据编码、纠错编码、构建最终信息、在矩阵中布置模块、掩模，以及添加格式信息和版本信息等步骤。

（1）数据分析是指分析所输入数据流，确定待编码字符的类型、纠错级别和符号版本等。

（2）数据编码是指将数据字符转换成位流。QR 码包括数字、字母、汉字、混合模式和其他模式。当需要进行模式转换时，在新的模式段开始之前添加模式指南进行模式转换，在数据序列之后添加一个终止符，将产生的位流分为每 8 位一个码字。根据版本要求，在必要时添加填充字符来填满数据码字数。

（3）纠错编码是指先将码字序列分块，再采用纠错算法按块生成一系列纠错码字，然后将其添加在相应的数据码字序列后，使得符号在遇到损坏时不致于丢失数据。QR 码有 L、M、Q 和 H 共 4 个纠错等级，对应的纠错容量依次为 7%、15%、25%和 30%。

（4）构造最终信息时，先根据版本和纠错等级将数据码字序列分为 n 块，计算相应块的纠错码字，然后依次将每一块的数据和纠错码字装配成最终的序列。

（5）在矩阵中布置模块是将寻像图形、分隔符、定位图形、校正图形与码字模块一起放入矩阵。

（6）掩模。直接对原始数据进行编码可能会在编码区域形成特定的功能图形，造成阅读器误判。为了可靠识别，最好将深色与浅色模块均匀排列。进行掩模前，需要先选择掩模图形。掩模是为了使符号的灰度均匀分布，以防止位置检测图案的位图出现在符号的其他区域。用多个矩阵图形对已知编码区的模块图形（除格式信息和版本信息外）进行连续异或运算。异或运算将模块图案依次放在每个掩模图案上，反转掩模图案的暗模块（浅色变为深色，深色变为浅色），对不符合要求的图案进行评分，选择得分最低的图案作为掩模图案。掩模图案不用于功能图形，依次用于符号的编码区域。

（7）最后在符号中加入格式信息和版本信息，完成 QR 码的编码过程。

2.5 RFID

RFID 是一种通过射频信号识别目标物体并获取相关数据信息的一种非接触式的自动识别技术。它首先在产品中嵌入电子芯片，然后通过射频信号将产品的信息自动发送给读写器进行识别。射频识别技术涉及射频信号的编码、调制、传输和解码等多个方面。

这项技术诞生于第二次世界大战期间，当时英国主要用于识别进入机场的飞机是否是己方的，后来 RFID 技术的应用越来越广泛。在军用领域，美国宇航局使用这项技术来追踪发射到太空的物品。在民用领域，许多欧美国家的高速公路都有电子收费站，可以直接通过应用 RFID 技术的收费通道自动扣费，无须停车缴费。借助 RFID 技术，沃尔玛超市率先在全球范围内建立了商品供应链追溯机制，该超市要求供应商在所有商品包装盒上都要有应用 RFID 技术的电子商品标签。

从其技术原理来看，RFID 有很多优势，具体体现在以下 7 个方面。

（1）外形比较小，且具有多样化。射频识别标签在读取时不受尺寸和形状的约束，因此不需要在读取精度方面加大投资。此外，射频识别标签可向小型化和多样化方向发展，以应用于不同的产品。

（2）非接触式数据读写。通过 RFID 解读器，标签信息可以直接读入数据库，这样一次可以处理多个标签，且物流的处理状态也可以写入标签中，为下一阶段物流处理的数据读取提供了依据。

（3）环境适应性强。传统条码的载体是纸张，弄脏了就看不见了。但是，RFID 标签对水、油、药品等抗污染能力的很强，且在黑暗或污染的环境中也可以读取 RFID 标签的数据。

（4）强大的穿透性。RFID 能够穿透非金属或不透明的材料，如纸张、木材和塑料等，并进行通信。

（5）可重复使用。由于 RFID 标签存储电子数据，可以反复擦写，因此可以回收标签重复使用。例如，无源 RFID 标签可以在没有电池的情况下使用，且没有维护成本。

（6）数据的存储容量大。一维码容量为 50B，二维码最大容量可存储 3 000 个字符，

RFID 标签最大容量则有数 MB。随着存储载体的发展，数据容量也在不断扩大。

（7）安全性高。由于 RFID 携带电子信息，对其数据内容进行密码保护，不易被伪造。

RFID 与条码的功能对比如图 2-12 所示。

功能项目	RFID	条码
读取数量	可同时读取多个标签的信息	一次只能读取一个标签信息
远距离读取	不需要光线就可以读取或更新	需要光线
信息容量	容量大	容量小
读写能力	信息可以被反复覆盖	条码信息不可更新
读取方便性	标签形状可以随意，即使被覆盖也不影响读取信息	条码读取时需要可见并且清楚
信息正确性	可传输信息作为物品跟踪与保全的依据	需要人工读取，有人为疏失的可能性
坚固性	在恶劣环境中仍可正确读取信息	条码被污染或表面破损后就无法读取信息
高速读取	可以高速移动读取	移动中读取有所限制

图 2-12　RFID 与条码的功能对比

RFID 识别过程不需要人工干预，可以在各种恶劣环境中进行，可识别高速移动的物体，可同时识别多个标签，操作快捷方便。这些优点使 RFID 迅速成为物联网的关键技术之一。当工作时，识读器能够发射能量，在一个区域形成电磁场。射频标签检测到该区域的识读器信号后，会发送存储的数据。识读器接收射频标签发送的信号，解码并验证数据的准确性，以达到识别的目的。RFID 的工作模式可以分为电磁感应方式和微波方式，如图 2-13 和图 2-14 所示。

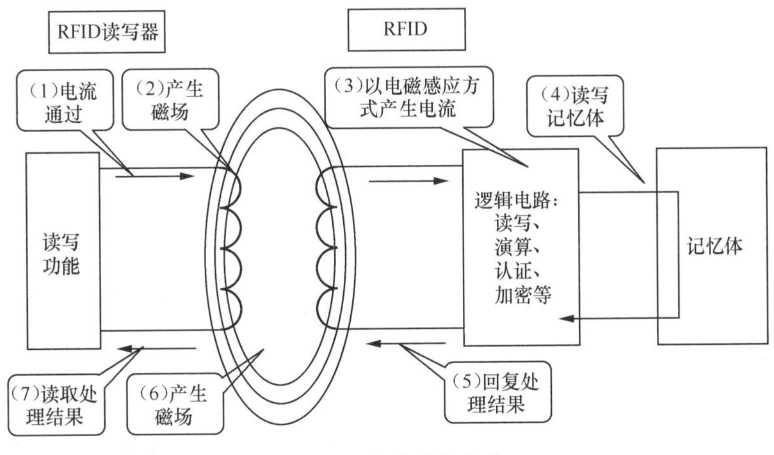

图 2-13　电磁感应方式

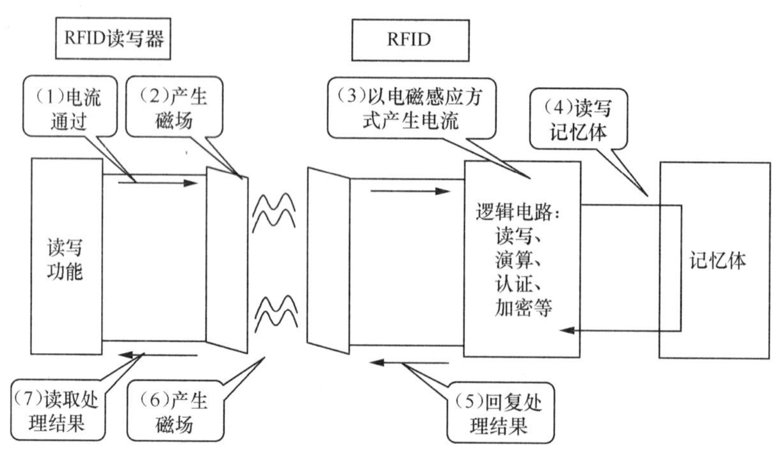

图 2-14 微波方式

射频识别系统的工作流程如图 2-15 所示，具体步骤如下。

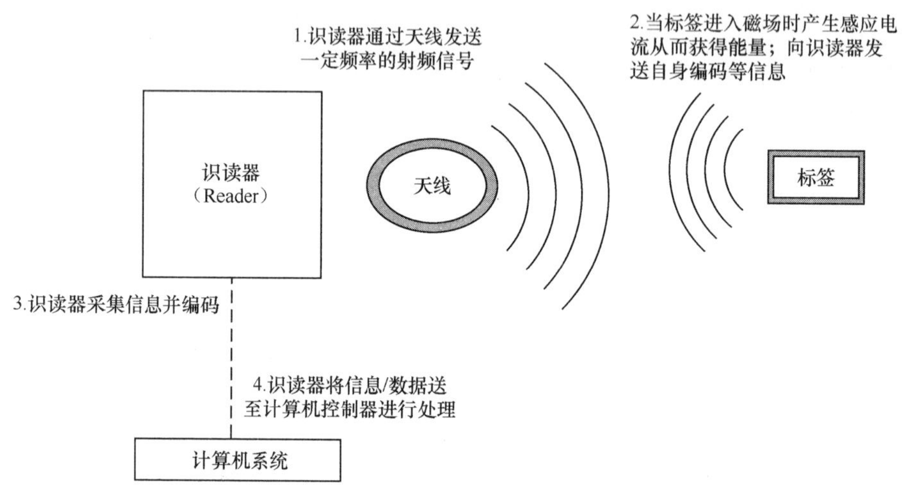

图 2-15 射频识别系统的工作流程

（1）射频识读器通过天线向外发射无线电载波信号。

（2）当射频标签进入发射天线的工作区时被激活，并通过天线发射自身信息。

（3）系统的接收天线接收到射频标签发送的载波信号后，通过天线的调节器将信号发送给识读器，射频识读器对接收到的信号进行解调和解码，并将其发送到后台计算机控制器。

（4）计算机控制器根据逻辑运算判断射频标签的合法性，针对不同的设置发出指令信号控制执行机构的动作。

（5）执行机构根据计算机的指令实施。

（6）所有监控点通过计算机通信网络连接，构成一个通用的控制信息平台，然后根据不同的项目设计不同的软件以实现不同的功能。

2.5.1 RFID的分类

RFID种类繁多，不同的应用场合需要不同的RFID技术。近年来，传感技术得到了突飞猛进的发展，各种用于感应物理实体信息的传感器设备，如红外感应器、激光扫描器等，遍布人们的生活。RFID系统是按照技术特征进行分类的，其技术特征主要包括RFID系统的基本工作方式、数据量、可编程、数据载体、状态模式、能量供应、频率范围、数据传输方式和距离等。

1. 按可编程划分

RFID 系统按可编程划分为只读型和读写型两种。能否给电子标签写入数据会影响到 RFID系统的应用范畴和安全程度。对于简单的 RFID 系统来说，电子标签中的信息通常为一个序列号，可在加工芯片时集成进去，以后不能再改动。较复杂的RFID系统可以通过读写器或专用的编程设备向电子标签中写入数据。电子标签的数据写入一般分为无线写入和有线写入两种形式。安全程度要求高的应用场合，通常会采用有线写入的工作方式。

2. 按工作频率划分

RFID 系统的工作频率不仅决定着识别系统的工作原理和识别距离，也决定着电子标签及读写器实现的难度和设备的成本。射频信号是指能够辐射到空间的电磁波。根据系统工作频率的不同，RFID系统可以分为低频系统、高频系统、超高频和微波系统。

低频系统的工作频率范围为30~300kHz，电子标签一般为无源标签。标签与读写器之间的距离一般小于1m，适用于距离近、速度慢、数据要求少的识别应用，如畜牧业的动物识别、汽车防盗类工具识别等。

高频系统的工作频率一般为3~30MHz，也采用无源电子标签，数据传输速率比较高，读取距离一般小于1m。高频标签可以做成卡片，常用于电子车票、电子身份证等。

超高频和微波系统的工作频率为433.92MHz、862~928MHz、2.45GHz和5.8GHz，前两者的标签多为无源标签，后两者的标签多为有源标签。它们通常用于移动车辆识别、仓储物流和电子遥控门锁等。阅读距离一般在1m以上，通常在4~7m，最大距离可以超过10m。

3. 按距离划分

根据电子标签和读写器之间的距离，射频识别系统可以分为紧密耦合、远程耦合和远距离 3 种系统。

紧密耦合系统的典型距离为 0～1cm，使用时电子标签必须插入读卡器或放置在读卡器的表面。电子标签和读写器之间的紧密耦合可以提供大量的能量，可为电子标签中功耗较大的微处理器供电，从而执行更复杂的加密算法等。因此，在安全性要求高且对距离不做要求的设备中，往往会使用紧密耦合系统。

远程耦合系统读写距离可达 1m。由于距离增加，传输的能量减少，因此远程耦合系统只能用在功耗较小的设备中。大部分 RFID 系统属于远程耦合系统。

远距离系统的读写距离为 1～10m，有时甚至更远。所有远距离系统都是超高频或微波系统，一般用于数据存储容量较小的设备。

4. 按读取电子标签数据的技术划分

根据读取电子标签数据的技术手段，可分为广播发射式、倍频式和反射调制式。广播发射式射频识别系统是最容易实现的，其电子标签必须采用有源方式，并实时向外界广播其存储的标识信息。阅读器相当于一个只接收不发送信息的系统。这种系统的缺点是电子标签必须不断地向外界传输信息，对环境造成电磁污染，且需消耗大量的电能，系统不具备安全性和保密性。倍频式射频系统很难实现。一般阅读器发出射频查询信号后，电子标签返回的信号载频是阅读器发出的射频的倍频，这种工作方式可以方便地处理回波信号，但其能量转换效率低，电子标签成本高，还需要占用两个工作频点，因此需要获得射频管理委员会的产品应用许可。反射调制式射频系统需要对其反射波进行调制。

5. 根据电子标签中的信息注入方式划分

根据存储在电子标签中的信息注入方式，可分为集成电路固化型、现场无线重写型和现场有线重写型。一般集成电路固化型电子标签中的信息在集成电路生产时以只读存储器（Read-Only Memory,ROM）工艺方式注入，存储的信息是不变的。现场无线重写电子标签多用于有源电子标签，具有特定的重写指令。通常重写电子标签数据所花费的时间比读取电子标签所花费的时间长得多。重写需要几秒，读取则需要几毫秒。现场有线重写电子标签将存储在标签中的信息写入其内部 E2 存储区域。重写过程中必须通电，需要专用的编程器或写入器辅助完成。

2.5.2 RFID 系统的构成

在实际应用中，RFID 系统的构成可能会因为应用场合和应用目的不同而不同，但无论是简单的 RFID 系统还是复杂的 RFID 系统，都具有一些基本的组件，包括电子标签、读写器、中间件和应用系统等，如图 2-16 所示。

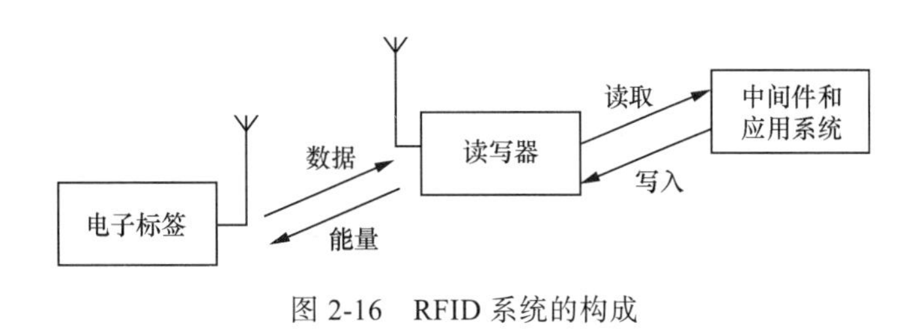

图 2-16　RFID 系统的构成

1. 电子标签

电子标签，粘贴或固定在被识别的物体上，也称为应答器、射频标签。电子标签一般由耦合元件芯片组成，每个芯片包含唯一的识别码，并以特定的格式存储电子数据，如 EPC 物品编码信息。标签有内置天线，用于与读写器通信。当读写器查询时，电子标签向读写器传输数据，实现信息的交换。电子标签有卡状、环状和笔状等形状。

电子标签种类繁多，根据应用的目的和场合的不同而有所不同。电子标签可以以多种分类标准进行分类。

（1）根据供电方式

根据供电方式分为无源标签和有源标签两类。无源标签内部没有电池，工作过程中只能依靠读写器提供能量。无源标签的优点是成本很低，而且信息不易被修改或删除，可以防止伪造。它们常用于需要频繁读写标签信息的地方，如物流仓储、电子防盗系统等。缺点是数据传输距离比有源标签短。

有源标签内部装有板载电源，信号传送距离较远，可靠性高。有源标签的主要缺点是其使用寿命受到电池寿命的限制，随着标签中电量的消耗，数据传输的距离会越来越短。有源标签成本较高，常用于目标资产管理、实时跟踪系统等场合。

（2）根据内部存储器

根据内部存储器的不同可以将电子标签分为只读标签和读写标签。只读标签包含只读存储器、随机存储器（Random Access Memory，RAM）和缓冲存储器。ROM 用于存储安全性要求高的操作系统和数据库。一般来说，存储在 ROM 中的标识信息是由制造商写入，或者可以在标签开始使用时由使用者根据特定的应用目的写入，因此每个电子标签都是唯一的，是无重复的序列码，这样电子标签就具有防伪的功能。RAM 用于存储标签响应和数据传输过程中临时生成的数据。只读标签一般容量较小，可以作为识别标签。缓冲存储器用于临时存储调制后等待天线发送的信息。标签中只存储物品的识别号，物品的详细信息还需要根据识别号到与系统相连的数据库中去查找。

可读写标签内部除了 ROM、RAM 和缓冲存储器外，还包含可编程存储器。一般可读写标签存储的数据比较多，标签中存储的数据不仅包括标识信息，还包括大量其他信息，比如防伪校验等。可编程存储器允许多次写入数据。

2. 读写器

读写器是一种用于捕获和处理射频识别电子标签数据的设备，它可以将数据写入标签，也可以读取电子标签中的数据。常见的读写器如图 2-17 所示。

就所支持的功能而言，读写器的复杂性有显著差异，名称也各不相同。实现电子标签信息非接触式读取的设备一般称为阅读器或扫描仪；实现对射频标签存储信息的设备称为编程器或写入器；能够无接触读写射频标签存储信息的设备称为读写器或通信器。

图 2-17　常见的读写器

编程器是向电子标签写入数据的设备，只有可读写的电子标签才需要编程器。电子标签的写入操作必须在一定的授权控制下进行。有两种方法可以写入标签信息。

（1）通过有线接触方式实现电子标签信息的写入。这种方式通常需要标签具有多次重写的能力，比如目前电子车票信息的写入就是这种方式。信息写入标签后，通常需要密封写入口，以满足防潮、防水或防污等要求。

（2）电子标签出厂后，允许用户通过专用设备以非接触方式向电子标签写入数据。具有无线写入功能的电子标签往往是通用的电子标签，因为其唯一标识符（Unique Identifier，UID）是唯一的且不可改写的。在日常应用中，可根据实际需要，仅读取 UID 或仅对指定的电子标签存储单元进行读写。

3. 中间件

随着 RFID 技术的广泛应用，出现了各种新型 RFID 读写器。面对这些新设备，用户经常会问这样一个问题：如何将现有的系统与这些新的 RFID 阅读器连接起来？这个问题的实质是应用系统和硬件接口的问题。RFID 中间件为解决这一问题做出了重要贡献，成为 RFID 技术应用的核心解决方案。

中间件介于前端读写器硬件模块和后端数据库及应用软件之间，是一个独立的系统软件或服务程序，是读写器和应用系统之间的中介。应用程序使用中间件提供的通用应用程序接口连接各种新型的 RFID 读写器设备，从而进行标签数据的读取。射频识别中间件屏蔽了射频识别设备的多样性和复杂性，能够促进更广泛、更丰富的射频识别应用，为后台业务系统提供强大的支撑。

目前，国内外很多 IT 公司都先后推出了自己的 RFID 中间件产品。中间件作为软硬件集成的桥梁，一方面负责与 RFID 硬件及配套设备的信息交互与管理，另一方面负责与上层应用软件的信息交换。例如，IBM 公司和 Oracle 公司的中间件基于 Java，遵循 J2EE 企业架构，而微软公司的 RFID 中间件是基于 SQL 数据库和 Windows 操作系统。

大多数中间件由 3 个组件组成：读写器适配器、事件管理器和应用程序接口。读写器适配器提供读写器和后端软件之间的通信接口，并支持多种读写器，消除不同读写器与 API 之间的差异，避免每个应用程序都要编写 API 程序适用于不同类型的读写器的麻烦，也解决了多对多连接的维护复杂性问题。

事件管理器的功能主要包括以下几个方面：观察所有读写器的状态；提供产品电子代码 EPC 和非 EPC 转换功能；过滤读写器接收的大量未处理数据，以获得有效数据；提供管理读写器的功能，如添加、删除、禁用和群组等。

应用程序接口的功能是提供一个基于标准的服务接口，与企业内部现有的数据库连接，让应用程序可以通过中间件获取信息。

4. 应用系统

应用系统主要完成电子标签的读写控制以及数据信息的存储和管理。RFID 的应用系统可以是各种不同规模的数据库或供应链系统，也可以是针对特定行业的库存管理数据库，或者是承接 RFID 管理模块的大型企业资源计划（Enterprise Resource Planning，ERP）数据库的一部分。ERP 是一种集成化的企业信息管理软件系统。

应用系统由硬件和软件两大部分组成，通过串口或网络接口与读写器相连。硬件部分主要是计算机，软件部分则包括各种应用程序和数据库等。数据库用于存储供应用程序使用的所有与标签相关的数据。

2.5.3 电子标签的结构

电子标签的类型因其应用目的而异，根据作用原理，电子标签可以分为基于集成电路的电子标签和利用物理效应的电子标签。

1. 基于集成电路的电子标签

此类标签主要包括天线、高频接口、地址和安全逻辑单元、存储单元 4 个功能块，其基本结构如图 2-18 所示。

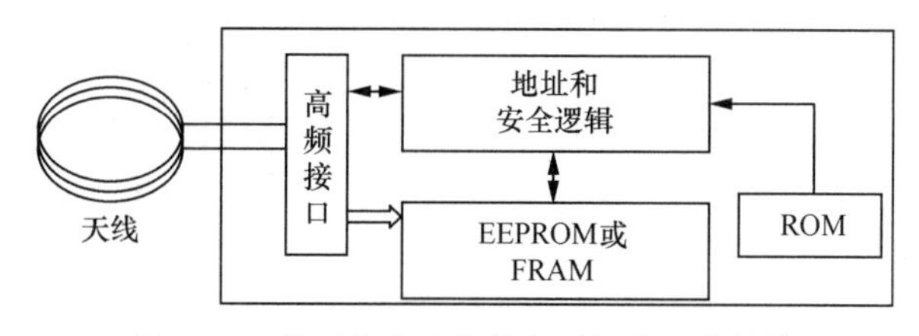

图 2-18 基于集成电路的电子标签基本结构

天线是一种发射和接收装置，在电子标签和读写器之间传输射频信号。它发送存储在电子标签中的信息，且能够接收读写器的射频能量和相关的指令信息。

高频接口是标签天线与标签内部电路之间的通信通道。它解调天线接收到的读写器信号，并将其提供给地址和安全逻辑模块进行再处理。当需要将数据发送给读写器时，高频接口通过副载波调制或反向散射调制等方法对数据进行调制，之后再通过天线发送数据。

地址和安全逻辑单元是电子标签的核心，控制着芯片上的所有操作。例如，“IO 逻辑”可以控制电子标签与读写器之间的数据交换，典型的“通电”逻辑可以保证电子标签在获得足够的功率时进入预定状态，安全逻辑则能执行数据加密等保密操作。

存储单元包括 ROM、铁电存储器（ferroelectric RAM，FRAM）和带电可擦除可编程只读存储器（Electrically Erasable Programmable Read-Only Memory，EEPROM）等。只读存储器存储着电子标签的序列号和其他需要永久保存的数据，而读写存储器通过芯片中的地址和数据总线与地址和安全逻辑单元相连。

此外，一些基于集成电路的电子标签还包含一个微处理器，微处理器电子标签有自己的操作系统。操作系统的任务包括存储标签数据、管理文件、控制命令序列，以及执行加密算法等。

2. 利用物理效应的电子标签

这类电子标签的典型代表是声表面波标签，它是由电子学、声学、半导体平面技术、雷达和信号处理技术综合而成的。在射频识别系统中，声表面波电子标签的工作频率主要为 2.45GHz，数据传输通常采用时序法。声表面波是指在压电晶体表面传播的声波，传播损耗很小。声表面波元件是基于声表面的物理特性和压电效应支撑的传感元件。

声表面波电子标签的基本结构如图 2-19 所示。叉指换能器安装在长条状的压电晶体基片的末端，基板通常由压电材料制成，例如石英铌酸锂或钽酸锂。叉指换能器利用基片材料的压电效应，将电信号转换成声信号，并局限在基片表面传播。然后，输出叉指换能器再将声信号恢复为电信号，实现电-声-电的转换过程，完成电信号的处理。在压电晶体基片的导电板上附有偶极子天线，其工作频率和读写器的发送频率一致。反射器的反射带通常由铝制成，安装在电子标签的剩余长度上。

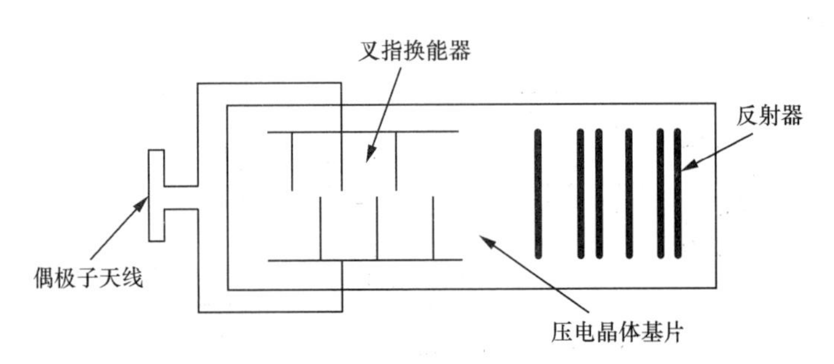

图 2-19 声表面波电子标签的基本结构

声表面波电子标签的工作原理为：读写器的天线周期性地发送高频询问脉冲，在电子标签偶极子天线的接收范围内，接收到的高频脉冲被馈送到导电板上，加载到导电板上的脉冲引起压电晶体基片的机械变形，这种变形以声表面波的形式双向传输。反射的表面声波返回叉指换能器，将声波转换成电信号，并被偶极子天线传输到读写器。读写器接收到的脉冲数对应于基片上反射带的数量，单个脉冲之间的时间间隔与基片上反射带的空间间隔成比例，因此二进制数字序列可以由反射的空间布局来表示。如果按照一定的规则设计反射器，令反射信号表示指定的编码信息，那么阅读器就能接收到反射的高频电脉冲，这些电脉冲带有该物品的特定编码，通过解调与处理后达到自动识别的目的。

2.5.4 RFID 系统的能量传输

在 RFID 系统中，无源电子标签需要读写器为数据传输提供能量。当无源电子标签进入读写器的磁场后，接收读写器发送射频信号，然后通过感应电流所获得的能量将存储在芯片中的产品信息发送出去。如果是有源标签，则会主动发送具有一定频率的信号。

读写器与电子标签之间的能量感应方式大致上可以分为电磁反向散射耦合和电感耦合。一般来说，高频 RFID 系统大都采用电磁反向散射耦合，而低频 RFID 系统大都采用电感耦合。

耦合就是两个或多个电路组成一个网络，当其中某一电路中的电流或电压发生变化时，其他电路会发生相应的变化。耦合的作用是将某一电路的能量（或信息）传输到其他电路中去。

1. 电感耦合

电感耦合是根据电磁感应规律，通过高频交变磁场实现的。电路中的电流或电压变化时，会在初级线圈内产生一个磁场，在同一磁场中的次级线圈中产生与初级线圈和次级线圈的匝数成相应比例的磁场。磁场的变化会导致电流或电压的变化，因此便可以进行能量传输。

电感耦合系统的电子标签通常由芯片和大面积线圈组成，其中大部分是无源标签，芯片工作所需的全部能量都必须由读写器提供。当读写器发射磁场的一部分磁感应线通过电子标签的天线线圈时，电子标签的天线线圈就会产生一个电压，经过整流后便能作为电子标签的工作能量。电感耦合无源电子标签的典型电路如图 2-20 所示。

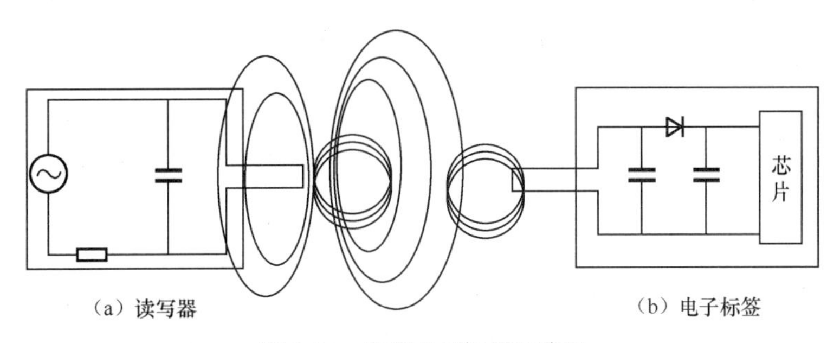

图 2-20　无源电子标签电路图

电感耦合一般适用于中低频工作的紧密耦合 RFID 系统。识别范围一般小于 1m，典型的工作频率为 125kHz、225kHz 和 13.56MHz。

2. 电磁反向散射耦合

电磁反向散射耦合发射的电磁波在碰到目标后反射，反射波携带返回目标的信息，和雷达模型一样，这个过程依据的是电磁波的空间传播规律。

电磁波在传播过程中遇到目标时，其能量的一部分会被目标吸收，另一部分会以不同的强度向任意方向散射。在散射能量中，一小部分携带目标信息反射回发射天线并被天线接收。接收的信号经处理后，即可获得目标的相关信息。读写器发射的电磁波遇到目标后会发生反射，遇到电子标签时也是如此。

由于目标的性能通常随着频率的增加而增强，所以电磁反向散射耦合方法一般适用于工作在高频、微波的远距离射频识别系统中。识别作用距离大于 1m，典型作用距离在 3～10m，典型的工作频率有 433MHz、915MHz、2.45GHz 和 5.8GHz。

2.5.5 RFID 系统的数据传输

RFID 系统的数据传输包括电子标签与读写器之间的数据传输和读写器与计算机之间的数据传输。电子标签与读写器之间的数据传输通常是无线通信，写入标签时可能采用有线通信。读写器与计算机之间的数据传输通常是有线通信，如以太网接口，也可以采用无线通信，如 Wi-Fi、蓝牙等。

电子标签中存储了物品的信息，这些信息主要包括全球唯一标识符（UID）、标签的生产信息及用户数据等。以典型的超高频电子标签 ISO18000-6B 为例，其内部一般有 8～255 字节的存储空间，存储格式如图 2-21 所示。电子标签能够自动或在外力的作用下把存储的信息发送出去。

字节地址	域名	写入者	锁定者
0～7	全球唯一标识符（UID）	制造商	制造商
8、9	标签生产商	制造商	制造商
10、11	标签硬件类型		
12～17	存储区格式	制造商或用户	根据应用的具体要求
18及以上	用户数据	用户	根据具体要求

图 2-21　电子标签 ISO18000-6B 的一般存储格式

根据 RFID 系统的工作模式，以及读写器与电子标签之间的能量传输方法等，电子标签回送数据到读写器的方法也有所不同。按电子标签发起通信的主动性，电子标签与读写器之间数据传输的工作方式可分为主动式、被动式和半被动式3种。按系统传递数据的方向性和连续性，数据传输的工作方式又可分为全双工通信、半双工通信和时序通信3种。

在主动工作模式下，电子标签和阅读器之间的通信由电子标签主动发起，电子标签发送数据是不受读写器影响的。这种标签可以接收读写器发送的休眠命令或唤醒命令，从而调整发送数据的频率或进入低功耗状态以节省能量。主动工作模式下的电子标签通常是有源电子标签，电子标签的板载电路包括微处理器、传感器和I/O端口等。因此，主动工作模式下的电子标签系统能用自身的射频能量主动向读写器发送数据，而不需要读写器来激活数据传输。

在被动工作模式下，电子标签通常是无源电子标签，它与读写器之间的通信由读写器发起，标签进行响应。被动模式电子标签的传输距离较短，相比于主动式标签，其结构更简单、价格更低、使用寿命更长，因此被广泛应用于门禁系统、交通系统等。

在半被动工作模式下，电子标签还包含板载电源，但电源仅仅为标签的运算操作提供能量，其发送信号的能量仍由读写器提供。此模式下的电子标签不需要读写器激活，可以读取距离小于30m的读写器信号。因为不需要激活读写器，所以标签可以有足够的时间通过读写器读写数据，即使标签处于高速移动状态，仍然可以被可靠地读写。标签和阅读器之间的通信由阅读器发起，标签为响应方。

在半双工通信系统中，信息可以在电子标签和读写器之间双向传输，但在同一时刻只能单向传输信息。在全双工通信系统中，无论什么时候，信息都可以在电子标签和读写器之间双向传输。

一般来说，所有已知的数据调制方法都可用于从电子标签到读写器的数据传输，这与工作频率或耦合方式无关。常用的二进制数据传输的调制方式包括幅度偏移调制（Amplitude Shift Keying，ASK）、频率偏移调制（Frequency Shift Keying，FSK）和相位偏移调制（Phase Shift Keying，PSK）等。

在全双工和半双工通信系统中，电子标签响应的数据是在读写器发射的电磁场或电磁波的条件下发出的。相比于读写器本身的信号，电子标签的信号在接收天线上非常弱，因此必须使用合适的传输方法来区分电子标签的信号和读写器信号。在实际使用过程中，特别是对于无源电子标签系统，会将电子标签数据加载到反射波上，而从电子标签到读写器的数据传输一般采用负载调制技术。

负载调制技术就是利用负载的变化使电压源的电压发生变化，从而实现数据传输的目的。假设有一个源，比如电压源。当这个电压源负载时，负载的大小会对电源的电压产生不同的影响，利用负载的变化使电压源的电压发生变化，是负载调制的基本方法。负载调制技术可以分为直接负载调制和使用副载波的负载调制。

在直接负载调制中，反射波的频率与读写器的发送频率一致，电子标签的天线就是读写器发射天线的负载。电子标签通过控制天线上的负载电阻的通断，改变天线回路的参数，使读写器端被调制，从而实现了电子标签到读写器的数据传输。

由于读写器天线和电子标签天线之间的耦合非常弱，当使用直接负载调制时，读写器天线上表示有用信号的电压波动远小于读写器的输出电压。为了检测这些微小的电压变化，需要的成本非常高，因此可以使用副载波的负载调制来传输数据。所谓的副载波是指把调制在载波 1 上的信号再次调制到另一个频率更高的载波 2 上，这里载波 1 就称为副载波。当电子标签的负载电阻以很高的时钟频率接通或断开时，读写器能够较容易地检测到这些变化。

在时序通信系统中，一个完整的读取周期由两个阶段组成：充电阶段和读取阶段。在电感耦合时序通信系统的电子标签电路中，包含一个脉冲结束探测器，该探测器通过监控电子标签线圈上的电压曲线，来判断读写器的断开时间。当读写器处于工作状态时，电子标签的天线即感应线圈会产生感应电流，此时电子标签上的电容处于充电状态。当电子标签识别到读写器的关闭状态时，充电阶段结束，电子标签芯片上的振荡器被激活，该振荡器与电子标签线圈一起形成振荡回路，作为固定频率发生器使用。此时，在电子标签的线圈上产生的弱交变磁场可以被读写器接收。

为了在无源状态下对高频信号进行调制，在谐振回路中并联一个附加的调制电容，实现 FSK 调制。当所有数据发送完毕，启动放电模式，电子标签上的充电电容开始放电，以确保在下一个充电周期到来前完全复位。

全双工和半双工通信的共同点是读写器与电子标签间的能量传输是连续的，不受数据传输方向的影响。时序方法则不同，读写器辐射的电磁场短时间周期性地断开，这些间隔被电子标签识别出来，用于两者间的数据传输。时序通信的缺点是当读写器在发送间歇时，电子标签的能量供应会中断，需要安装足够大的辅助电池或电容器进行能量补偿。

2.6 NFC

近场通信（Near Field Communication，NFC）技术是由 RFID 技术与网络技术的融合演变而来的。电磁辐射产生的交变电磁场可分为性质不同的两部分，其中一部分电磁场能量在辐射源周围空间和辐射源之间周期性地流动，不向外发射，称为近场；电磁场的另一部分能量与辐射体分离，以电磁波的形式向外发射，称为远场。而电磁波在 10 个波长以内时，电场和磁场是相互独立的，这时的电场没有多大意义，但磁场却可以用于短距离通信，我们称之为近场通信。一般来说，近场是指电磁场中心 3 个波长以内的区域，超过 3 个波长的区域称为远场。在近场中，磁场较强，可用于短距离通信。因此，近场通信也是一种短距离高频无线通信技术，允许电子设备之间进行非接触式的点对点数据传输。

2.6.1 NFC的技术特点

NFC的通信距离最大10cm，是由RFID技术演变而来的，与RFID相比，NFC具有以下特点。

（1）NFC将非接触式读卡器、非接触式卡和点对点功能集成到一个芯片中，而RFID必须由读卡器和电子标签组成。一般来说，NFC是RFID的演进版本，通信双方可以近距离交换信息。

（2）NFC传输范围比RFID小。NFC采用了独特的信号衰减技术，与RFID相比，NFC具有距离短、带宽高、能耗低的特点，且短距离传输也为NFC提供了较高的安全性。

（3）应用方向不同。目前NFC主要是针对电子设备之间的相互通信，而RFID更擅长远程识别。RFID广泛应用于生产、资产管理等领域，而NFC在门禁、公共交通和移动支付等领域发挥着巨大的作用。

与红外、蓝牙等其他无线通信方式相比，NFC有其独特的优势：与红外通信相比，NFC具有能耗低、操作简单、安全性高等优点，且红外通信时设备必须严格对准才能传输数据；与蓝牙相比，NFC设置程序非常简单，可以自动创建快速安全的连接，不仅如此，NFC还可以和蓝牙互补共存。

2.6.2 NFC系统工作原理

NFC多应用于多个电子设备之间的无线连接，从而实现数据交换和服务。根据不同的应用需求，NFC芯片可以集成在SIM卡、SD卡或其他芯片上。

1. NFC系统组成

NFC系统由NFC模拟前端和安全单元两部分组成。模拟前端包括NFC控制器和天线。NFC控制器是NFC的核心，主要由模拟电路、收发器、处理器、缓冲器和主机接口等几部分构成。NFC安全单元协助管理控制应用和数据的安全读写。

NFC是一种新兴的近距离无线通信技术，NFC支付主要是指用带有NFC功能的手机虚拟银行卡、一卡通等进行支付。根据不同需求应用，NFC芯片可以集成在SIM卡、SD卡或其他芯片上。带有NFC功能的手机通常使用单线协议（Single Wire Protocol，SWP）将SIM卡与NFC芯片连接在一起，连接方案如图2-22所示。SIM卡是手机使用的用户识别卡，SWP是ETSI（欧洲电信标准协会）建立的SIM卡和NFC芯片之间的通信接口标准。图2-22中，VCC代表电源线，GND代表地线，CLK代表时钟，RST代表复位。

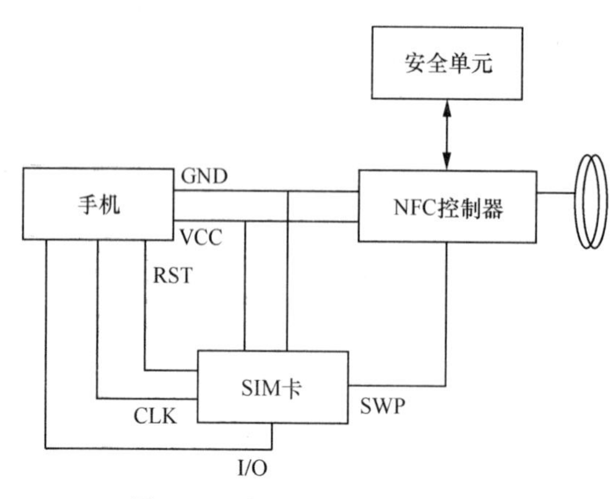

图 2-22　基于 SWP 的 NFC 方案

2. NFC 的使用模式

将两台使用 NFC 的通信设备中的其中一台作为 NFC 读写器，另一台作为 NFC 标签，标签必须由读写器读取和写入。与 RFID 系统相比，NFC 的一个优势是其终端通信方式的选择不是唯一的。例如，具备 NFC 功能的手机，可以通过读写器读取存储在手机中的信息，手机本身也可以作为读写器使用，两部手机还能够实现点对点短距离通信。一般来说，NFC 使用模式分为以下 3 种。

（1）卡模式。在卡模式下，NFC 就相当于一张使用 RFID 技术的射频卡，充当读取设备信息的角色，数据由 NFC 读取器收集后，通过无线方式发送到应用处理系统。另外，这种方式有一个极大的优点，就是 NFC 芯片通过非接触读卡器的射频场来供电，即便被读取的 NFC 设备没电，如手机。在卡模式下，NFC 设备可以作为信用卡、借记卡或车票使用。

（2）读写器模式。读写器模式下的 NFC 设备作为非接触读卡器使用，可以从电子标签、电影海报和广告页面等读取相关信息，这与条码扫描的工作原理类似。

（3）点对点模式（P2P 模式）。在 P2P 模式下，NFC 设备彼此间可以交换信息，实现点对点的数据传输。例如，多个具有 NFC 功能的数字相机、手机之间可以利用 NFC 技术进行无线互联，实现虚拟名片或数字相片等数据交换功能。这种模式类似于红外，可以用于数据交换，只是传输距离短，但是功耗低且传输速度快。

3. NFC 的工作模式

NFC 有主动和被动两种工作模式，一般工作在 13.56MHz 频段，支持多种传输速率。

在主动模式下，当向其他设备发送数据时，每个设备必须先生成自己的射频场，它们都需要供电设备来提供产生射频场的能量，即主叫和被叫均需发送自己的射频场来激活通信。这种通信模式是网络通信的标准模式，可以获得非常快速的连接设置。NFC 主动通信模式如图 2-23 所示。

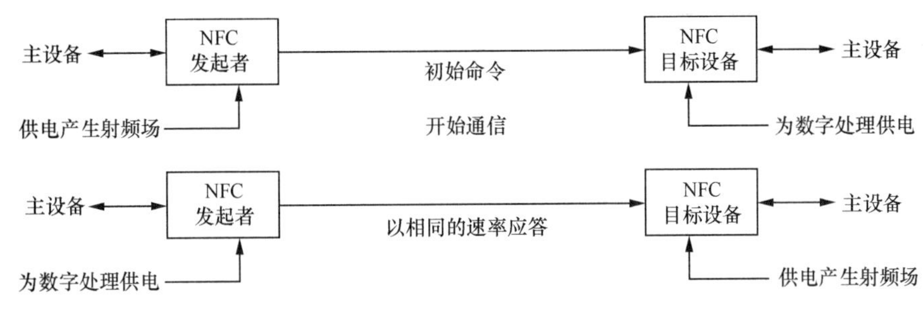

图 2-23　NFC 主动通信模式

在被动模式下，NFC 设备类似于 RFID 标签的无源器件，其工作能量是从通信发起者传输的磁场中获得的。这种通信机制兼容性比较好，NFC 发起设备可以选择传输速率向另一个设备发送数据，NFC 被动通信模式如图 2-24 所示。NFC 目标设备不产生射频场，所以可以不需要供电设备，发起设备产生的射频场为目标设备的电路供电，目标设备接收发起设备发送的数据，并且利用负载调制技术，以相同的速率将数据传回到发起设备。因此，在被动模式下，NFC 发起者可以用相同的连接和初始化过程来检测目标设备，并与它们建立联系。在被动通信模式中，NFC 设备不需要产生射频场，可以大大降低功耗，从而为其他操作预留电量。

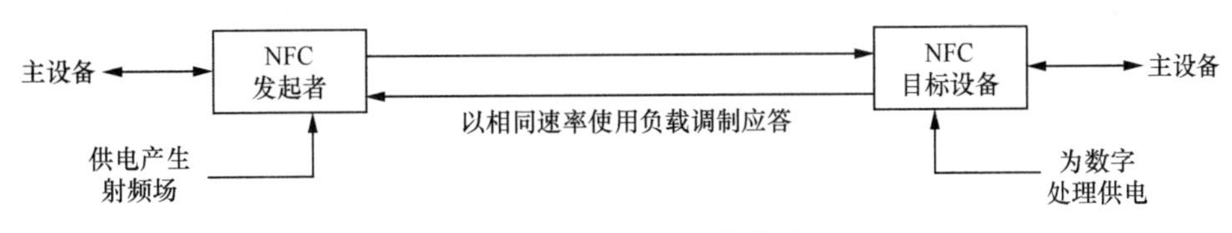

图 2-24　NFC 被动通信模式

一般来说，在卡模式下，NFC 设备与其他设备通信时采用被动通信模式，NFC 设备充当目标设备，其他读卡器充当发起设备，产生射频场。在读写器模式下，NFC 设备充当发起设备，采用主动通信模式。在点对点模式下，NFC 设备与其他设备通信时，工作双方均可作为发起设备或目标设备进行点对点数据传输，因此可以采用被动通信模式或主动通信模式。

NFC 技术的应用受到了广泛关注，在实际通信中，为了防止干扰正在该频段工作的其他电子设备，NFC 标准规定设备在通话前要进行系统初始化，以检测周围的射频场。NFC 设备建立通信后，需要交换数据。数据交换完成后，呼叫者可以使用数据交换协议断开连接。若断开成功，主叫方和被叫方均返回初始化状态。

2.7 其他自动识别技术

条码识别、二维码识别、RFID 和 NFC 等技术是物联网中广泛使用的自动识别技术。此外，在日常生活中，卡识别、语音识别和生物识别等技术也常常被使用。

2.7.1 卡识别

卡识别技术是一种常见的自动识别技术，较为典型的是磁卡识别技术和 IC 卡识别技术。

1. 磁卡识别技术

磁卡是利用磁性载体记录信息的卡片，除可识别身份外，还有其他用途。磁卡起源于 20 世纪 70 年代，随着自动取款机的出现，它首先被用于银行业。磁卡有很多种，根据磁性材料的分布，可分为磁条型和全磁性涂层型。磁条磁卡由磁条和基片组成。全磁性涂层磁卡是在整个基片上涂上磁性材料。根据磁卡的抗磁性，可分为一般抗磁性卡和高抗磁性卡。

磁卡读卡器由磁头、消磁器、编解码电路和指示灯等几个部件组成。当读卡器读取磁卡的信息时，磁卡以一定的速度通过带线圈的工作磁头，其外部磁感应线切割线圈，在线圈中产生感应电动势，完成被记录信号的传输。解码器感应到磁性变换时，将其转换成相应的数字，然后将数据通过读取器之间的接口传输到计算机。

磁卡的优点是可以现场改写数据，缺点是容易磨损、折断和消磁。IC 卡有取代磁卡的趋势。

2. IC 卡识别技术

IC 卡的核心部件是集成电路芯片，芯片中包括存储器、解码电路、接口驱动电路、逻辑加密控制电路及微处理器单元等各种功能电路。IC 卡种类繁多，如饭卡、手机 SIM 卡等。根据标准的不同，IC 卡有以下两种分类方式。

（1）根据卡中嵌入的集成电路芯片的不同，IC 卡可以分为 3 大类：存储卡、逻辑加密卡和智能卡。

存储卡的集成电路芯片主要为 EEPROM 或者闪存。存储卡不能处理信息，只能作为简单的存储设备，可以作为磁卡应用场合的替代品。产品有 Atmel 公司的 EEPROM 卡。

逻辑加密卡中的集成电路采用了 ROM、PROM 和 EEPROM 等存储技术，具有安全控制逻辑，适用于需要保密但安全要求不太高的场合，如电话卡、网卡和停车卡等。Atmel 公司的 AT88SC200 和飞利浦公司的 PC2042 等都是逻辑加密卡。

智能卡采用微处理器芯片作为卡芯，包含随机存储器和操作系统。智能卡属于卡上单片机系统，可以使用 DES、RSA 等加密方式保护数据，防止数据被损坏。智能卡常用于对数据安全保密要求很高的场合，如信用卡、手机 SIM 卡等。

（2）按照 IC 卡读写数据方法的不同可将其分为两种：接触式 IC 卡和非接触式 IC 卡。

接触式 IC 卡是一种与信用卡大小相同的塑料卡，集成电路芯片嵌入在固定位置。在它的表面可以看到一个有 8 个或 6 个金属触点的方形镀金接口，用来与读写器接触。所以读写的时候必须把 IC 卡插入读写器，读写之后 IC 卡会自动弹出或需要手动拔出。接触式 IC 卡可靠性高，但其刷卡速度相对较慢，主要用于存储信息量大、读写操作复杂的场合。

非接触式 IC 卡由集成电路芯片、感应天线和基片组成。集成电路芯片和感应天线无外露部分，完全密封在基片内。从工作原理来看，非接触式 IC 卡实质上是 RFID 技术和 IC 卡技术相结合的产物，解决了无源和非接触性等难题，因此被广泛应用于身份识别和电子货币等多个领域。

2.7.2 语音识别

语音识别技术始于 20 世纪 50 年代，是语音信号处理的一个重要研究方向，是模式识别的一个分支，其目标是将人类语音中的词汇内容转换成计算机可读的数据。语音识别是一种非接触的识别技术，用户可以很自然地接受。语音识别技术涉及生理学、心理学、语言学、计算机科学和信号处理等多个领域，甚至还涉及人的面部表情、手势等行为动作，语音识别技术不一定要把口语转换成字典词汇，在某些场合只需要转换成计算机可以识别的形式。典型的情况是使用语音发出命令，从而启动某些行为。

1. 语音识别的分类

根据不同的角度、不同的应用领域和不同的性能要求，语音识别系统的设计和实现也会不同，具体可以分为以下几类。

（1）考虑讲话者的说话方式，语音识别系统可以分为 3 类，分别是孤立词语音识别系统、连接词语音识别系统和连续语音识别系统。

孤立词语音识别系统有一个可识别的词汇表，词汇表由字、词或短语等单元构成。每个单元都经过训练建立了一个标准模板。孤立词语音识别系统要求输入每个词后停顿一会儿。

连接词语音识别系统可以完全识别每个单词，将比较少的词汇作为识别对象。字、词、短语构成识别系统的词汇表和模型。连接词语音识别系统要求每个词发音清晰，允许出现少量连音词。

连续语音识别系统以自然流利的连续语音作为输入，允许出现大量连音和变音。

（2）考虑到讲话者和识别系统的相关性，语音识别系统可以分为 3 大类，分别是特定人语音识别系统、非特定人语音系统和多人识别系统。

特定人语音识别系统只考虑对特定人的语音（如标准普通话）进行识别。

非特定人语音系统使用大量不同人的语音数据库来训练识别系统，识别的语音与人无关。

多人识别系统只需要对要识别的一组人的声音进行训练并进行识别。

（3）根据词汇量大小，词汇量语音识别系统可分为小、中、大 3 种。每个语音识别系统都必须包含一个词汇表，指定识别系统要识别的词条。词条越多，发音相似率也会相应地变高，误识率也会随之升高。

（4）根据识别方法，语音识别可分为 3 种，分别是基于模板匹配的方法、基于隐马尔可夫模型的方法和利用人工神经网络的方法。

基于模板匹配的方法先通过学习获得语音模式，并将其存储为语音特征模板。模板匹配识别实现比较简单，在识别过程中，将语音与模板参数进行匹配，选择一定条件下的最佳匹配模板。这种方法可以用声音指令实现数据采集，其最大特点就是数据采集不用手和眼睛。但是此方法信息量比较小，仅对特定人的语音识别具有良好的识别性能。因此，基于模板匹配的方法通常用于比较简单的识别场合，例如，手机提供的语音拨号功能大都采用模板匹配识别技术。

基于隐马尔可夫模型的方法不需要用户事先训练。这种方法利用大量的语音数据建立统计模型，然后从待识别的语音中提取特征并与统计模型进行匹配，从而获得识别结果。目前，大多数大词汇量和连续语音的非特定人语音识别系统都是基于隐马尔可夫模型的。算法缺点是统计模型的建立依赖于庞大的语音数据库，识别工作量比较大。

人工神经网络方法是 20 世纪 80 年代末提出的，其本质上是一个自适应的非线性动力学系统，它模拟了人类神经活动的原理，利用大量不同的拓扑结构来实现识别系统和表述相应的语音信息或语义信息。基于神经网络的语音识别具有自更新、并行处理和高容错的特点。与模板匹配方法相比，人工神经网络方法在响应和语音的动态特性方面存在很大缺陷，人工神经网络方法通常与隐马尔可夫算法结合使用，若只使用人工神经网络方法，则系统识别率较差。

2. 语音识别原理

虽然不同的语音识别系统的具体实现细节有所不同，但采用的基本技术很相似。一般来说，主要包括训练和识别两个阶段。在训练阶段，利用语音分析方法分析选定识别系统所需的语音特征参数，并存储这些参数库的模式，以形成标准模式库。在识别阶段，将输入语音的特征参数与标准模式库的模式进行比较，把相似度高的模式所在类别作为中间候选结构输出。图 2-25 表示了语音识别系统的实现过程。

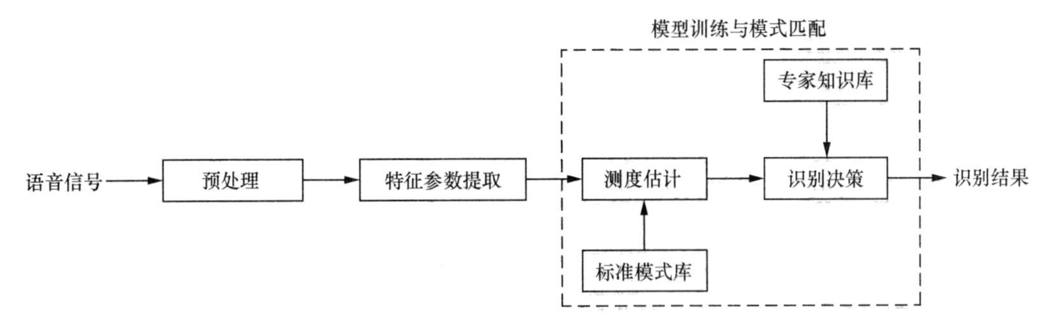

图 2-25 语音识别系统的实现过程

（1）预处理。预处理的目的是去除噪声，让有用信息多一点，恢复输入或其他因素引起的退化现象，包括抗混叠滤波、模数转换、端点检测和预加重等工作。

（2）特征参数提取。特征参数提取的目的是分析和处理语音信号，去除与语音识别无关的冗余信息，获取影响语音识别的关键信息，同时压缩语音信号。一般来说，语音识别系统常用的特征参数包括振幅、能量、过零率、线谱对参数、短时谱、共振峰频率、线性预测系数 LPC、反映人类听觉特性的梅尔频率倒谱系数、声道形状的大小函数、声音长度和音调等。语音信号包含许多不同种类的信息，提取信息的种类与方式需要综合考虑成本、计算、性能和响应时间等多种因素。所使用的特征参数提取方法包括线性预测分析、基于感知线性预测分析提取的感知线性预测倒谱、Mel 参数，以及小波分析等。

（3）模型训练和模式匹配。模型训练是指根据识别系统的类型选择一种能够满足要求的识别方法，语音分析技术分析出这种识别方法所需的语音特征参数后，计算机会将这些语音参数以标准模式存储起来，形成标准模式库或声学模型。声学模型单元的尺寸对语音训练数据量、灵活性、系统识别率有很大影响，且声学模型的设计与语言发音特点联系非常紧密。因此，识别单元的大小必须根据各类语言的特点和识别系统的词汇量大小来确定。

模式匹配由测度估计、专家知识库和识别决策 3 部分组成，按照特定规则使未知模式和模式库中某个模式得到最佳匹配。

测度估计是语音识别系统的核心，其估计方法包括有限状态矢量量化法、动态时间扭曲法和隐马尔可夫模型等。语音识别的测度有很多种，如欧氏距离度量、超音段信息的距离测度、似然比度量和隐马尔可夫模型之间的测度等。

对于不同的语音有不同的语言学专家知识库。专家知识库能够存储各种语言学知识，如汉语声调变调规则、音长分布规则、构词规则、语法规则和同音字辨析规则等。

根据若干准则和专家知识，识别系统确定并输出最佳可能结果，进而获得对输入信号计算的测度，此过程为识别决策。例如，对于欧氏距离度量，可以使用距离最小方法来进行决策。

2.7.3 生物识别

生物识别技术主要是指一种通过人体生物特征进行身份认证的技术。生物特征识别技术基于生物独特的个体和可以被测量或自动识别和验证的特征，具有遗传性或永久性等特点。

生物特征包括身体特征和行为特征，其含义很广。身体特征包括指纹、味道、手掌形状、脸型、视网膜、虹膜，甚至血管、DNA和骨骼等。行为特征包括签名、言语和行走步态等。生物特征系统对生物特征进行取样，提取唯一的特征，将其转换成数字代码，并将这些代码形成特征模板。当身份被认证时，识别系统能够得到此人的特征，让其与数据库内的特征模板进行对比，查看两者的匹配度，然后做出接受或拒绝该人的决策。

指纹识别技术是生物识别技术最早发展的方向之一。此后，人脸识别、掌纹识别和虹膜识别也纷纷进入身份认证领域。

1. 指纹识别

指纹是指人的手指末端正面皮肤上凸凹不平的纹线，是人体皮肤的一小部分，但其包含的信息量非常大。指纹的起点、终点、结合点和分叉点等细节特征也包含信息。指纹识别是通过不同指纹的细节特征点的比较来进行鉴别的。

指纹图像采集可以使用专用指纹采集仪或扫描仪、数码相机等设备。指纹采集仪主要包括光学指纹传感器、电容式传感器、CMOS（Complementary Metal-Oxide-Semiconductor）传感器和超声波传感器。

采集的指纹图像通常受到多种干扰因素的影响，这些干扰一部分是仪器造成的，一部分是由手指状态造成的，比如手指太干、太湿或附着污垢。因此，在提取指纹特征信息之前，需要对指纹图像进行处理，如指纹区域检测、方向图和频率估计、图像质量判断和指纹图像二值化和细化等。

可以使用指纹识别算法从处理过后的指纹图像中找到特征点，建立指纹的特征数据。一般的指纹特征提取算法包括图像分割、方向信息提取、脊线提取、图像细化和细节特征提取等部分。根据指纹纹线的关系和具体形态，可以分为细节点特征所在区域的数目、类型、位置和纹线方向，如末端、环、岛、毛刺、分叉和孤立点等。依据指纹纹线之间的关系及具体形态，又可分为末端、分叉、左旋类、右旋类和漩涡类。

根据指纹的类型，可以实现纹形的粗略匹配，然后把指纹形状和细节特征进行细致匹配，得到两个指纹的相似度。对于不同的应用，给出是否为同一指纹的判决结果或对指纹的相似度进行排序。

指纹识别是目前各种生物识别技术中应用最广泛的一种。指纹识别技术在门禁、考勤系统中很常见。指纹识别在市场上的应用案例中也很常见，如便携式电脑、手机、汽车和银行支付等。在计算机使用中，需要对非常机密的文件进行保护，多数采用“用户 ID+密码”的方法来进行用户认证和访问控制。但如果密码被遗忘或被盗取时，计算机系统和文件的安全性就会受到威胁，而指纹识别技术可以有效地解决这一问题。

2. 虹膜识别

人眼睛的外观包含 3 部分，分别是巩膜、虹膜和瞳孔。巩膜呈白色，约占眼部总面积的 30%，位于眼球外围。瞳孔约占眼部总面积的 5%，位于眼睛中心。虹膜约占眼部总面积的 65%，在巩膜和瞳孔之间。在红外光下虹膜能够呈现极为丰富的纹理信息，如斑点、隐窝、条纹、冠状和细丝等特征。虹膜从婴儿胚胎期的第 3 个月开始发育，主要纹理结构在第 8 个月就已经成形了。虹膜是外部可见的，位于角膜后面，属于内部组织，只有身体受到创伤或患有白内障等眼病，虹膜才有可能发生变化，不然永远都不会改变。虹膜具有唯一性、稳定性及不可更改性，因此它可以用于身份识别。

虹膜自动识别系统主要涉及硬件和软件两个模块，分别是虹膜图像采集装置和虹膜识别算法。该系统包含 4 部分：虹膜图像采集、虹膜图像预处理、特征提取和模式匹配。

由于虹膜被眼睑和睫毛遮挡，极难精确获取到虹膜图像，故其所需的图像采集设备不同于指纹识别等其他识别技术。一般来说，虹膜图像采集设备较为昂贵。为了从人脸图像中准确地获取虹膜图像，实现远距离拍摄、自动拍摄和用户定位，需要设计合理的光学系统、必要的配置电子控制单元和光源。

设备准确性的限制常常会使获取的虹膜图像出现光照不均匀等问题，进而影响纹理分析的效果。因此，为了提高虹膜识别系统的准确性，通常需要对采集后的虹膜图像进行增强处理。

特征提取和模式匹配在虹膜识别技术中起到很重要的作用，国际上有非常多的识别算法，如基于过零点描述的方法、相位分析方法和基于纹理分析的方法等。迄今为止，国际上著名的相位分析方法是 Daugman 识别算法，它采用归一化汉明距离实现特征匹配分类，利用 Gabor 小波滤波的方法对虹膜相位特征进行编码。

3. 视网膜识别技术

视网膜识别技术与虹膜识别技术类似，它通过低密度的红外线来扫描视网膜，从而捕捉视网膜的特有特征。视网膜识别具有稳定性高、隐蔽性好等优点，在识别过程中用户不需要直接接触设备，因而不容易伪造。但是对于戴眼镜的人来说很不方便，且在视网膜识别过程中，要求使用者注视接收器并盯着一点，与接收器的距离很近，会让人觉得很不舒服。视网膜识别技术是否会给用户的健康带来损害目前还没有明确的结论，所以应用场合很受限，用户的接受度非常低。

4. 其他生物识别技术

指纹识别、虹膜识别等生物特征识别技术是高级生物特征识别技术，每个生物个体都具有独特的生物特征，不容易被伪造。此外，生物特征还包括一些次级生物特征，如掌纹识别、语音识别、人脸识别和签名识别等。

人脸识别就是根据人的面部特征来验证身份的识别技术。它利用设备记录下被识别者的眼睛、鼻子和嘴巴等面部特征，然后将这些特征转换成数字信号，再交由计算机处理，进而进行身份识别。人脸识别在身份识别方面的应用非常常见，现已被广泛用于公共安全领域。

另一种生物识别技术是深层生物特征识别技术，它利用深层生物特征（如血管纹理、静脉和 DNA）进行识别。例如，静脉识别系统就是基于血液中的血红蛋白具有吸收红外光的特性，用小摄像头或者具有红外感应度的照相机对手指、手掌或者手背进行拍照，获取个人静脉分布图，之后进行识别。

本章小结

本章主要介绍了物品的分类与编码，以及条码识别、二维码识别、RFID 和 NFC 等应用比较广泛的自动识别技术。这些技术是实现“物”与“网”连接的基础。物品分类可以提高物品编码的效率，降低编码的复杂度，物品代码用于标识物品。物品编码后，需要相应的载体来携带其编码，不同的物品编码选择的载体也不同。自动识别技术是一种自动数据采集技术，它应用某种识别装置，通过识别某些物理现象或被识别物品与识别装置的接近活动，自动地获取被识别物品的相关信息，并通过专用设备传输到后续数据处理系统来完成相关处理。

本章习题

1. 物品分类的主要作用是什么？
2. 某种葡萄酒的 GPC 代码为 5020220510000275，则其代码含义是什么？
3. 声纹识别的模式匹配方法有几种？分别是什么？
4. 生物特征包括身体特征和行为特征，其含义很广，其中行为特征包括什么？
5. 虹膜自动识别系统由什么组成？
6. RFID 系统由哪几部分构成？各部分的主要功能是什么？
7. RFID 系统电子标签与读写器之间是如何进行能量传输的？
8. NFC 与 RFID 两种自动识别技术的区别和联系是什么？

第3章 无线传感器网络技术

CHAPTER 3

学习目标

掌握无线传感器网络的通信技术，了解相关协议；掌握无线传感器网络的组网技术及其应用；掌握无线传感器网络的核心支撑技术。

本章知识点

（1）无线传感器网络的通信协议。

（2）无线传感器网络的组网技术。

（3）无线传感器网络的核心支撑技术。

内容导学

近年来，传感技术、无线通信技术与嵌入式计算技术的不断进步，推动了低功耗、多功能传感器的快速发展，这种微型传感器在微小体积内能够集成信息采集、数据处理和无线通信等多种功能，其应用对于物联网发展十分重要。

在学习本章时，应重点关注以下内容。

（1）掌握无线传感器网络的通信协议

无线传感器网络的通信协议大致有3种：MAC协议、路由协议和传输协议。每种协议都有其特点。S-MAC协议是基于IEEE 802.11提出的MAC协议，是围绕无线传感器网络的节能目标而设计的。在多跳跃网络中，自适应睡眠的S-MAC协议对数据传递时延的减小效果要远远优于S-MAC协议。

（2）掌握无线传感器网络的组网技术

组建无线传感器网络要分析其应用需求，如数据采集频度、传输时延要求、有无基础设施支持，以及有无移动终端参与等，这些情况直接决定了无线传感器网络的组网模式。

（3）掌握无线传感器网络的核心支撑技术

无线传感器网络的核心技术屏蔽了硬件技术细节，为网络的组建、运行和维护提供支持，主要包括拓扑控制、时间同步和数据融合技术。

3.1 无线传感器网络的通信协议

3.1.1 MAC 协议

IEEE 802 系列标准将数据链路层分成两个子层，它们分别是介质访问控制（Media Access Control，MAC）子层和逻辑链路控制（Logical Link Control，LLC）子层。处于上层的 LLC 子层实现了数据链路层的流量控制、错误恢复等与硬件无关的功能；处于下层的 MAC 子层为 LLC 子层和物理层之间提供了接口。其中，MAC 子层定义了数据包在介质上的传输方式，在使用同一个带宽的链路时，对连接介质的访问遵循“先到先服务”的原则。线路控制、出错通知（不纠正）、帧的传输序列和可选择的流量控制也可以通过该子层实现。

在无线传感器网络中，可能会出现同一信道同时接入了多个节点设备的情况。这种情况将会导致分组之间相互冲突、相互影响。同时，接收方无法区分接收到的数据，进而造成信道资源的极大浪费，大大降低了系统的吞吐量。MAC 协议的出现为这个问题提供了很好的解决办法。MAC 协议通常控制对物理层的所有访问，并且通过一些规则和过程规定了高效、有序和公平地使用共享媒体的方法，这些规则和过程决定了节点何时能够发送数据包。

为了实现多点通信，MAC 协议决定了一定范围内无线信道的使用方式和节点之间的通信资源在多跳自组织无线传感器网络场景下的使用与分配规则。换句话说，这就意味着 MAC 协议必须实现两个基本的功能：第一，能够在分布式传感器存在的场景下为网络基础设施建立起所需要的数据通信链路；第二，能够协调对共享媒体的访问，使得通信资源能够被所有的传感器网络节点公平有效地分享。

1. MAC 概念

我们都知道 OSI 七层协议，MAC 协议位于 OSI 七层协议中的数据链路层。MAC 子层的任务是连接和控制存在于物理层的介质。MAC 协议可以预判是否能够在发送数据包之前发送数据，如果预判的结果是可以发送，那么要发送的数据将会被加上一些控制信息，最终数据和控制信息将以规定的格式发送到物理层；MAC 协议在接收到数据的时候会对输入的信息进行判断，查看是否出现了传输错误的情况，如果判断的结果是没有发生传输错误，那么就去掉数据中的控制信息并将它发送到 LLC 层。

MAC 协议的主要功能是避免多个节点同时发送数据产生冲突，控制无线信道公平合理地使用，构建底层的基础网络结构。MAC 协议最重要的功能是确定网上的某个站点占有信道，即解决信道分配问题。

在对无线传感器网络的 MAC 协议的设计中，应该着重关注能量的感知和节省、网络的效率以及可扩展性这 3 个问题。在通信基础设施中，蓝牙、移动自组织网络以及无线传感器网络存在很多相似的功能，但是受到网络寿命的限制，现存的蓝牙或移动自组织网络的 MAC 协议无法直接应用在无线传感器网络的场景中。除了要考虑节能因素，我们还要将目光聚焦在移动性管理和故障恢复两个方面，而目前主流的无线网络技术如蜂窝移动网络、Ad-hoc 和蓝牙，没有考虑这些方面。蜂窝移动网络中的 MAC 协议的重点在于满足用户的服务质量（Quality of Service，QoS）要求和尽可能地节省带宽资源，对于能耗的关注放在了第二位；Ad-hoc 网络则重点关注如何让具有移动特性的节点建立起彼此间的链接，同时满足用户对 QoS 的需求，能耗也并没有放在首位；而蓝牙的主从式的星形拓扑结构与传感器网络的特点不相匹配，无法满足传感器网络的功能需求。总之，我们需要针对无线传感器网络的自身特点专门设计一套 MAC 协议。

2. MAC 协议分类

MAC 协议的作用是协调网络节点对信道的共享方式。无线传感器网络的 MAC 协议可以从以下 5 个方面进行分类。

（1）依据控制方式，可以将 MAC 协议分为分布式协议和集中控制协议。这类协议的选择取决于网络的规模，通常，分布式协议更适用于大规模网络。

（2）依据使用的信道数，也就是在物理层中被使用的信道的数量，可以将 MAC 协议分为 3 类，即单信道、双信道和多信道。例如，传感器介质访问控制（Sensor-MAC，S-MAC）协议是单信道的 MAC 协议，LEEM 协议是双信道的 MAC 协议。单信道的 MAC 协议的优点是节点结构简单，但单信道的 MAC 协议没法有效解决能量有效性和时延的矛盾；而多信道的 MAC 协议，虽然可以解决能量有效性和时延的矛盾，但缺点在于它使节点结构变得更加复杂。

（3）依据信道的分配方式，可以将 MAC 协议分为基于时分多址（Time Division Multiple Access，TDMA）的时分复用固定式、基于载波监听多路访问（Carrier Sense Multiple Access，CSMA）的随机竞争式及 TDMA 与 CSMA 的混合式。基于 TDMA 的时分复用固定式 MAC 协议，通常会将时分复用和码分复用或者频分复用相结合，以此来满足无冲突的强制信道分配的需求，例如 C-TDMA 协议。基于 CSMA 的随机竞争式 MAC 协议，通常会使用竞争机制来确保各个节点随机地使用信道，并且避免来自其他节点的干扰，例如 S-MAC 协议。混合式是将上述两种方式结合起来使用，以更好地应对网络拓扑和节点业务流量变化等状况，例如混合型介质访问控制（Zebra-MAC，Z-MAC）协议。

（4）依据接收节点的方式，可以将 MAC 协议分为侦听、唤醒和调度。在发送节点需要传输数据的时候，数据传输的能效和接入信道的时延等性能将受到接收节点的不同工作方式的限制。但是，当无线传感器网络中的业务较少时，接收节点的不间断侦听，将会大大浪费节点能量。采用睡眠机制实现周期性地监听确实可以减少能量的消耗，但增加了时延。为了进一步降低空闲侦听的开销，发送节点可以使用能耗较低的辅助唤醒信道，通过发送唤醒信号对邻居节点进行唤醒，稀疏拓扑结构与能量管理协议（Sparse Topology and Energy Management，STEM）就是基于这样的思路被设计出来的。在 MAC 协议中，如果接收节点的工作方式基于调度方法，那么就意味着接收节点接入信道的时机是确定的，它知道自己的无线通信模块应该在什么时候开启，能够有效避免能量浪费。

（5）依据用户不同的应用需求，可以将 MAC 协议分为 3 类，即基于竞争的、基于固定分配的和基于按需分配的。基于竞争的 MAC 协议是指当节点要使用无线信道发送数据时，需要采用某种竞争机制。这就对 MAC 协议提出了新的需求，在设计 MAC 协议的时候需要考虑应该采用什么冲突避免策略来避免数据冲突导致的数据重发。基于固定分配的 MAC 协议是指已经存在了协议规定的标准，节点只需要遵照这个标准确定发送数据的时刻和持续时间即可。这个方式可以有效地避免冲突，用户也就不必担心由于数据碰撞而引发的丢包问题了。时分复用是目前相对成熟的机制。基于按需分配的 MAC 协议是指节点占用信道的时间长短完全取决于它在网络中所承担数据量的大小，即节点所承担的数据量越大，它能够使用信道的时间就会越久。点协调和无线令牌环控制协议是这种协议的典型代表。

3. 无线传感器网络 MAC 协议分析

下面将重点介绍无线传感器网络的两种典型 MAC 协议，即 S-MAC 协议和自适应能量无线传感器访问（Timeout-MAC，T-MAC）协议。

（1）S-MAC 协议

S-MAC 协议是基于 IEEE 802.11 提出的 MAC 协议，是围绕无线传感器网络的节能目标而设计的。现有 3 种措施能够有效地降低无线传感器网络的能量消耗，接下来将一一介绍。

① 周期性侦听和休眠。从图 3-1 中可以看出，每个节点在休眠状态和侦听状态之间周期性地转换，并且周期长度是固定的，节点的侦听活动时间以及休眠状态持续时间也是固

定的。在图 3-2 中，发送消息用向上的箭头表示，接收消息则用向下的箭头表示。节点处于侦听状态时，监听并判断网络是否需要通信。相邻节点之间保持调度周期的同步性使得通信更加方便，进而形成虚拟的同步簇。为了实现这一目标，每一个节点都有一个调度表用于保存与其相邻的节点的调度情况。为了同步新接入节点和已有的相邻节点，每个节点需要定期广播自身的调度情况。当一个节点处于两个不同调度区域的重叠部分时，会出现一个节点接收到两种不同的调度周期的情况，这时候该节点要选择先收到的那个。

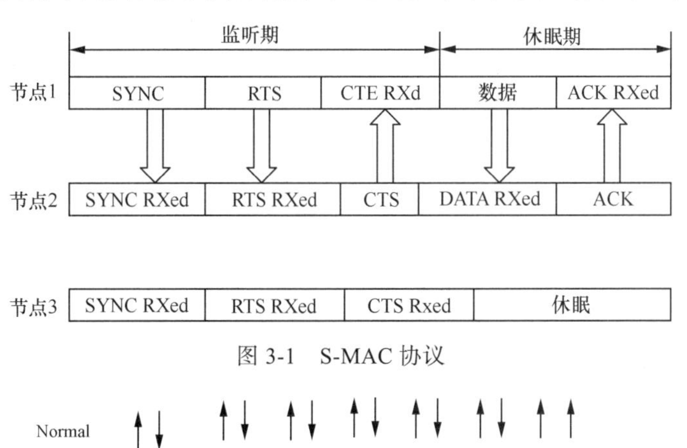

图 3-1　S-MAC 协议

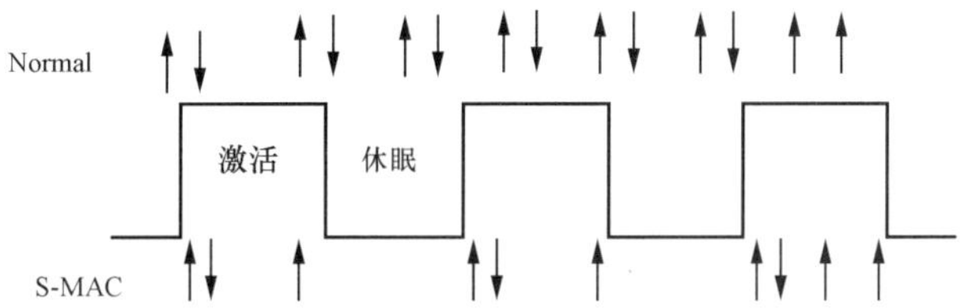

图 3-2　S-MAC 协议工作机制

② 消息分割和突发传输。由于无线传感器网络的数据融合和无线信道传输过程容易出现错误，需要一个方案来解决这个问题。通常，将一个长消息分为几个短消息，利用请求发送（Request to Send，RTS）帧机制或者允许发送（Clear to Send，CTS）帧机制一次性地预约发送整条长消息所需要的时间，然后突发性地发送由长消息分割成的几个短消息。发送方需要接收到每个短消息的应答确认字符（Acknowledge Character，ACK），如果某个短消息的 ACK 没有被发送方收到，这时，发送方需要重新发送该短消息给接收方。

③ 避免接收到不必要的消息。与 802.11 的虚拟物理载波监听和 RTS/CTS 握手机制类似，当一个节点不再接收和发送消息的时候，会进入休眠状态。

相较于 IEEE 802.11 协议，S-MAC 协议在节能方面的效果更加显著，但引入休眠模式，节点传输数据会存在不及时的情况，这将导致网络的时延大大增加、吞吐量也随之下降；同时，采用固定周期的侦听/休眠方式的 S-MAC 协议无法应对网络业务负载的变化。为了解决上述问题，自适应睡眠的 S-MAC 协议应运而生。自适应睡眠的 S-MAC 协议保留了消息传递、虚拟同步簇等方式，同时增加了一种自适应睡眠机制：如果一个节点的邻居节点在该节点进入休眠之前进行了数据的传输并被该节点侦听到，那么该节点需要依据侦听到的 RTS 或 CTS 消息对此次传输所需要的时间进行判断，接着在相应的时间后苏醒一小段时间，我们将这一小段时间称为自适应侦听间隔。如果自己恰好是此次传输的下一跳节点，则邻居节点可以即刻进行此次传输；相反，假如该节点在自适应侦听间隔时间内，没有侦听到任何来自邻居节点的消息，也就是说，该节点并不是当前传输节点的下一跳，则该节点即刻进入休眠状态，直到到了该节点的调度表中的侦听时间。在多跳跃网络中，自适应睡眠的 S-MAC 协议对数据传递时延的减小效果要远远优于 S-MAC 协议。

（2）T-MAC 协议

T-MAC 协议是在 S-MAC 协议基础上提出的一个改进协议，如图 3-3 所示。S-MAC 协议的周期长度受到时延要求和缓存大小的限制，同时，消息速率决定了其侦听时间。要想确保消息传输的可靠性，节点的周期活动时间就必须满足最高的通信负载需求，这又会引发另一问题，那就是当网络负载较小时，该节点的空闲侦听时间的占比增加，造成资源的浪费，为了解决这个问题，T-MAC 协议应运而生。与 S-MAC 协议相同的是，T-MAC 协议的周期侦听长度也是固定的，不同的是，T-MAC 协议会依据通信流量的大小动态地调节节点的活动时间，突发性地发送消息，达到减少空闲侦听时间的目的。从图 3-4 可以看出，与 S-MAC 协议相比，T-MAC 协议增加了一个最大时间提前量（Time Advanced，TA）时隙。如果整个 TA 期间节点没有发送或者收到消息，那么它就会进入休眠来达到节能的目的。虽然在负载流量动态变化的场景中，T-MAC 协议相较于 S-MAC 协议来说更加节能。但 T-MAC 协议也有它自身的问题，就是它会出现早睡眠的情况，从而造成吞吐量的降低。针对这一问题，未来请求发送机制和满缓冲区优先机制可用以改善早睡眠引起的数据吞吐量下降的情况，但遗憾的是，效果并不是很理想。综上所述，T-MAC 协议虽然在节能方面优于 S-MAC，但代价是要牺牲一定的网络的时延和吞吐量。

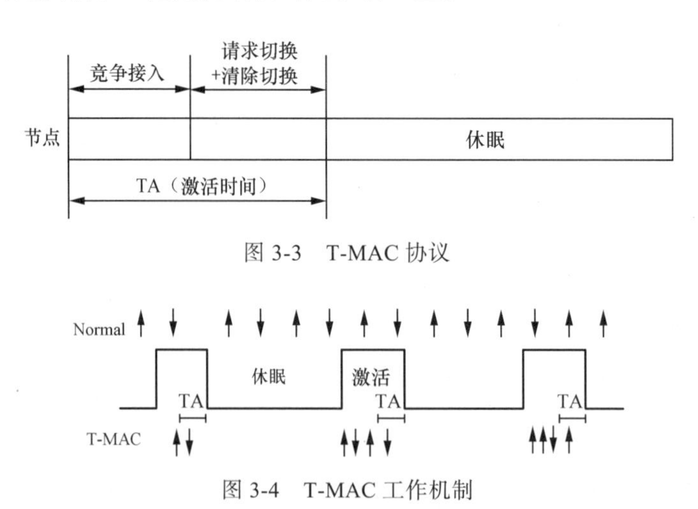

图 3-3　T-MAC 协议

图 3-4　T-MAC 工作机制

3.1.2 路由协议

1. 无线传感器路由协议概述

无线传感器网络与传统网络相比有很多的不同，例如两者的物理结构和网络功能。首先，两者在设计路由协议时有不同的目标。传统无线网络将重点放在了网络带宽利用的公平性以及服务质量需求的满足上，找到源节点与目的节点之间的最短路径、减少网络拥塞、保证负载均衡才是传统路由协议的重点目标。与传统网络不同的是，无线传感器网络的能量往往来自电池供电，而且很多传感器的分布环境恶劣，人工无法频繁地更换能量源，为其补充能量，所以，无线传感器的路由协议将目光聚焦在如何减少网络节点对能量的消耗的问题上。其次，传统网络拥有的节点数远远少于无线传感器网络的节点数，并且无线传感器网络节点分布更为密集，且无线传感器网络节点的发射机的功率通常都比较小，只能与相邻节点通信得到局部的拓扑结构信息，这就对无线传感网络的路由协议设计提出了新的挑战，所以我们急需寻找到一种方法，能够仅仅依靠局部网络信息就可以找到最优的数据传输路径。

综上所述，传统的路由协议无法直接应用在无线传感器网络中。一共有 4 点原因：第一，传统路由协议无法满足无线传感器网络对扩展性以及节能性的需求；第二，无线传感器网络的规模一般都很大，某些节点能量耗尽就会改变网络的拓扑结构，传统路由协议无法适应这样的动态拓扑结构；第三，传统路由协议通常要求全网范围内达到路由收敛，但是传感器网络节点受到自身的计算能力和能量的限制，负载能力以及能量供给有限，不利于网络长时间的生存运行；第四，传统路由协议通常以最小时延或最短路径为优化目标，这就容易迅速耗尽那些处于关键路径上节点能量，不利于延长网络的生存时间。

2. 无线传感器路由协议分类

当前有很多关于无线传感器网络路由协议的研究，根据网络拓扑结构对无线传感器路由协议进行划分是当下的主流分类方法。基于此，我们可以将无线传感器的路由协议分成平面型路由协议和层次型路由协议。

（1）平面型路由协议

在平面型路由协议中，网络中的所有节点地位平等，所有节点的路由信息都是通过局部操作和信息反馈生成的。平面路由协议的优势在于网络结构简单，有较高的容错性而且很难出现网络瓶颈的情况。它的缺陷在于节点需要大量的控制信息来应对路由的动态变化，节点能量消耗较大，且扩展性较差。下面将详细介绍几种典型的平面型路由协议。

① 洪泛式路由协议

洪泛式路由协议是一种传统的网络通信路由协议。该协议只需要收到数据节点以广播的形式转发的数据包，对网络拓扑结构的维护以及相关路由的计算并没有提出要求。举个例子，如图 3-5 所示，S 节点是发送端，D 节点是接收端，要完成从 C 节点到 D 节点的数据传输过程，则需要通过网络将副本传送给它每一个邻居节点，直到数据准确无误地到达节点 D 或者该数据到达了生存期限。这个路由协议的优势在于易于实现并且不需要消耗大量额外的计算机资源，通常应用在鲁棒性较高的场合。洪泛式路由协议的缺陷也显而易见：首先，一个数据的多个副本很可能被同一个节点接收到；其次，存在部分重叠，如果相邻节点同时对某件事做出反应，则两个节点的邻居节点将收到两份数据副本；最后，该协议无法动态地选择最合适的路由。

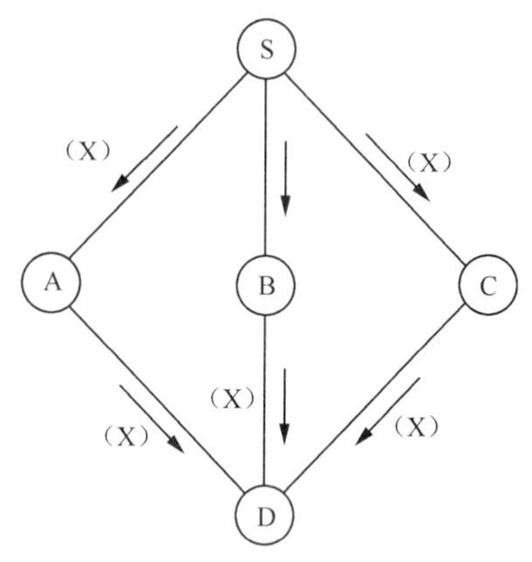

图 3-5 洪泛式路由协议

② SPIN 路由协议

基于协商并具有能量自适应功能的信息传播路由协议（Sensor Protocol for Information via Negotiation，SPIN）是一组基于协商并且具有能量自适应功能的信息传播协议。它的特点如下。

- 每个节点在发送数据前需要通过协商来确定其他节点是否需要该数据，同时每个节点通过元数据来确定接收数据中是否有重复信息的存在。
- 为了尽可能地增加节点乃至整个网络的可运行时间，节点需要时刻跟踪本地能源的消耗情况并依照能量等级对工作模式进行调节。

在 SPIN 路由协议中有 3 类信息供节点通信，它们分别是 ADV 信息、REQ 信息以及 DATA 信息。ADV 用于新数据广播，当一个节点想要共享数据时，它以广播的形式向外发送 DATA 数据包中的元数据。REQ 用于请求发送数据，当一个节点想要接收 DATA 数据包时，就会发送 REQ 数据包。

SPIN 协商过程采用三次握手方式。第一次握手时，运行 SPIN 协议的源节点在传送 DATA 信息前，向相邻节点广播包含 DATA 数据描述机制的 ADV 信息。第二次握手时，该 DATA 信息的邻居节点，向信息源发送 REQ 请求信息。第三次握手时，源节点根据接收到的 REQ 信息，有选择地将 DATA 信息发送给相应的邻居节点。收到 DATA 数据的节点可作为信息源将 DATA 信息传播到网络中的其他节点。

SPIN 路由机制如图 3-6 所示。

（2）层次型路由协议

在层次型路由协议中，网络采用分级的结构把节点划分为簇。每个簇头节点不仅要收集并融合处理簇内信息，还要实现簇间数据转发功能。层次型路由协议的优势在于网络节点不需维护复杂的路由信息，而且它的可扩展性能很好。同样，层次性路由的缺陷也很突出，上述簇头节点的功能对能量的消耗是巨大的，从而可能出现网络瓶颈。

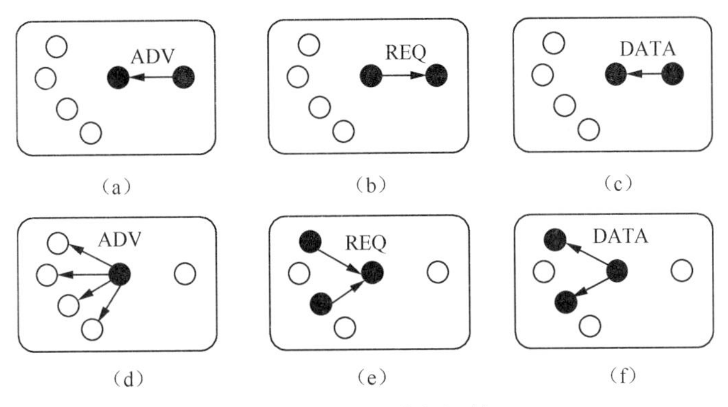

图 3-6 SPIN 路由机制

下面将重点介绍 3 种典型的层次路由协议，它们分别是低能耗自适应聚类层次（Low Energy Adaptive Clustering Hierarchy，LEACH）协议、门限敏感的高效能传感器网络协议（Threshold Sensitive Energy Efficient Sensor Network Protocol，TEEN）和传感器信息系统中的能量高效采集（Power-Efficient Gathering in Sensor Information Systems，PEGASIS）协议。

① LEACH 协议

LEACH 协议是第一代层次型路由协议，它采用了动态分簇机制，运行时分成很多轮，每轮中全部节点都有可能成为“簇头节点”，并在当前的轮次中承担起对簇内节点信息的收集和发送的职责，这种方式能够有效杜绝单一节点持续担任簇头节点导致的过快死亡的情况的发生，进而可以在网络内部维持负载均衡。同时，LEACH 协议利用数据压缩技术在网络节点发送前对数据融合，去除冗余，减少发送的数据信息量，降低节点的能耗，从而达到网络节能的目的。

② TEEN

TEEN 是在 LEACH 协议的基础上开发的基于分簇的路由协议，该协议中对软门限值和硬门限值均给出了明确的定义。规定了一旦节点传感器收集到了大量数据，且超过设定的硬门限值，那么节点必须将采集到的数据通过发射机发送到簇头节点。只有当节点监测到的数据的变化值足够大，且超过了算法所设定的软门限值的时候，节点才会打开发射机并将收集到的数据传送给簇头节点。一般来说，当没有数据需要传输时，关闭节点的发射机可以有效地节约节点能耗。

③ PEGASIS 协议

PEGASIS 协议是一种基于“链”的路由协议。在 PEGASIS 的网络模型中，假设所有节点都可以直接向基站发送数据，且都能够获取其他节点在网络中的相关位置信息。此外，节点在网络中的位置是无法移动的。PEGASIS 协议的工作原理是传感器节点先从一侧邻居节点接收数据，然后向另一侧邻居节点发送数据，最终传到一个“链头”节点形成一个“链”的结构，最后“链头”节点负责向基站发送收集到的数据。

该算法的优势在于：第一，每个节点只需要和自己的两个邻居节点通信，大大缩短了节点通信距离，降低了能耗；第二，所有节点都有机会担任链头向基站发送数据，增强了网络的鲁棒性，延长了网络生存时间；第三，相邻节点对数据的融合处理减少了数据的信息量。

3.1.3 传输协议

1. 无线传感器网络传输层协议概述

网络传输层协议利用下层提供的服务向上层提供端到端的可靠、透明的数据传输服务。因此，要想完成数据的可靠传输和保证网络的 QoS，传输层协议需要具备拥塞控制以及差错控制等功能。

许多无线传感器网络的应用都对端到端的可靠性传输提出了要求，目前 MAC 协议和路由协议不能完全满足缓解网络拥塞情况的需求，所以急需一种有效的传输协议来进一步改善网络拥塞情况。

传统网络层的 TCP 并不适用于无线传感器网络，下面我们将详细阐述其原因。

（1）TCP 遵循端到端的设计思想，中间节点只有转发数据包的责任，对数据包的传输和控制都交由端节点负责。而无线传感器网络以数据为中心，中间节点也有可能对数据进行处理，也就是依据数据相关性对多个数据包内的信息进行综合处理，向接收端发送新的数据包。这种情况下，直接使用 TCP 会将此视为丢包而引发重传。

（2）无线传感器网络的节点需要及时给出被监测对象的信息，而 TCP 的三次握手建立连接机制以及四次挥手断开连接的机制会增加时延，无法满足及时反馈的需求。且无线传感器网络的网络拓扑是动态变化的，这也会给 TCP 的建立和维护增加难度。

（3）TCP 采用基于数据包的可靠性度量，即尽力保证所有发出的数据包都被接收节点正确收到。无线传感器网络采用基于事件的可靠性度量，并不一定要求数据包传输完全可靠。

（4）TCP 中数据包重传是通过端节点之间的 ACK 反馈和超时机制来保证的。无线传感器网络数据包中所含的数据量相对较小，每一次 ACK 反馈和数据重传都要经历从发送端到接收端整段路径上的所有节点，这会造成大量的能量消耗。

（5）无线传感器网络经常会出现由非拥塞丢包和多路传输引起的数据包传输乱序的情

况，这会误导 TCP，使其发出错误响应，导致发送端频繁进入拥塞控制阶段，降低网络的传输性能。

（6）在大规模的无线传感器网络中，为了减少传输的消耗，传感器节点不具备 TCP 规定的独一无二的网络地址。

2. 无线传感器网络传输层协议分类

按照功能对无线传感器网络的传输层协议进行分类，可以分为拥塞控制协议和可靠传输协议两类。

（1）拥塞控制协议

拥塞控制协议能够避免或缓解甚至消除已经发生的网络拥塞，根据控制机制可分为以下 2 种协议。

① 面向拥塞避免的协议，通过速率分配或传输控制等方法来避免在局部或全网范围内出现数据流量超过网络传输能力而造成拥塞的局面。

② 面向拥塞消除的协议，在网络发生拥塞后采用速率控制、丢包等方法来缓解拥塞，并进一步消除拥塞。

（2）可靠传输协议

可以确保数据有序、无丢失、无差错地传输到汇聚节点，向用户提供可靠的数据传输服务。根据传输数据单位，可分为 3 种传输服务。

① 基于数据包的可靠传输，保证单个数据包传输的可靠性。

② 基于数据块的可靠传输，适用于网络指令分发等需要大量数据的场景。

③ 基于数据流的可靠传输，周期性数据采用汇报，适用于数据流的可靠传输。

3. 无线传感器网络的可靠传输基本机制

传输过程中丢失数据包的问题可以通过可靠传输解决，有了可靠传输，目的节点能够完整地获得准确有效的数据信息来完成感知任务。为了规避或降低丢包引起的损失，传输协议的可靠传输可以依靠丢包恢复、冗余传输和速率控制等机制实现。

（1）丢包恢复机制

当数据包丢失的时候，丢包恢复机制就会对数据包进行重传来保证数据传输的可靠性。丢包恢复机制分为丢包检测和反馈与重传恢复两部分。

① 丢包检测和反馈

丢包检测和反馈有端到端检测反馈和逐跳检测反馈。其中，端到端检测反馈由目的节点负责监测丢包并返回应答。逐跳检测反馈由中间节点逐跳检测并返回应答。

丢包检测最常见的就是通过应答方式检测，即接收节点根据收包情况对发送方反馈一个应答，发送节点根据接收节点发送回来的应答判断是否发生丢包情况，如果丢包，那么需要对数据包进行重传。

应答方式如下。

- ACK 方式。接收节点每接收到一个数据包都会给原发送节点发送一个 ACK 控制包，同时发送节点在向接收节点发送数据后开启计时，发送节点如果在固定的时间内收到了来自接收节点返回的 ACK 控制包，那么则认为该数据包已经被成功发送到了接收节点，这时可以清除该数据包的缓存并将计时归零。反之，如果没在固定的时间内收到来自接收节点返回的 ACK 控制包，发送方就会重传数据包。

ACK 方式的缺陷在于，每接收到一个数据包都会反馈一个 ACK 控制包，信道负载较大。

- NACK 方式。源节点在发送的数据包中添加序列号，缓存发送的数据包。目的节点通过检测数据包序号的连续性判断收包情况。若目的节点正确收到数据包，则不反馈任何确认信息，若监测到数据包丢失，则向源节点返回 NACK 包，并明确要求重传丢失的数据包。

NACK 方式最大的优势在于它只有在数据包丢失的情况下才会发送反馈，减少了负载和能耗。缺陷在于源节点必须缓存所有发送数据，且目的节点必须知道首包和末包的序列号。换句话说，NACK 方式不能保证单个数据包传输或首末包丢失的情况的可靠性。

② 重传恢复

对应丢包检测和反馈，重传恢复也分为端到端重传（恢复时间较长）和逐跳重传。需要解决的主要问题是最大重传次数。

（2）冗余传输机制

冗余传输机制让发送节点多次发送或使用多条路径发送数据包，只要接收节点收到一个数据包，就说明传输成功，大大提高了传输的可靠性。但是冗余传输机制的缺陷也是显而易见的：需要大量消耗网络资源，并且存在传送成功率与复制数量之间的折中关系。

（3）速率控制机制

与丢包恢复机制和冗余传输机制不同的是，速率控制机制将重点放在了基于任务的可靠传输上。这种机制可以在保证任务完成的前提下，通过对源节点的数据速率的调节，来缓解甚至避免拥塞，进而实现可靠传输。因此，基于速率控制的可靠传输机制通常可以与拥塞控制机制联合设计。

在该机制中，汇聚节点根据一个周期内成功接收数据包的数量计算网络传输的可靠性，同时估测网络的拥塞程度。如果传输可靠度低于预计要求，则通知源节点调节发送速率以降低网络拥塞，同时提高传输可靠性。

3.2 无线传感器网络的组网技术

3.2.1 ZigBee

1. ZigBee 技术概述

ZigBee 技术是一种网络节点容量大、体积小、结构简单、传输速率低、耗能低的无线通信技术。它具有布局简易和网络自愈能力强的优点：前者是因为它自身体积小和自动组网的性能；后者是因为它是由很多的节点协调共同工作，任何一个节点坏掉都不会影响整体的网络。因此，ZigBee 技术非常适合组建无线传感器网络。

ZigBee 技术以 IEEE 802.15.4 标准为基础。ZigBee 协议的物理层和数据链路层沿用了 IEEE 802.15.4 标准，ZigBee 联盟制定了网络层和应用层。网络层提供了 3 类能够自组织、自维护的网络拓扑，为多种设备加入 ZigBee 网络提供了便利。应用层存在多种应用接口，用户可制定个性化应用软件。ZigBee 技术与其他无线网络连接技术相比，具有以下的优点：

（1）功耗低。ZigBee 模块的发射功率仅有 1mW。两节五号电池可供应一台 ZigBee 设备持续工作长达 6 个月甚至 2 年。

（2）成本低。每个 ZigBee 芯片的成本不足 2 美元。ZigBee 协议简单并且免费。

（3）网络容量大。一个 ZigBee 网络可容纳 255～65 000 个节点。网络拓扑采用星形、网形、混合型，便于设备加入网络，也便于对网络进行配置和管理。

（4）数据传输可靠、安全。在物理层采用直接序列扩频，保证数据传输可靠。ZigBee 技术采用了循环冗余校验技术对数据包的完整性进行检查，并使用 AES-128 的加密算法来实现鉴权和认证功能，同时各个应用可根据需求选择合适的安全机制。

2. ZigBee 协议栈

图 3-7 展示了 ZigBee 标准协议栈，从图中可知，协议栈从下至上分别是物理层、数据链路层、网络层、应用汇聚层以及应用层。

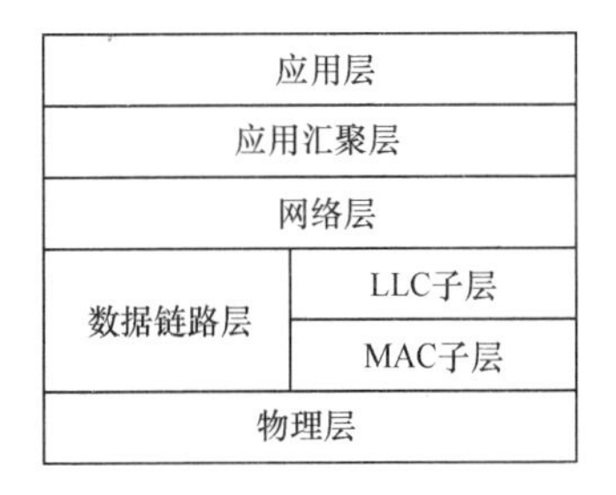

图 3-7 ZigBee 标准协议栈

其中，应用层负责定义各类型的应用业务，由应用支持子层、应用框架和 ZigBee 设备对象共同组成。应用框架包含 240 个应用对象，每个应用对象都与一个用户个性化定制的、实现 ZigBee 应用的组件一一对应。ZigBee 设备对象提供服务，允许多个应用对象自己组织成一个分布式的应用，应用对象和 ZigBee 设备对象通过应用支持子层得到数据，并对其进行管理。应用汇聚层主要把不同的应用映射到网络层上，包括业务发现、设备发现、多个业务数据流的汇聚以及安全与鉴权等功能。网络层的功能包括拓扑管理、路由管理、MAC 管理和安全管理。数据链路层由 LLC 子层和 MAC 子层两部分组成。处于上面的 LLC 子层主要负责数据包的分段与重组、数据包的顺序传输并保证可靠传输。处于下面的 MAC 子层支持多种逻辑链路的控制标准，主要负责设备间链路的建立、维护和拆除、确认模式的帧发送和接收、信道接入控制、预留时隙管理、广播信息管理和帧校验等。

3. ZigBee 组网技术

ZigBee 技术具有低功耗、低成本、低速率等多方面的特征，将 ZigBee 技术与传统传感器相结合，可以在环境恶劣或者是危险性较高的工业区域应用，实现对数据的实时采集。例如，将该技术应用于危险化学成分的监测以及煤矿井下救援位置信息的监测等。无线传感器网络实际上就是传感器与 ZigBee 技术相结合的产物。普通的无线传感器网络主要由 3 种节点所构成，分别是普通节点、网关节点及 Sin 节点。数据采集以及多跳中继传输可由普通节点和 Sin 节点来完成，而有线信号的转换、因特网及局域网的接入可由网关节点来完成。在整个 ZigBee 网络当中，普通节点可由精简功能设备（Reduce Functional Device，RFD）来完成，Sin 节点及网关节点可由完整功能设备（Full Functional Device，FFD）来完成。

RFD 设备通常被称为简化功能器件，这种设备只可以完成信息的单向传输，与 FFD 设备进行通信，而 RFD 设备之间不能互相通信。因此，在网络中通常将 RFD 设备作为终端设备。FFD 设备通常被称为全功能器件，这种设备具有控制器的功能，不仅能够完成信号的传输，同时还可以选择路由，在网络当中可以将该设备作为网络协调器和网络路由器来使用，也可以将该设备作为终端设备使用。RFD 设备与 FFD 设备可以构成 3 种 ZigBee 网络形式，具体的结构如图 3-8 所示。

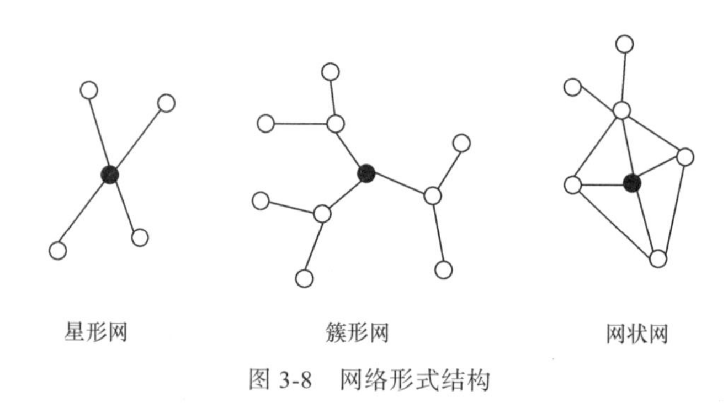

图 3-8 网络形式结构

星形网的网络协调器只有一个，主要负责对网络内部的各种设备信息进行协调和管理，完成信息的传输功能。一些终端设备的通信只有通过协调器才能够顺利地完成。簇形网也称互联星形网，这种网络实际上是星形网的一种延伸和拓展。该网络只有一个协调器，通过协调器的管理，在路由器的转接下，能够完成终端设备之间的通信。星形网一方面扩大了网络的覆盖范围，另一方面增加了接入设备的数量。网状网的基本通信单位也是星形网。在无线路由和自组织的协助下，网状网可拥有多个数据通信路径。在最佳的通信路径出现故障的情况下，网状网还可以在其他的路径当中选择最合适的通信路径完成信息的传输。网状网能够有效地缩短数据的传输时间，很大程度上提升了通信的可靠性。无论是星形网、簇形网还是网状网，它们的基础通信方式都是以星形网为主。

4. 基于 ZigBee 组网技术的具体应用

（1）粮食储备库远程监控系统中对无线传感器组网的应用

在粮食储备库中，各种参数的测量和准确控制是一个十分重要的问题，传统的控制手段难以满足测量中对参数精确性和实时性的要求。为此，我们建立粮食储备库的自动监控系统，该系统主要以 ZigBee 网络为核心，是一种多环境因子的控制系统。此外，系统的结构倾向于星形或树形拓扑结构，结构组成包括一个负责协调管理的主控节点，同时也包括若干个可扩展的测控子节点和可选的路由节点。其中，系统的控制核心在于一个主节点 ZigBee FFD，该节点负责的功能包括完成 ZigBee 网络的建立；加强对 ZigBee 网络的维护；完成网络路由功能。不仅如此，在无线传感器组网应用的过程中，使用有线通信电路可以实现对计算机的远程访问和控制，也可完成对执行用户的测控功能。就实际状况来看，子节点是一个基于 CC2530 的 RFD，可以对粮库内部的各种信息参数进行连续的测量，可根据用户的要求设置相应的测量阈值，对各种设备设定自动开启和关闭的按钮，并可实现报警功能。该系统在测控过程中可以进行各参数的补偿和数据处理，这能够有效提升测量数据的实时性和准确性。

（2）ZigBee 组网技术在农业环境监测中的应用

首先传感器采集现场农业环境信息，包括模拟和数字信号，然后传给 C8051F，对信息进行相应的转化、检验修正，进行重新编码，按照 ZigBee 联盟的标准将数据通过特定的数据结构编写成帧传送给 ZigBee 网络，最后由 ZigBee 网络把信息依次发送。我国农业现场环境信息采集现已处于自动控制的阶段，正在逐步向智能化农业方向发展。在监测环境情况的时候，使其作用得到充分的发挥，了解到植物生长、气温变化的情况，帮助农业领域生产者有效实现智能耕种。

3.2.2 Z-Wave

1. Z-Wave 技术概述

Z-Wave 是一种基于射频的低成本、低功耗、高可靠、适用于网络的短距离无线通信技术。工作频段为 908.42MHz（美国）和 868.42MHz（欧洲），采用 FSK（BFSK/GFSK）调制方式，传输速率为 9.6kbit/s，信号的有效覆盖范围在室内是 30m，室外可超过 100m。Z-Wave 技术专门针对窄带应用，采用创新的软件解决方案取代成本高的硬件。因此，只需花费其他类似技术的一小部分成本就可以组建高质量的无线网络。Z-Wave 技术主要用于家居、商场里的照明控制、身份识别和小型的工业控制。

Z-Wave 的主要技术特征如表 3-1 所示。

表 3-1　Z-Wave 的主要技术特征

特征参数	描述
工作频段	908.43MHz（美国）；868.42MHz（欧洲）
调制方式	BFSK/GFSK
传输速率	9.6kbit/s
覆盖范围	室内 30m，室外超过 100m
工作温度	–35℃ ~ 120℃
设备激活时间	约 5ms
节点数	单个 Z-Wave 网络可以包括 232 个节点设备。假如需要，可连接两个或多个网络，从而扩充更多的节点设备

2. Z-Wave 协议栈

和 OSI 一样，Z-Wave 也使用了分层结构，图 3-9 中展示了它的协议栈模型，从上至下分别是应用层、传输层、MAC 层和射频媒介。Z-Wave 技术主要实现帧确认、重传、冲突避免、帧校验以及确保数据包路由覆盖全网等功能。

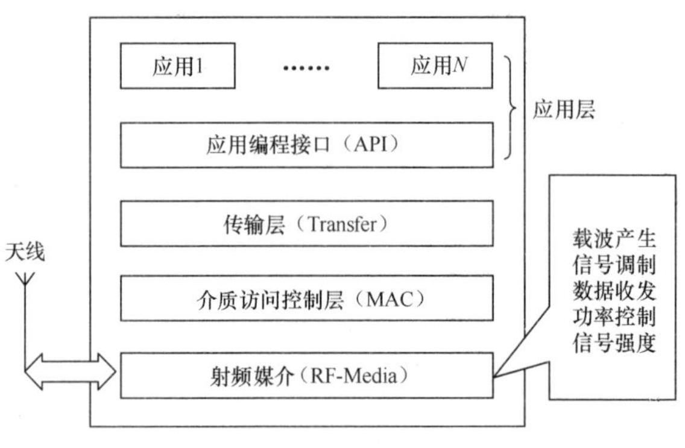

图 3-9　Z-Wave 协议栈模型

射频媒介就是通信系统的“空中接口”，统一的射频规范是满足不同厂商的设备兼容性或互操作性需求的前提，另外，射频也对通信质量起着决定性作用。Z-Wave 射频规范对 Z-Wave 射频频段、调制方式、调频频率、发射功率和接收机灵敏度等参数进行了规定。

MAC 层的设计重点在于低成本、易实现、数据传输可靠、短距离操作及低功耗。因此，MAC 层的协议较为简单灵活，主要功能如下：建立、维护和结束设备间的无线数据链路；确认模式的帧传送与接收；信道接入的控制；帧校验；时隙预留机制；节能模式：休眠、可配置应用。MAC 层采用了载波侦听多址/冲突避免（CSMA/CA）机制，有效避免了一个节点进行数据传输时其他节点发送数据的情况，极大地提高了数据传输的可靠性，图 3-10 描述了这一过程。

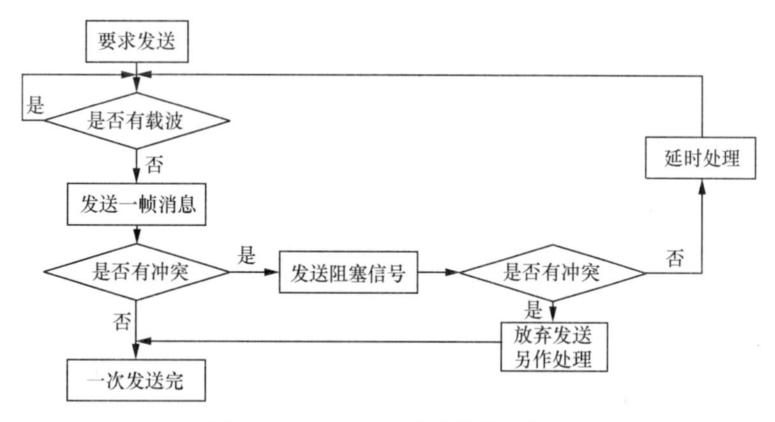

图 3-10　CSMA/CA 发送数据流程图

传输层的主要任务是保证端到端传输的可靠性。发送端发送一个消息时可能会通过不同的路由将消息的不同分组传输到目的端，传输层会将收到的各个分组排序并恢复丢失的数据，这样接收端就可以接收到完整的消息。另外，传输层可以通过流量控制来调整传输数据的速度，避免负载过大。

应用层主要包括厂家预置的应用软件，同时，为了给用户提供更广泛的应用，该层还提供了面向仪器控制、信息电器及通信设备的嵌入式应用编程接口库，从而可以更广泛地实现设备与用户的应用软件间的交互。

3. Z-Wave 网络拓扑结构

图 3-11 展示了 Z-Wave 家庭区域网络所采用的网状网络拓扑结构。网状网络是一种灵活的多跳网络结构，可以实现设备间数据的高效传输。在 Z-Wave 网状网络中，任何一种接入设备都可以作为路由器或接入点，如图 3-11 所示的节点 c 和节点 d。

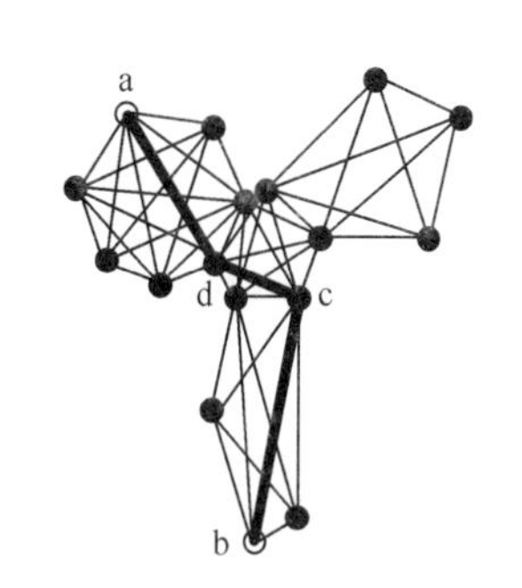

图 3-11　Z-Wave 网状网络拓扑结构

与单条网络相比，采用网状网络拓扑结构的 Z-Wave 家庭区域网络具有很多优势，如下。

（1）稳定性

在网状结构中，某个节点出现故障并不会影响整个网络的工作，数据可以通过其他路径传输。

（2）更高带宽

无线通信有这样的特性：路程越短，带宽程度越高。在网状网络结构中，节点可以通过多次“短跳”传输数据，缩短了数据的传输距离，提高了带宽。

（3）空间再利用

在网状网络结构中，即便有很多设备同时接入网络中，由于接入节点不同，并不会出现单跳节点中常常发生的虚拟堵塞导致系统性能降低的现象。

4. Z-Wave 的应用

Z-Wave 技术在订立之初就以家庭自动化应用为目标，力求为用户打造一个更加舒适、方便和更具人性化的智能家居环境。Z-Wave 网络的安装简单易行，各种符合标准的家庭设备都能方便地“安装”到家庭网络中，也能方便地从家庭网络中“卸载”。Z-Wave 设备在安装过程中最主要的问题是实现该设备的网络接入识别。Z-Wave 在其家庭网络中定义了 3 种类型的设备：控制器、路由从设备和从设备。当需要安装新的节点设备时，首先激活网络中的控制器和其他所有节点，激活可以同步也可以不同步。控制器被第一次激活后，通过广播查询新节点的请求，如果收到新节点的回应，控制器会向这个节点分配一个 ID，通过这个 ID 来规定自己的属主关系。新节点需要向控制器报告他周围的邻居表（即在射频范围之内的所有节点），使得控制器有一个全面的网络拓扑信息，从而建立一个无缝的网状结构通信网络。

Z-Wave 技术在家庭中的应用主要包括照明控制、读取仪表、家用电器功能控制、身份识别、通路管制、能量管理和预警火灾等。

另外，Z-Wave 技术还可以和传感器网络结合在一起使用，在家电和家具中部署基于 Z-Wave 技术的传感器节点，并将其与互联网连接，这样用户就可以采用远程监控系统实现对家电的远程遥控。例如，可以在回家半小时前打开空调，这样回家的时候就可以直接享受到舒适的室温，也可以遥控电饭锅、微波炉、电冰箱、电话机、电视机、录像机和计算机等家电，按照自己的意愿完成相应的煮饭、烧菜、查收电话留言、选择录制电视和电台节目，以及用计算机下载资料等操作，也可以通过图像传感设备随时监控家庭安全情况。

3.2.3 EnOcean

1. EnOcean 技术概要

EnOcean 技术是近年来新兴的无线通信技术，基于其特有的能量采集功能，我们提出了无线无源的绿色解决方案。EnOcean 技术被应用于工业控制、智能家居及楼宇自动化的管理。

EnOcean 系统由无线传感器模块和无线系统模块组成。基于“有效地整合利用环境中被忽略的微量能源”的理念，无线传感模块中的能量转换器将收集的能源转换成电能，经过能量管理模块将电能分配到网络传感器上的射频收发器和微控制器等部件；无线系统模块接收到信号后，通过微控制器转换并发送控制信号，系统执行器也可直接向微控制器发送命令，如图 3-12 所示。EnOcean 技术是一种近距离、低成本、低数据速率、低功耗、低复杂度的新型无线通信技术。EnOcean 技术使用 315MHz、868MHz、902MHz 和 928MHz 频率，传输距离室外是 300m，室内是 30m。

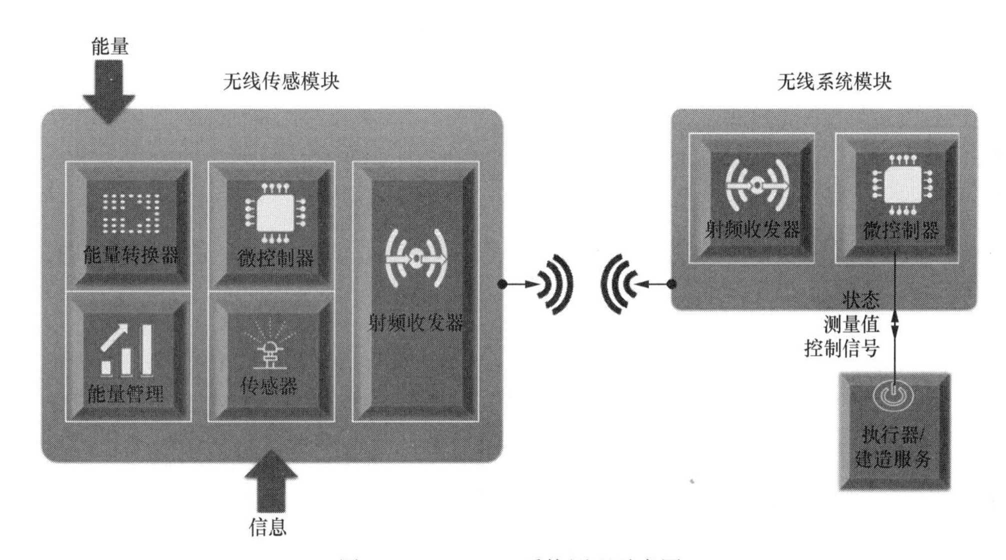

图 3-12　EnOcean 系统原理示意图

EnOcean 技术系统架构被称为“海豚”架构，其网络体系结构如图 3-13 所示，EnOcean 技术系统架构由用于处理数据的硬件模块、比较复杂的 EnOcean 软件栈模块和用户应用层模块（能量采集模块）3 大部分组成，其通用软件和模块化的设计可以方便设计者快速形成新的无线解决方案，一种比较典型的 EnOcean 无线解决方案如图 3-14 所示，在统一的 ISO/IEC14543-3-10 标准支持下，来自不同国家不同厂商的智能设备将会具有更好的兼容性。

EnOcean 网络体系结构主要包括 4 层：应用层、网络层、数据链路层以及物理层，其中，后 3 层建立在国际标准 ISO/IEC14543-3-10 之上，而应用层则由 EnOcean 开放联盟来负责定制。后 3 层的特点如下。

（1）物理层。采用 315MHz 或 868.3MHz 的射频频带，ASK 调制方法，有效传输速率为 125kbit/s，标准通信距离室内是 30m，室外是 300m。

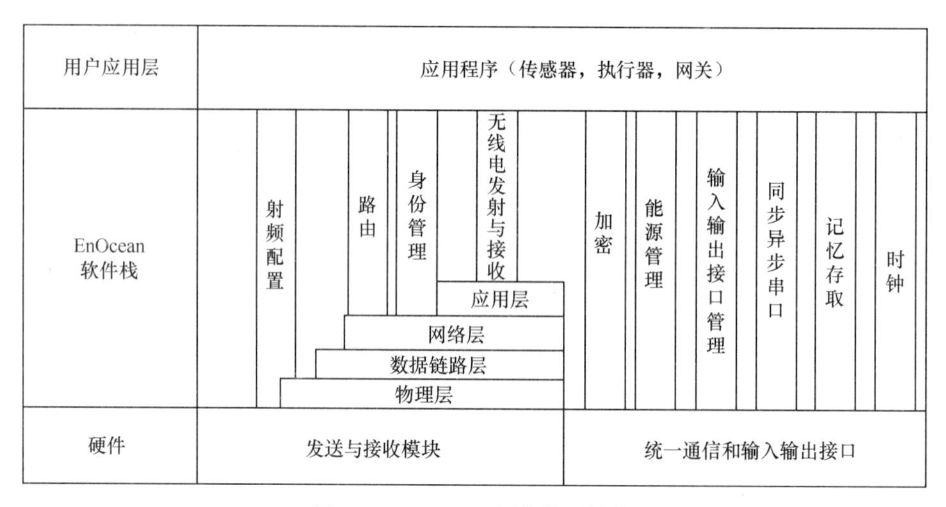

图 3-13　EnOcean 网络体系结构

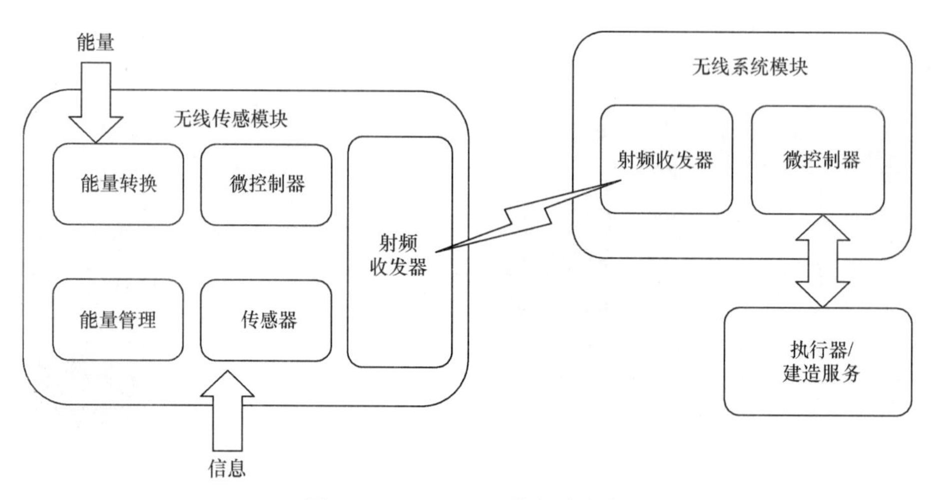

图 3-14　EnOcean 无线解决方案

（2）数据链路层。负责管理子报文时间机制以及数据完整性检测。为了保证传输的可靠性，在发送时会采用“发前侦听”机制，此外每个报文都会基于一个特定的时间算法重复发送 3 次。

（3）网络层。负责数据包转换、数据包转发及潜在的数据包定向。每个 EnOcean 设备都具有一个唯一的 32 位硬件地址，用于在通信过程中的设备识别。

2. EnOcean 协议分析

EnOcean 技术允许较大的网络规模、具有较高的安全性和可靠性等特点，特别适用于数据通信速率不高的家居自动化场合。EnOcean 协议还没有形成国际标准，EnOcean 技术一般采用直接方式的介质访问协议，其中一种协议是 ALOHA 协议。

ALOHA 协议出现于 20 世纪 70 年代，是最早的无线数据通信协议，也是最早的无线电计算机通信网。它可以实现一点到一点或者到多点的数据通信，其结构如图 3-15 所示。

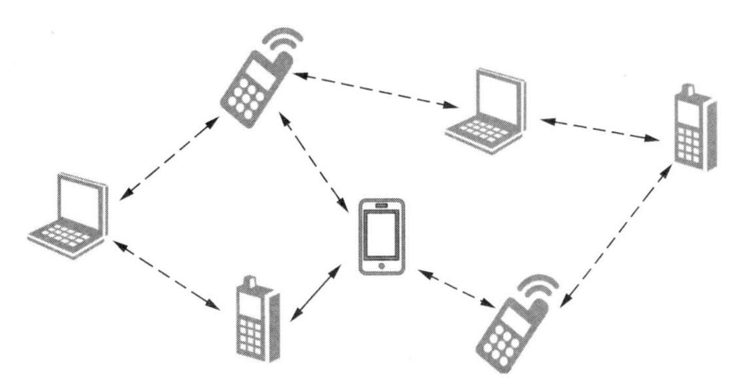

图 3-15　ALOHA 结构示意图

ALOHA 采用的是一种随机接入的信道访问方式，其协议的思想很简单：只要用户想要发送数据，就可以发送。这样可能会产生冲突，从而造成数据的失真，出现数据传输不正确等问题。但是，发送方可以在发送数据的过程中进行数据冲突检测（由于广播信道具有反馈性），发送方将接收到的数据同缓冲区的数据进行比较，就可以知道数据帧是否遭到破坏。如果检测到冲突，那么它可以等待一段特定时间后重发该帧。

ALOHA 协议是随机存取协议中的一种，分为纯 ALOHA 协议和分段 ALOHA 协议。

纯 ALOHA 协议基本思想是当传输点有数据需要传送的时候，它会立即向通信频道（接收点）传送。若规定时间内收到应答，表示接收点成功收到数据，会发送 ACK 给传输点，否则重发，并且接收点会向传输点发送 NACK。重发策略是等待一段时间，然后重发；如再次冲突，则再等待一段时间，直到重发成功为止。纯 ALOHA 协议的优点是简单易行，缺点是极容易发生冲突。

分段 ALOHA 协议基本思想是用时钟来统一用户的数据发送。它把通信频道在时间上分段，每个传输点只能在一个分段的开始处进行传送。用户每次必须等到下一个时间段才能开始发送数据，每次传送的数据必须少于或者等于一个频道的一个时间分段。这样很大程度上减少了传输频道的冲突，减少了数据产生冲突的可能性，提高了信道的利用率。重发策略同纯 ALOHA 协议。代价是需要全网同步，设置一个发送时钟信号的特殊站。

EnOcean 技术操作无线电缓存区有两种主要模式：第一种模式是在收到或者发出前一个报文之前，将需要重发的数据储存在无线电缓存区，当之前的报文发送完成之后，缓冲区的数据才开始发送。这样服务每条消息的时间将比较长，必须要等到前一个报文发出或被接收。第二种模式是设定两次发送数据之间的间隔，分段进行传送数据，使得两次发送之间有一段休眠时间，这样单个的报文服务时间就会减少，减少了数据产生冲突的可能性，提高了信道的利用率。这两种模式很好地体现了 EnOcean 技术对两种 ALOHA 协议思想的继承，第一种模式继承了纯 ALOHA 协议的思想，应用于无须能耗的设备，第二种模式继承了分段 ALOHA 协议的思想，应用于能耗极低的设备。

EnOcean 技术采用的是 ASK 调制方式。ASK 是一种相对简单的调制方式，这种调制方式会降低能量的消耗。从频段上讲，EnOcean 技术对移动通信网没有干扰，具有很好的兼容性，并且兼容现在主流的总线标准（如 BACnet、EIB、TCP/IP 等），EnOcean 技术的无线传感器网络在智能家居中的典型应用如图 3-16 所示。

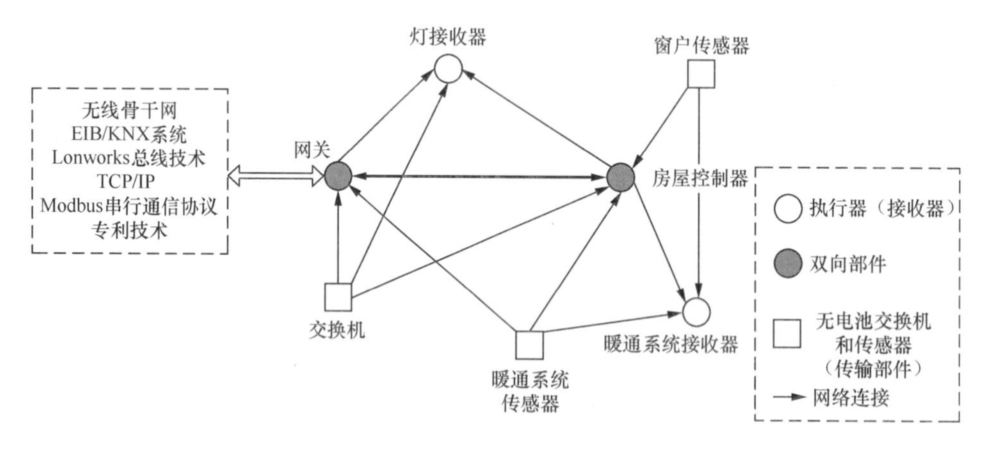

图 3-16　基于 EnOcean 技术的智能家居应用

3.2.4　Thread

1. Thread 概述

Thread 是一种专为家庭设备联网而设计的无线 Mesh 网络标准，具有自组网、低成本、低功耗、高容量、高安全性、原生支持 IPv6 等特性，其协议体系如图 3-17 所示。最初设计 Thread 是为了针对智能家居和楼宇自动化应用，如电器管理、温度控制、能源使用、照明和安全等，现其已扩展至更广泛的物联网应用中了。

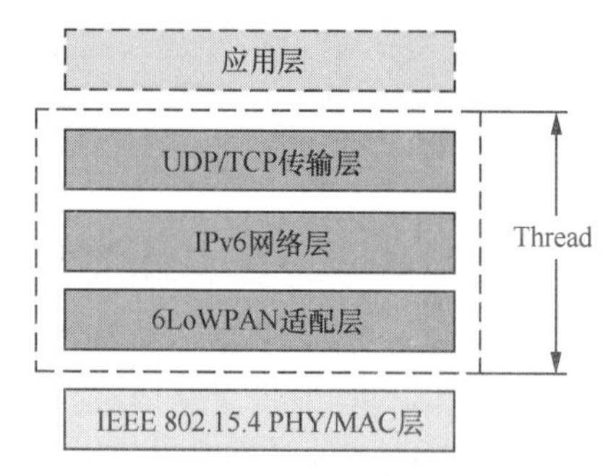

图 3-17　Thread 协议体系

由图 3-17 可知，在 Thread 协议体系之上可构建符合标准五层结构的网络协议混合模型，即物理层、数据链路层、网络层、传输层和应用层。Thread 基于 IEEE 802.15.4 PHY/MAC 层标准，工作在 2.4GHz 公用频段，最高速率为 250kbit/s，适用于短距离、低速率的应用场合；Thread 在 MAC 层和 IPv6 网络层之间加入 6LoWPAN（基于 IPv6 的低速无线个域网）适配层，在承载能力有限且不可靠的物理链路上实现对 IPv6 的高效支持，使其具备全 IP 化特性；Thread 协议要求在传输层至少实现 UDP，而 TCP 是可选的，并且没有定义应用层。

Thread 网络拓扑结构如图 3-18 所示。

根据是否具备路由能力，可将 Thread 网络设备分为路由设备和终端设备。根据在网络中承担的职责不同，路由设备可分为普通路由节点、主导节点及边界路由器。

终端设备不具备路由转发能力，只能执行主机功能收发信息。它处于网络的最末端，需依附于父节点路由器，并通过父节点代理接收和转发数据包。终端节点支持休眠模式，大部分时间处于休眠状态以降低电量消耗。

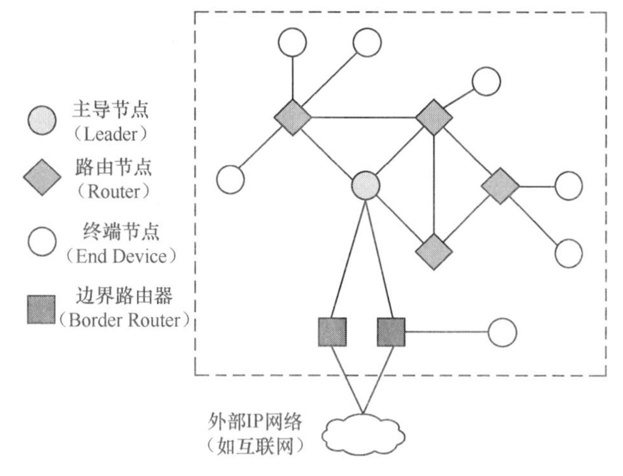

图 3-18　Thread 网络拓扑结构

路由节点既具备终端主机的应用功能（如数据采集和控制），又具备 IP 路由转发能力，是组成多跳 Mesh 网络拓扑的主要设备。路由节点可携带子节点，为其代理接收和转发数据。与终端节点不同，路由节点不能休眠，因而会消耗更多的电量。

主导节点是一类特殊的路由设备，除了具备路由节点的功能，主导节点还具备一定的网络管理和决策功能，如响应路由节点请求、管理路由节点 ID 分配等。在 Thread 网络中只能存在一个主导节点，通常是创建网络的第一个路由设备。若主导节点出现故障而离线，路由设备将自行选举产生新的主导节点，该过程不需要人为干预。

边界路由器也是一类特殊的路由设备，它至少支持两种网络连接能力，负责在不同网络之间转发 IP 包，是 Thread 网络和外部 IP 网络（通常为互联网）通信的桥梁。

此外，还有一类有能力成为路由设备，但由于网络拓扑或路由设备数量限制（Thread 网络规定路由设备数量不超过 32 个），只作为终端设备运行的节点，称为 REED 节点。如有需要，REED 节点可自动升级成为路由设备，或从路由设备切换为 REED 节点，该切换过程不需要人为操作。

2. Thread 与 ZigBee 对比分析

Thread 协议和 ZigBee 协议都基于 IEEE 802.15.4 标准，使用完全相同的物理介质和通信链路，因此具有相似的网络特性，并且可通过软件升级相互替换。但在 MAC 层以上，两者的协议架构完全不同，如图 3-19 所示。ZigBee 是定制化的专有协议，不兼容 IP，且定义了较复杂的应用层，开发者在应用框架中设计和添加具体应用对象。

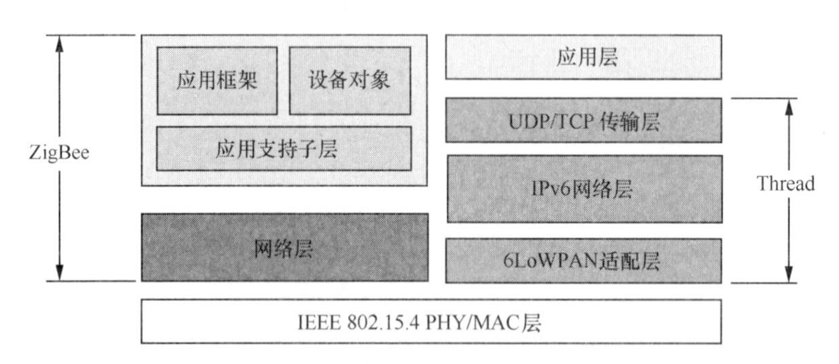

图 3-19　ZigBee 协议和 Thread 协议架构对比

ZigBee 技术面向更为广泛的应用场景，包括了智能楼宇、工业控制等多个领域。而 Thread 技术专为家庭网络设计，能够更好地满足智能家居应用场景的特殊需求，在鲁棒性（无单点故障）、IPv6 支持等方面独具优势。Thread 与 ZigBee 技术特性的对比如下。

（1）低功耗、低成本

Thread 技术与 ZigBee 技术使用完全相同的通信介质，因此具备相近的特性，如低功耗、低速率。此外，Thread 边界路由器只需工作在网络层转发 IP 包，不需像 ZigBee 应用网关那样先解析应用层数据并封装成对应的 IP 包才能转发。因此，Thread 技术在接入设备方面实现更简单，所需的软硬件成本更低。

（2）自组网、多跳路由、无中心结构

两者都具有网络自组织功能。节点能够自主发现附近设备的存在，确定连接关系并组成网状网络，节点之间以多跳中继方式实现通信。网络中不存在绝对中心，网络拓扑结构可动态调整以适应自身和外界因素的变化，具备良好的动态性能。

（3）无单点故障

Thread 网络的任意节点失效都不会造成系统出现重大故障，即无单点故障。ZigBee 网络同样具备较强的鲁棒性，但还无法实现无单点故障。如 ZigBee 网络中有且只有一个指定的协调器（Coordinator）和网关，若协调器出现故障将导致网络瘫痪，而网关出现故障则会导致与外部网络的连接中断。而在 Thread 网络中，主导节点并不固定也不需指定，将由网络自行选出合适的路由设备作为主导节点。Thread 边界路由器具有和 ZigBee

网关相似的作用，但 Thread 允许设置备用边界路由器，通过冗余备份排除了边界路由器的单点故障。

（4）全 IP 化

对 IPv6 的原生支持是 Thread 与 ZigBee 的最大区别所在。IP 网络技术成熟且应用广泛，而 IPv6 更是被称为下一代互联网的核心技术。Thread 采用 6LoWPAN 适配层技术实现对 IPv6 协议的原生支持，可实现无线传感器网络的全 IP 化。

（5）高安全性

Thread 技术和 ZigBee 技术均使用了 IEEE 802.15.4 MAC 层提供的 AES 安全加密机制。但在 MAC 层以上，ZigBee 技术只能使用专门为其定制的安全算法。而 Thread 技术还可以应用 IP 协议族已有的、非常成熟的安全机制，如数据报传输层安全性（Datagram Transport Layer Security，DTLS），使得网络安全更有保障。

3.3 无线传感器网络的核心支撑技术

3.3.1 拓扑控制

1. 拓扑控制的概述

拓扑控制技术是无线传感器网络中最重要的技术之一。在由无线传感器网络生成的网络拓扑中，可以直接通信的两个结点之间存在一条拓扑边。如果没有拓扑控制，所有结点都会以最大无线传输功率工作。在这种情况下，一方面，结点有限的能量将被通信部件快速消耗，缩短了网络的生命周期。同时，网络中每个结点的无线信号将覆盖大量其他结点，造成无线信号冲突频繁，影响结点的无线通信质量，降低网络的吞吐率。另一方面，在生成的网络拓扑中将存在大量的边，从而导致网络拓扑信息量大，路由计算复杂，浪费了宝贵的计算资源。因此，我们需要研究无线传感器网络中的拓扑控制问题，在维持拓扑的某些全局性质的前提下，通过调整结点的发送功率来延长网络生命周期，提高网络吞吐量，降低网络干扰，节约结点资源。

通过控制结点的传输范围，拓扑控制算法生成的网络拓扑满足一定的性质，以延长网络生命周期，降低网络干扰，提高网络吞吐率。

假设结点分布在二维平面上，一般所有节点都是同构的，都使用无向天线。以有向图建模无线传感器网络为例，如果节点 i 的传输功率 P_i 大于从节点 i 到节点 j 需要的传输功率 $P_{i,j}$，则节点 i 到节点 j 之间有一条有向边。最大功率工作时所有节点所生成的拓扑称为单位圆图（Unit Disk Graph，UDG）。

拓扑控制应使网络拓扑至少满足下列性质中的一个。

（1）连通性——为了实现结点间的互相通信，生成的拓扑必须保证连通性，即从任何一个节点都可以发送消息到另外一个节点。连通性是任何拓扑控制算法都必须保证的一个性质。由 UDG 的定义可以知道，UDG 的连通性是网络能够提供的最大连通性，因此一般假定 UDG 是连通的。所以，任何拓扑控制算法生成的拓扑都是 UDG 的子图。

（2）对称性——如果从节点 i 到节点 j 有一条边，那么一定存在从节点 j 到节点 i 的边。非对称链路在目前的 MAC 协议中没有得到很好的支持，而且非对称链路通信的开销很大，因此一般都要求生成的拓扑中链路是对称的。

（3）稀疏性——指生成的拓扑中的边数为 $O(n)$，其中 n 是节点个数。减少拓扑中的边数可以有效减少网络中的干扰，提高网络的吞吐率。稀疏性还可以简化路由计算。

（4）平面性——生成的拓扑中没有两条边相交。由图论可知，满足平面性一定满足稀疏性。地理路由协议是一种十分适合计算且存储能力有限的无线传感器节点的路由协议，它不需要维护路由表和进行复杂的路由计算，只需要按照一定的规则转发消息。但当底层拓扑不是平面图时，地理路由协议不能保证消息转发的可达性。因此，当节点运行地理路由协议时，要求生成的拓扑必须满足平面性。

（5）节点度数有界——在生成的拓扑中节点的邻居个数小于一个常数 d。降低节点的度数可以减少节点转发消息的数量和路由计算的复杂度。

（6）Spanner 性质——在生成的拓扑中任何两个节点间的距离小于它们在 UDG 中距离的常数倍。

2. 无线传感器网络拓扑控制结构

根据网络功能和层次结构的不同，无线传感器网络拓扑结构可以分为平面网络结构、层次网络结构和异构网络结构 3 种。

无线传感器网络中最简单的拓扑结构是平面网络结构，如图 3-20 所示。平面网络结构中所有节点的功能特性一致，是一种对等结构。这种网络拓扑结构易维护、简单，且具有较好的鲁棒性。由于网络中没有网管节点，所以常常采用分布式自组织算法构成网络，拓扑控制算法比较复杂。

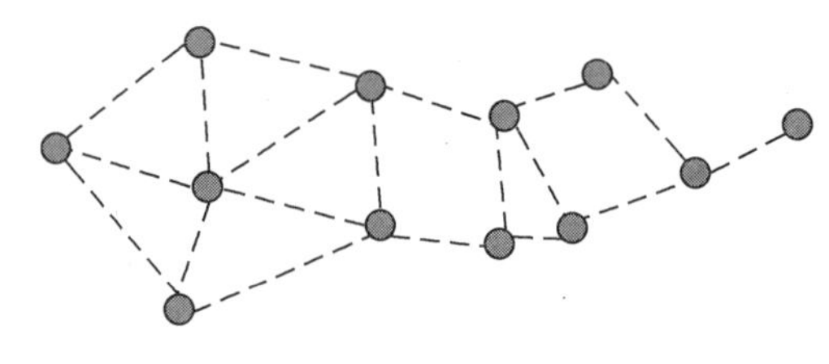

图 3-20　无线传感器网络平面网络结构

平面网络结构的一种扩展形式是层次网络结构，如图 3-21 所示。层次网络结构包括位于上层的骨干节点和位于下层的普通节点，骨干节点间是一种对等结构，骨干节点和普通节点具有不同的功能特性。网络中有一个或多个骨干节点，骨干节点之间或普通节点之间采用的是平面网络结构。骨干节点和普通节点之间采用的是分层网络结构，这种分层的网络结构一般以簇的形式存在。层次网络拓扑结构便于集中管理，具有很好的扩展性，以及较低的网络构建成本，对提高网络的覆盖率和可靠性具有很好的支撑作用，但集中管理的成本较高，普通节点之间不能直接通信。

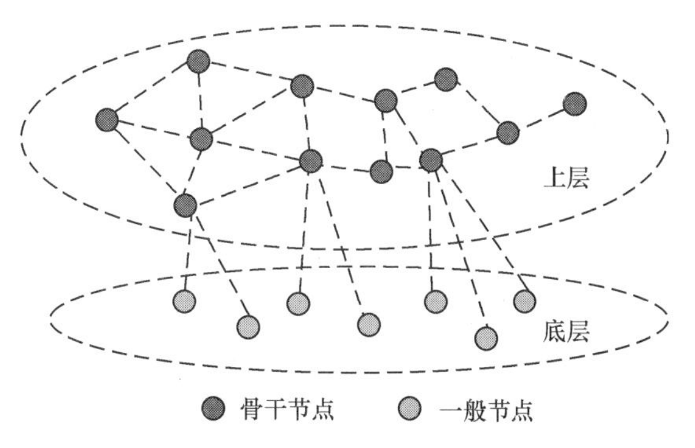

图 3-21　无线传感器网络层次网络结构

异构网络结构是分级网络结构和平面网络结构的一种混合拓扑结构，如图 3-22 所示。普通节点之间或骨干节点之间一般采用平面网络结构，普通节点和骨干节点之间采用分层网络结构。异构网络结构不同于分层网络结构的地方是：在异构网络结构中普通节点间可直接通信，不需要通过骨干节点进行数据转发。与分层网络结构相比，异构网络结构可支持更多、更强的功能，但构成网络的硬件成本较高。

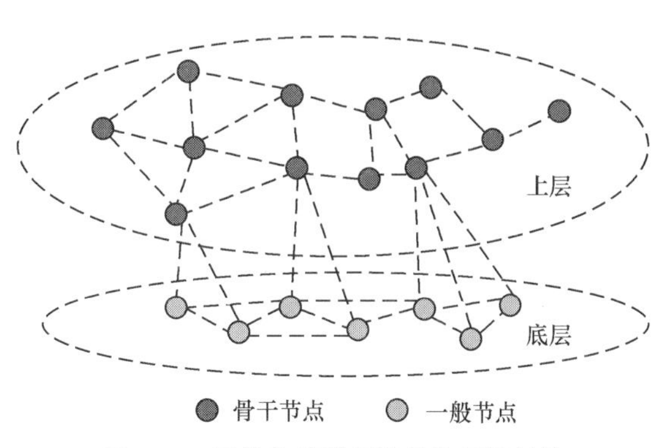

图 3-22　无线传感器网络异构网络结构

3. 无线传感器网络拓扑控制技术

当前的拓扑控制技术主要是借助图论来建立无线传感器网络的数学模型，而拓扑控制算法的思想也大多源于图论中的基本算法。

无线传感器网络拓扑控制的数学模型一般采用几何随机图来表示，即 $G=(V,E,r)$，其中 V 表示传感器节点的集合，E 表示连接两个传感器节点的无线链路所构成的边的集合，r 表示传感器节点的通信半径。

由于传感器节点发射功率的全方位扩散特性，无线传感器网络的拓扑结构可抽象为单位圆图。从图论的角度结合拓扑控制的目标，经过拓扑控制优化后的网络拓扑应该具备连通性、对称性或弱对称性、稀疏性、节点度有界和平面性等基本属性。

随着拓扑控制研究的不断发展，多种分属不同类别的策略被组合应用于拓扑的控制和优化，因此拓扑控制技术的分类愈加趋于模糊，同一种技术可能分属不同类别。以网络拓扑结构划分为标准对无线传感器拓扑控制技术进行分类，可将拓扑控制技术分为适用于平面网络的节点功率控制技术和适用于层次网络的层次拓扑控制技术，如图 3-23 所示。

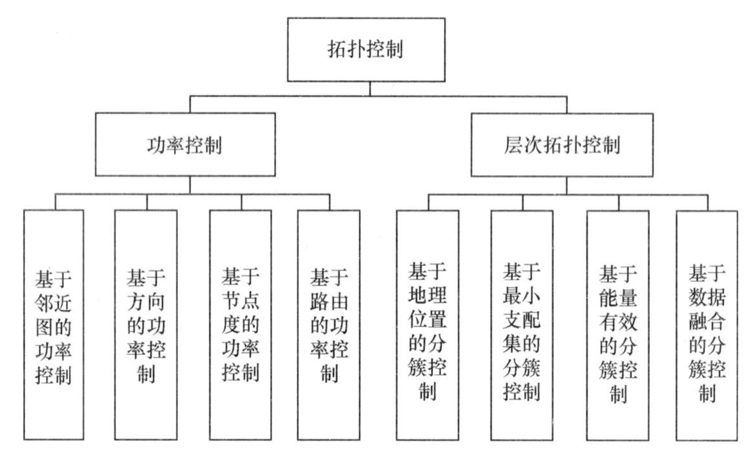

图 3-23　无线传感器网络拓扑控制的分类

（1）功率控制

功率控制适用于网络规模相对较小，对感知数据准确性和敏感度要求较高的网络环境。希腊佩特雷大学的 Kirousis 等人将功率控制简化为发射范围分配问题，即范围分配（Range Assignment，RA）问题。设 $r(u_i)$是节点 u_i 的发射半径，$N=\{u_1, u_2, \cdots, u_n\}$是 $d(d=1,2,3)$维空间中网络节点位置的点的集合。RA 问题是在保证网络连通的情况下最小化网络发射功率，使 $\sum_{u_i \in N}(r(u_i))^\alpha$最小，其中$\alpha$是大于 2 的常数，一维的 RA 问题可以在多项式时间 $O(n^4)$内解决，二维和三维的 RA 问题是 NP 难问题，因此寻找功率控制问题的最优解是不切实际的，应该从实际出发寻找功率控制的实用解。针对这一问题，目前已经有不少解决方案，其基本思想都是通过发射功率的降低来延长网络的生命周期，下面介绍几个典型的基于功率控制的拓扑控制算法。

① 基于路由的功率控制

基于路由的功率控制是将路由协议与功率控制相结合，所有传感器节点使用统一发射功率，在保证网络连通的前提下最小化发射功率。CLUSTERPOW 是一个针对异构网络的功率控制路由协议。协议按照传输功率级别将网络进行隐式分簇，各簇内不存在网关节点或簇头。路由是由形成网络内各种簇结构的不同功率级所组成的，节点通过发送不同功率级别的 HELLO 消息包对网络进行探测，并在路由表中记录每个功率级别。在进行数据转发时，节点查询路由列表，选择可以到达目的节点的最小功率级别的下一跳节点作为中转节点。CLUSTERPOW 协议可以根据目的节点动态地调整节点的最优发射功率，而不是在全网范围内使用统一的发射功率，如图 3-24 所示。CLUSTERPOW 协议在异构网络中具有较好的能量使用效率。然而，每个节点需要为不同的功率级别维护不同的路由列表，因此该协议的主要缺点是需要较大的开销。针对 CLUSTERPOW 协议中多个中继节点由于探测网络带来额外开销，导致网络能耗增加的问题，有研究将 CLUSTERPOW 协议与目的节点序列距离矢量路由（Destination-Sequenced Distance-Vector Routing，DSDV）协议相结合，提出了一种适用于无线传感器网络实际应用的 CLUSTERPOW-DSDV 路由协议，该协议可以通过降低路由开销减少网络能耗。

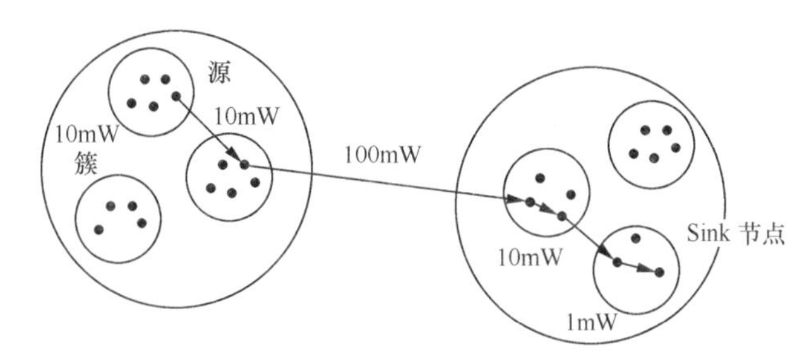

图 3-24　CLUSTERPOW 协议在网络中的路由路径

② 基于节点度的功率控制

基于节点度的功率控制是在设定节点度门限的情况下，每个节点动态地调整自己的发射功率，使得节点度数落在门限的上限和下限之间。节点度的门限选取要保证拓扑连通具有一定程度的可扩展性和冗余性。具有代表性的基于节点度的功率控制算法是本地平均算法（Local Mean Algorithm，LMA），LMA 可分为如下 3 步。

第一，在起始状态，赋予所有节点相同的初始传输功率 P_{Tr}，节点定期广播一个包含自身唯一标识的报文 LifeMsg。

第二，对于接收到 LifeMsg 报文的节点，反馈给对端一个回复报文 LifeAckMsg，可以由反馈回的 LifeAckMsg 报文统计出其周边邻居节点数 *NodeResp*。

第三，若 *NodeResp* 低于预设的下限度值 *NodeMinThresh*，节点将按公式（3-1）更新 P_{Tr}，若 *NodeResp* 高于上限度值 *NodeMaxThresh*，则按公式（3-2）更新 P_{Tr}。

$$P_{Tr}=\min\{B_{max}\times P_{Tr},\ A_{inc}\times(NodeMinTresh-NodeResp)\times P_{Tr}\} \tag{3-1}$$

$$P_{Tr}=\max\{B_{min}\times P_{Tr},\ A_{dec}\times[1-(NodeResp-NodeMaxThresh)]\times P_{Tr}\} \tag{3-2}$$

在公式（3-1）和公式（3-2）中，B_{max}、A_{inc}、B_{min} 和 A_{dec} 是 4 个功率调节参数，从表达式可知它们直接关系到功率调整的幅度。LMA 具有简单和易部署的优势，仅需通过局部信息判断邻居节点数就可确定节点的功率，然而度的门限值及预设参数会对算法性能产生一定的影响，选取时应综合考虑部署环境、节点分布及应用背景等因素。此外，度值区间考虑的不全面会带来一定的负面影响，不能很好地度量影响网络生命周期的多种拓扑特性。

③ 基于邻近图的功率控制

基于邻近图的功率控制基本思想：设所有节点都使用最大发射功率发射时形成的拓扑图是 G，按照一定的邻居判别条件求出该图的邻近图 G'，每个节点以自己所邻接的最远节点来确定发射功率。本地最小生成树（Local Minimum Spanning Tree，LMST）结构的拓扑控制算法是一种典型的基于邻近图的功率控制算法，LMST 算法步骤如下。

- 信息交互阶段，节点 u 定期以最大传输功率发送 Hello 报文，从而获知其可视邻居区 $NV_u(G)$内的所有节点的信息。
- 拓扑构建阶段，节点 u 独立地以无向图最小生成树算法获得本地最小生成树 $T_u=(V(T_u), E(T_u))$。
- 传输功率确定阶段，节点依据已确定的本地最小生成树的结构，决定自身传输功率。
- 双向化处理阶段，由于所获拓扑中可能存在单向链接，为使网络具有双向连通的特性，对当前所形成的拓扑中单向链接实施添加或删除。

在无线传感器网络中，基于邻近图的功率控制的作用是使节点确定自己的邻居集合，调整适当的发射功率，从而在建立一个连通网络的同时使得能量消耗最低。但 LMST 在拓扑生成过程中未考虑形成链接的对端能量是否充足，因此所形成的网络拓扑鲁棒性不高。

（2）层次拓扑控制

层次拓扑控制适用于部分节点可以实行休眠策略的大规模网络。其关键技术是分簇，采用周期性选择簇头节点的方式，由簇头构成贯穿整个拓扑的骨干网，并且休眠非簇头空闲节点，从而大幅度降低空闲状态时侦听行为对节点能量的消耗，进而延长网络生命周期。其中，簇头除需担负簇内节点协调和数据转发任务外，一般还需具有数据融合功能。层次拓扑控制通常可以分为区域划分和簇头选举两个阶段。比较典型的有如下 4 种算法。

① 基于数据融合的分簇控制

LEACH 算法是一种面向数据融合的自适应的分簇拓扑控制算法，它的执行过程是周期性的，每轮循环分为簇的建立阶段和稳定的数据通信阶段。LEACH 算法中簇头选举算法如下。

- 节点产生一个 0～1 的随机数，如果这个数小于阈值 $T(n)$，则该节点成为簇头，$T(n)$ 可根据公式（3-3）确定。

$$T(n)=\begin{cases}\dfrac{p}{1-p(r\bmod(1/p))} & n\in G\\ 0 & else\end{cases} \tag{3-3}$$

公式（3-3）中 p 为网络中簇头数与总节点数的百分比，r 为当前的选举轮数，$r \bmod(1/p)$表示这一轮循环中当选过簇头的节点个数，G 是最近 $1/p$ 轮未当选过簇头的节点集合。

- 选定簇头后，通过广播告知整个网络。网络中的其他节点根据接收信息的信号强度决定从属的簇，并通知相应的簇头节点，完成簇的建立。最后簇头节点采用时分多址方式为簇中每个节点分配向其传送数据的时间片。
- 稳定阶段，传感器节点将采集的数据传送到簇头，簇头对数据进行融合后再传送至基站。稳定阶段持续一段时间后，网络重新进入簇的建立阶段，进行下一轮的簇头选举。

LEACH 算法中，节点等概率承担簇头角色，较好地体现了负载均衡思想。但是，簇头位置具有较强随机性，簇头分布不均匀，因此骨干网的形成无法得以保障。

② 基于能量有效的分簇控制

针对 LEACH 算法中节点规模小，簇头选举没考虑节点的地理位置等不完善的地方，在 LEACH 算法的基础上，有学者提出了改进的 LEACH 算法：混合节能的分布式聚类（Hybrid Energy-Efficient Distributed clustering，HEED）算法，它有效地改善了 LEACH 算法簇头分布不均匀的问题，以簇内平均可达能量作为衡量簇内通信成本的标准，节点用不同的初始概率发送竞争消息，节点的初始化概率 CH_{prob} 可根据公式（3-4）确定。

$$CH_{prob}=\max\left(C_{prob}+\frac{E_{resident}}{E_{max}},P_{min}\right) \tag{3-4}$$

公式（3-4）中，C_{prob} 和 P_{min} 是整个网络统一的参量，它们影响到算法的收敛速度。簇头竞选成功后，其他节点根据在竞争阶段收集到的信息选择加入哪个簇。HEED 算法在簇头选择标准以及簇头竞争机制上与 LEACH 算法不同，成簇的速度有一定的改进，特别是考虑到成簇后簇内的通信开销，把节点剩余能量作为一个参量引入算法中，使得选择的簇头更适合担当数据转发的任务，形成的网络拓扑更趋合理，全网的能量消耗更均匀。

HEED 算法综合考虑了生存时间、可扩展性和负载均衡，对节点分布和能量也没有特殊要求。虽然 HEED 算法执行并不依赖于同步，但是不同步却会严重影响分簇的质量。

③ 基于最小支配集的分簇控制

拓扑发现（Topology Discovery，TopDisc）算法是基于最小支配集问题的经典算法，它利用颜色来描述节点状态，解决骨干网拓扑结构的形成问题，基本思想如下。

- 利用颜色标记理论找到簇头节点。
- 利用与传输距离成反比的延时，使一个黑色节点（即簇头）覆盖更大的区域。

在 TopDisc 算法中，节点可以处于 3 种状态，分别用白、黑、灰 3 种颜色表示。白色节点代表未被发现的节点，黑色节点代表成为簇头的节点，灰色节点代表簇内结点。所有节点被初始化为白色，由一个初始节点发起 TopDisc 算法，算法执行完毕，所有节点都将被标记为黑色或者灰色。图 3-25 为算法执行完毕网络拓扑结构的局部拓扑图，可以看到，两个黑色簇头节点通过一个灰色簇内节点进行通信，保证了簇与簇之间的连通。

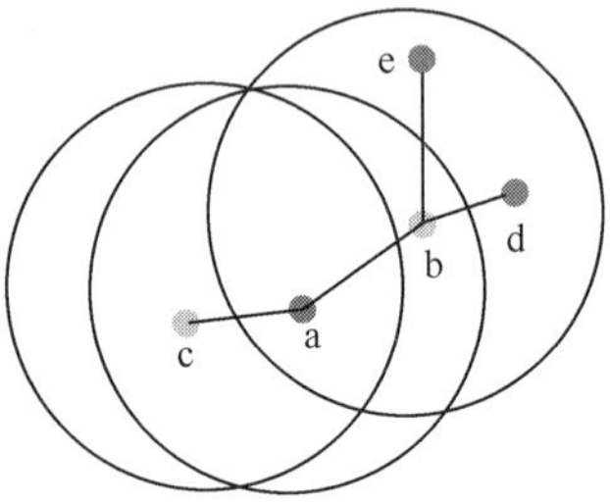

图 3-25　执行 TopDisc 算法后网络的局部拓扑结构

TopDisc 算法只需要利用局部信息，是一种完全分布式、可扩展的网络拓扑控制算法，但算法的开销偏大，且没有考虑节点剩余能量。

④ 基于地理位置的分簇控制

地域自适应保真（Geographical Adaptive Fidelity，GAF）算法是基于节点地理位置的分簇算法。该算法首先把部署区域划分成若干虚拟单元格，将节点按照地理位置划入相应的单元格，然后在每个单元格中定期的选举一个簇头节点。

GAF 算法中，每个节点可以处于 3 种不同状态：休眠、发现和活动状态，状态间的转换过程如图 3-26 所示。

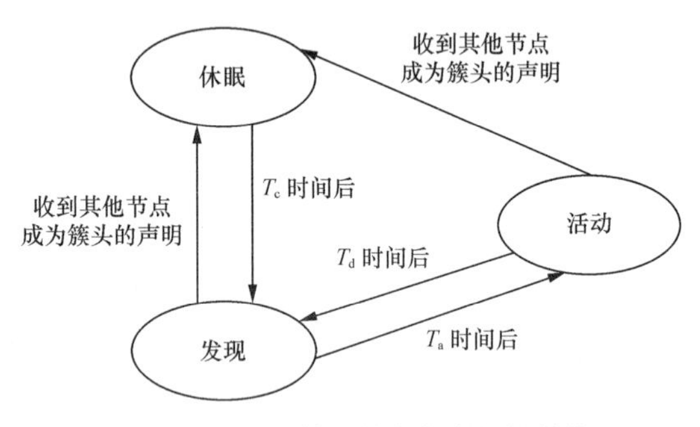

图 3-26　GAF 算法节点状态间的转换

在初始状态下，所有节点处于发现状态。此时节点通过交换 Discovery 消息来获得同一虚拟单元格中其他节点的信息。

当节点进入发现状态时，每个节点设置一个定时器 D，一旦定时器 D 的时间超过 T_d，节点广播 Discovery 消息，同时转换到活动状态。如果在计时器超时之前节点收到其他节点成为簇头的声明，则取消计时器，进入休眠状态。

当节点进入活动状态时，每个节点设置一个计时器 A，表示节点处于活动状态的时间。一旦计时器 A 的时间超过 T_a，节点就转换到发现状态。在节点处于活动状态期间，以时间间隔 T_d 重复广播 Discovery 消息，以便压制其他处于发现状态的节点进入活动状态。

GAF 算法基于平面模型，以节点间的距离度量是否能够进行通信，在实际应用中，距离邻近的节点可能因为各种因素不能直接通信。此外，该算法也没有考虑节点能耗均衡的问题。

3.3.2　时间同步

1. 时间同步概述

时间同步技术是无线传感器网络必不可少的重要支撑技术之一。在无线传感器网络的数据采集、人员定位和目标追踪等技术中，都需要时间同步来保证一定的同步精度，以满足实际应用的要求，所以研究时间同步技术对发展无线传感器网络技术至关重要。

传感器节点的本地时钟依靠其晶体振荡器实现，传感器节点内部有一个计数器和一个特定频率的晶体振荡器，当振荡器的脉冲增加一定数量后计数器也会随着增加一定的数值，以此方式来完成时间上的计数。由于晶体振荡器本身存在微小的频率误差，且传感器节点部署环境和启动时间不可能完全同步，再加上节点在工作时会受到外界环境温湿度、气压等的影响，随着时间的流逝，不同节点间会出现一定的时间偏差。为使不同节点的时钟同步，我们首先在报文中标记出其物理时间，其次交换彼此报文分组以估算出节点间的本地时钟关系，最后根据这个关系计算并构造出同步的逻辑时钟。但针对时间同步，我们必须要搞清以下 3 点：一是传感器节点时钟工作的基本原理，二是影响时间同步时延的关键因素，三是时间同步机制原理及分类。

2. 时间同步模型

时钟模型是对时间同步协议性能进行有效分析的数学理论基础。传感器节点晶振频率一般来说是不稳定的，通常，传感器节点 i 在某个 t 时刻的本地时间可以用公式（3-5）表示。

$$C_i(t)=\frac{1}{f_0}\int_{t_0}^{t}f_i(t)dt+C_i(t_0) \tag{3-5}$$

其中，f_0 表示传感器节点 i 的标准频率，它是依赖于晶体物理特性的常量，$f_i(t)$表示节点 i 在 t 时刻的频率。由于制作工艺的问题，$f_i(t)$和 f_0 通常存在微小差别，t_0 表示节点的初始时间，$C_i(t_0)$表示节点在 t_0 时刻的本地时间。

如果不考虑传感器节点晶振频率变化和外界环境因素的影响，即认为在一定时间内节点晶振频率是保持不变的，那么节点的时钟可以用公式（3-6）表示。

$$C_i(t)=\frac{f_i}{f_0}(t-t_0)+C_i(t_0) \tag{3-6}$$

其中，$k=\frac{f_i}{f_0}$为相对频率，$C_i(t_0)$为计时初始时刻的时钟读数。在理想情况下，时钟变化速率 $r(t)=dc(t)/dt=1$。然而，在实际的生产制作和应用中，传感器节点的晶振频率会随着时间、外界环境的温湿度，以及气压等因素的变化而产生微小变化，因此公式（3-6）不能满足实际应用环境。但一般情况下，晶振频率波动幅度也不是随意的，公式（3-7）可描述这个频率变化幅度。

$$1-\sigma\leqslant k\leqslant 1+\sigma \tag{3-7}$$

其中，σ 为绝对频差上界，一般由制造厂家标定，其取值的范围通常在 $1\sim100\times10^{-6}$，即节点在 1s 内会有 $1\sim100$ μs 的时间偏移。

同时，节点 i 在 t 时刻的逻辑时钟读数可以用公式（3-8）表示。

$$LC_i(t) = la_i \times C_i(t) + lb_i \tag{3-8}$$

其中，la_i 为频率修正系数，lb_i 为初相位修正系数，$C_i(t)$为本地时钟读数。通过逻辑时钟，本地时钟进行一定的数学换算后便可达到节点间的同步。

另外，无线传感器网络中常用的反映时间量度与性能的主要参数如下。

① 时钟偏移：节点晶体振荡的实际频率与标准频率不完全相等，随着时间流逝，每个节点以不同的频率计时而出现的时间偏差。在 t 时刻的时钟偏移定义为 $c(t)-t$。

② 时钟漂移：随着外界环境（温湿度、气压、电磁波）影响、时间推移等而引起时钟频率产生的变化，在 t 时刻的时钟漂移可记为：$r(t)-1$。

目前无线传感器网络节点间达到时间同步的方式大体可分为两种：一种是根据逻辑时钟与物理时钟之间的关系，通过一定的数学转换，将节点的逻辑时钟调到物理时钟基准上，以达到绝对时间同步的目的；另一种是根据两个节点的本地时钟之间的逻辑关系，对一些消息进行交换和处理，从而实现相互间的相对时间同步。

3. 无线传感器网络时间同步分类

在无线传感器网络中，需要通过协议实现时间同步，时间时延不仅仅与本地时钟计时精度有关，还与时间同步过程中产生的时延、处理信息速率以及输出收发因素等相关。在无线传感器网络应用中选择同步算法时，要在确保满足应用需求的同时尽可能将存储、计算复杂度及能量开销降到最低。根据不同原理特性，时间同步可以进行不同的分类。

（1）按照同步范围来划分，可分为全局同步和局部同步。根据不同环境的应用，网络中所要求的节点同步范围是不同的。全局同步要求网络中所有的传感器节点都要进行时间上的同步，而局部同步则只需要网络中一部分的节点参与同步，以充分利用网络中节点的有限能量。在长期的目标追踪事件环境中，一般需要大范围的节点同步，而在 TDMA 机制中和基于检测一个目标信号协同处理时，通常会采用局部同步模式。

（2）按照在时钟同步时所参考的时钟来源来划分，可分为外同步和内同步。外同步是指使用无线传感器网络外部的标准时钟来同步网络内的传感器节点，内同步则是使用网络中某个节点的时钟作为基准，其他节点参照此时钟来进行调整。一般情况下，有线的分布式系统在进行时间同步时需要传递统一的标准时间（Universal Time Coordinator，UTC），而无线传感器网络则没必要传递统一的时钟标准。有些应用环境只需要记录时间的先后顺序，并不需要当时事件发生的绝对时间，事件执行绝对时间远没有保证所有节点同时执行重要，这种情况下则需要内同步。有些应用环境需要外同步和内同步交互使用。

（3）按照时间同步寿命来划分，可分为按需同步和长期同步。时间同步寿命是指要保持时间同步的长短。按需同步是指网络节点之间的时间并不需要一直保持一致，只需在事件发生前或发生后保持同步即可。按需同步可以根据网络的需求进行灵活调整，并不需要大量通信开销来维护网络的同步，节省了节点能量和通信带宽。而长期同步是指时间同步在网络中是一直保持下去的，此同步方式相对于能量有限的传感器节点来讲，不但代价较大，而且随着时间推移，节点间由于存在时钟偏移，其同步误差也会随着增加，在必要情况下还需要周期性再同步，耗能更大。相比之下，在多数情况下，按需同步的同步方式更实用，效率更高，比较适用于能量有限的无线传感器网络。

（4）按照网络同步更新机制来划分，可分为事前同步和事后同步。事前同步是指网络中所需要同步的节点在事件发生之前必须达到相互间的同步，而事后同步则是传感器节点在事件发生后再与其他节点进行同步。在某些协作采集、传输和处理等需要高精度同步的场合，一般需要事前同步；而在那些对同步精度要求不高的应用环境，可采用事后同步。

（5）按照节点间消息交互方式，可将现存的无线传感器网络的时间同步算法分为 3 类，每类中均有经典算法代表，其内容将在下面详细介绍。

4. 无线传感器网络时间同步机制

网络时间同步是基于节点间时间同步进行的，根据一对节点在时间同步时使用的同步机制不同，可将现存的经典时间同步算法分为 3 类：基于接收者—接收者（receiver-receiver）的时间同步机制、基于发送者—接收者（sender-receiver）的单向时间同步机制和基于发送者—接收者（pair-wise）的双向时间同步机制。这些算法在能耗、复杂度和同步精度等方面有不同的应用要求。

（1）基于接收者—接收者时间同步机制

基于接收者—接收者的时间同步机制充分利用了传感器节点无线数据链路层的广播信道特性，引入一个节点作为参考节点，并向其广播范围内的其他两个节点发送参考分组，其他两个节点接收到参考分组后再由一个节点发送给另一个节点其接收到的时间信息，另一个节点便可测量出两个时间信息到达的时间差，再进行时间信息的比较分析以实现它们之间的时间同步。这类算法能够实现所有节点的相对时间偏差，精度较高，但需要发送大量的同步信息包，最具典型的同步算法是参考广播同步（Reference Broadcast Synchronization，RBS）算法。

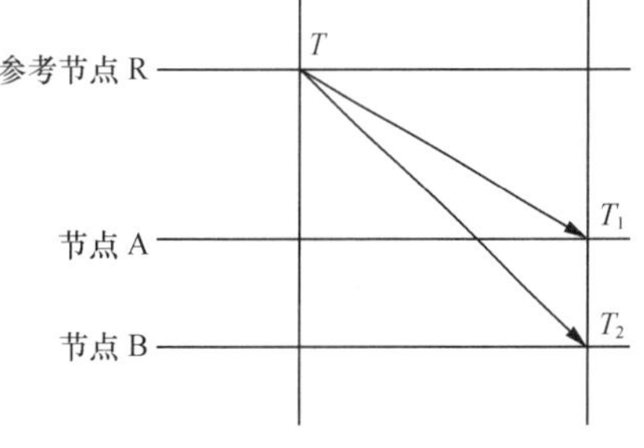

图 3-27　RBS 算法原理图

RBS 算法是单向传输同步算法，其“第三方广播”的特点，使 RBS 算法与其他的发送者—接收者同步算法有所不同，RBS 算法在同步过程中可以同步多个接收者，其原理如图 3-27 所示。假设参考节点 R 为发送节点，节点 A 与节点 B 为接收节点，在 T 时刻节点 R 广播不包含其本地时间的同步报文，在其广播范围内的节点A与节点B分别在 T_1 与 T_2 时刻接收到此消息包。假设在参考节点R广播范围内的所有节点间的传播时间是同样的，然后节点A、节点B相互发送其接收到同步报文的接收时间，两个节点利用接收到的时间信息便可计算出彼此间的时间偏差，可记为：offset[A,B]=T_1-T_2。

由图3-27可知，在同步过程中，RBS算法避免了可能由发送方引起的同步误差，其同步精度主要由接收方决定，接收方彼此间的差异会影响算法性能。为了提高网络同步精度，算法通过发送者多次广播同步报文消息包，接收方通过多次接收时间来求取平均值以降低同步误差，再利用最小线性拟合的方法拟合这些接收到的时间差的样本库，从而提高了网络的同步精度。但是，由于发送者频繁地广播消息包，接收方不断对接收时间存储和处理，这将消耗大量的节点能量和内存空间，并且在多跳传感器网络中，其消息包传输数量和计算复杂度将加倍，同步误差也会随着网络多跳级数的增加而增加。因此，RBS算法不适合应用在能量有限且多跳级数较大的网络环境。

（2）基于发送者—接收者的单向时间同步机制

为避免估计往返传输时间造成不确定性，减少同步数据包数量，并兼顾网络能量消耗、可扩展性和计算复杂度，设计了基于发送者—接收者的单向时间同步机制。基于发送者—接收者的单向同步机制基于传感器节点的单向广播特性，基准节点广播含有节点时间的消息包，待同步节点估算出同步分组的传输时延后，将本地时间设置为接收到的数据包中包含的时间加上分组传输时延，这样广播范围内的所有节点均可达到与主节点间的同步。具有代表性的同步算法有时延测量时间同步（Delay Measurement Time Synchronization，DMTS）算法和洪泛时间同步协议（Flooding Time Synchronization Protocol，FTSP）算法。

① DMTS算法

DMTS算法是所有同步算法中最简单、直观、灵活的，它通过牺牲一定的同步精度来降低网络能耗和计算复杂度。DMTS算法工作原理：在网络中选取某个传感器节点作为主节点来广播包含其本地时间在内的同步报文，其他的节点接收到该消息包后估算报文传输时间，然后设置自己的时间为报文传输时延加上消息包中的时间。

因为消息包中的时间是固定的，所以主要由估算的报文传输时延的精度来决定时间同步的精度。DMTS算法实现的基本原理如图3-28所示，其同步过程具体如下。为避免消息在发送时产生的发送时延和MAC层接入时延，发送者在检测到通信信道畅通后再给消息包添加上时标 t_0，节点在发送消息包时还需发送前导码与起始符号。假设传输的比特数是 n，传输一个比特所需要的时间是 τ，则传送前导码与起始符号所用的时间是 $n\tau$，消息到达接收方时，接收者在 t_1 时刻标记接收数据包时的时间，等消息接收处理完成后再标记时间 t_2，则整个传输时延 t_d 可以表示为 $n\tau+(t_2-t_1)$，如果时间主节点在广播同步消息时给报文添加的时标是 t，则接收节点调整自己的时间为 $t_r=t+n\tau+(t_2-t_1)$，这样便完成了与主节点间的时间同步。同样，DMTS 算法在多跳传感器网络中也可以完成全网的时间同步，理论上 N 跳的传感器网络所产生的同步误差为单跳最大同步误差的 N 倍，但由于多跳的同步误差有正负之分，一部分误差会被相互抵消，很少会出现最差的情况。而且在同步整个网络时所需要广播消息包的总数和网络节点总数相等，并且只需要广播一次即可。DMTS 算法计算复杂度低，消息包传输数量少，较适合应用于对精度要求不高的网络环境中。

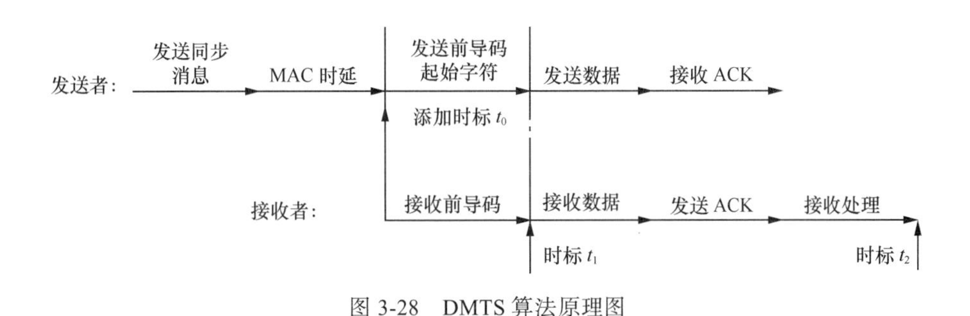

图 3-28　DMTS 算法原理图

② FTSP 算法

FTSP 算法接收方与发送方之间的同步也是通过简单的单向广播同步消息包来实现的，这点与 DMTS 算法具有相似之处。FTSP 算法具体实现过程如下。

首先假设网络中的每个传感器节点都有自己唯一的 ID 标识符，以整个网络的根节点作为时间同步的基准节点。整个网络在没有建立拓扑结构的情况下采用泛洪的方法，根节点在某一时刻广播包含自己的本地时间在内的同步时间包，在其广播范围内的未同步的节点接收到此消息包后，记录下接收时的本地时间，解析出消息包中根节点的发送时间，再根据这两个时间计算出相对发送节点的时间偏移，调整自己的本地时间完成时间同步。然后，已完成同步的节点再生成一个新的时间消息包广播出去，其他未同步的节点接收到此报文后以同样的方式完成同步。以此类推，直到全网节点完成同步。

FTSP 算法根据无线传感器网络的特点，综合考虑了时间同步方面的可扩展性、能量感知、稳定性、收敛性和鲁棒性等方面的性能，主要采取了发送节点和接收节点在 MAC 协议上添加时间标记的技术，并把在消息传输过程中影响同步精度的时间细分为中断处理时延、编码时延、传播时延、解码时延、字节对齐时延和接收中断处理时延等，分析各自误差特点，从而采取措施进一步降低时延误差。同时，利用最小方差线性拟合技术估算出时钟漂移和偏移，并对节点进行补偿，以提高同步精度。无线传感器网络中常常会有新节点的加入、原节点失效或网络拓扑结构的变化等情况出现，FTSP 算法针对此类情况，还设计了一套选举新的根节点方法，增强了算法的鲁棒性。但是由于算法采用的是泛洪广播机制，计算复杂度较高，且消息包传输数量多，能量消耗巨大，比较适合应用在对精度要求较高但不计较能量消耗的网络环境中。

（3）基于发送者—接收者的双向时间同步机制

相对于基于发送者—接收者的单向时间同步机制，基于发送者—接收者的双向时间同步机制是比较复杂的。节点间的消息交换类似于传统网络基于客户机—服务器架构的网络时间协议（Network Time Protocol，NTP），网络中待同步的节点向基准节点发送同步请求消息包，基准节点接到请求包后，向待同步节点发送包含基准节点当前本地时间在内的同步包，待同步节点在另一时刻接收到此消息包后，通过现有的时间估算出时间偏差和传输时延，并校准自己的时钟以达到与基准节点在时间上的同步。此同步机制考虑了收发双方时延情况，并避免了发送时延，处理也更加精细，相对同步精度较高，其比较有代表性的同步算法有传感器网络时间同步协议（Timing-sync Protocol for Sensor Networks，TPSN）算法和MINI/TINI-SYNC算法等。

① TPSN算法

TPSN算法是典型的双向成对同步算法，其同步过程类似于传统的NTP，利用报文传输的对称性，把同步信息时间时延的影响降低到原来的一半。也类似于TCP中的IP地址，在TPSN算法中，网络中的每个节点均有唯一的ID，节点间采用双向无线链路机制。算法在同步过程中分为层次建立和时间同步两个阶段，其具体过程如下。

传感器网络首先建立一个层次网络拓扑结构，每个节点具有自己的层次级别，一般网络会默认具有硬件处理能力的基站为根节点，其层次级别为0。在层次建立阶段，根节点广播包含自己层次级别和ID在内的层次建立数据包，其他节点接收到此数据包后解析出数据包中的层次级别，将其加1后作为自己的层次级别，然后此节点再作为父节点，把自己的层次级别打包后发送给其他的邻居节点，其他邻居节点在接收到此消息后进行同样的处理，直到全网的节点均拥有了自己的父节点和在网络中的层次级别。在消息反复广播的过程中，对于那些已经拥有自己层次级别的节点，如果收到小于自己层次级别的数据包，则更新自己的层次级别为接收到的数据包中的层次级别，若收到一个层次级别大于自己层次级别的数据包，则忽略。

层次结构建立后，网络开始了时间同步阶段。其同步过程主要是在父节点和子节点之间进行双向报文传输。根节点广播“时间同步”数据包启动全网节点的时间同步，层次级别为1的传感器节点在接收到此数据包后，各自随机等待一段时间后与根节点进行信息的交换，这些节点接收到根节点回复的消息包后，根据接收到的时间信息调整自己本地的时钟，以达到与根节点在时间上的同步。然后下层节点继续此过程，直到全网的节点均与根节点达到时间上的同步。在同步过程中，下层节点的随机等待是为了防止信号间的相互干扰，避免使用信道时的冲突，降低消息包丢失率。其中，两点间的消息交换过程如图3-29所示。

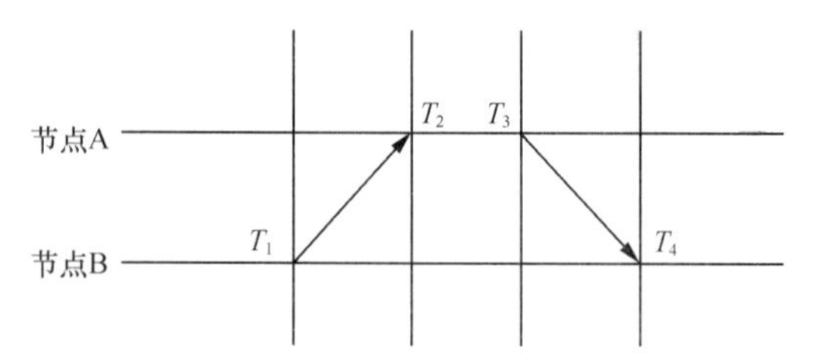

图3-29 TPSN算法节点间消息交换过程

节点A、节点B是网络中的两个节点，

其中，节点A为节点B的父节点，T_2、T_3记录的是节点A的本地时间，T_1、T_4记录的是节点B的本地时间。在T_1时刻，节点B向节点A发送包含节点B的T_1时间值和层次级别值的同步请求包，节点A在T_2时刻接收到此消息包，假设在此过程中消息的传输时延为d，A与B间的时间偏差为Δ，则$T_2=T_1+d+\Delta$。节点A在T_3时刻向节点B发送包括时间T_1、T_2、T_3和节点A的层次级别在内的数据应答包，节点B在T_4时刻接收到此应答数据包。

假设在消息发送和应答过程中，节点A与节点B间的时间偏差和传输时延保持不变，则节点B可计算出与节点A之间时间偏差和传输时延值，如公式（3-9）和公式（3-10）所示，并根据计算值调整自己的本地时间，以达到与节点A在时间上的同步。

$$\Delta=[(T_2-T_1)-(T_4-T_3)]/2 \tag{3-9}$$

$$d=[(T_2-T_1)+(T_4-T_3)]/2 \tag{3-10}$$

在消息时延中，访问时间时延是最不稳定、最容易产生误差的，为了提高网络同步精度，消除访问时间带来的时延，在消息传输过程中，TPSN算法采用在MAC层标记时间标识符的方式，并考虑到传播时延和接收时延，同时利用双向同步消息互交的方式计算出报文的平均时间时延，进一步提高同步精度。但TPSN算法没有考虑网络节点失效或新加入节点时对协议的影响，扩展性较差，且消息包传输数量较大，不能充分利用节点能量。

② MINI/TINI-SYNC算法

为得到节点精确的时钟漂移和偏移量，需要采集并处理大量的数据，这对于资源有限的无线传感器网络无疑是一个巨大的挑战。M.L.Sichitiu等人提出MINI-SYNC与TINI-SYNC两个彼此关联时间同步算法，也是基于成对的报文传输机制，能够在放弃保存大量数据的基础上较好地估算出节点之间时间偏差的确定性上限，降低存储和计算复杂度，是一种轻量级的同步算法。

算法首先假设节点的时钟频偏在较长一段时间是保持不变且线性相关的，对于节点A的本地时间$t_A(t)$与节点B的本地时间$t_B(t)$之间线性关系可表示为：$t_A(t)=\alpha_{AB}t_B(t)+b_{AB}$，其中，$\alpha_{AB}$、$b_{AB}$分别为节点A与节点B之间的时钟频偏和相偏。当$\alpha_{AB}=1$且$b_{AB}=0$时，两节点的时钟保持同步，如果不同步，算法需采用双向报文交换方式来估算出相对时钟漂移和偏移，如图3-30所示。

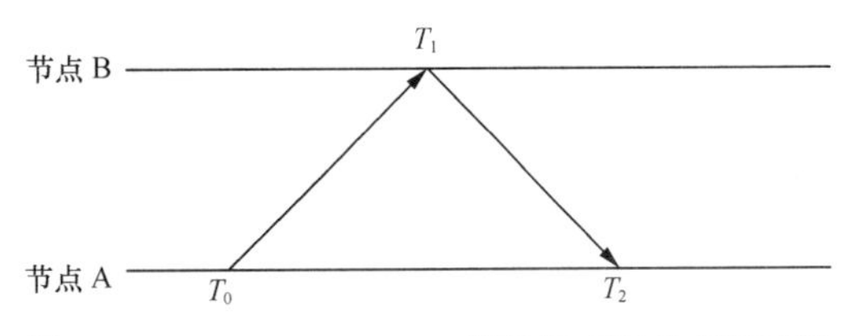

图3-30　MINI/TINI-SYNC算法探查消息交换过程

节点A在T_0时刻向节点B发送一个探查消息，节点B在T_1时刻收到消息后打上自己的本地时间戳，再发送给节点A，节点A在T_2时刻收到回复的消息包。根据3个时间戳的先后顺序，可得到关系式：$T_0<\alpha_{AB}T_1+b_{AB}$，$T_2<\alpha_{AB}T_1+b_{AB}$。利用多组三元组（$T_0, T_1, T_2$）便可以产生多个限定$\alpha_{AB}$与$b_{AB}$的数据点。随着数据点的提高，算法的精度也不断提高。如图3-31所示，每个数据点均受（T_0, T_1）和

（T_1, T_2）的约束，并且α_{AB}与 b_{AB}所确定的直线必定在所有数据点对之间，如果确定图中最陡的和最缓的两条虚线给出的频偏和相偏为α_{AB}与b_{AB}的上下界，由此便可估算出α_{AB}与b_{AB}的参数值，上下界的区间越小，估算的参数值精度越高。然后节点 A 根据得到的频偏和相偏上下界调整自己的本地时间，以实现与节点 B 的时间同步。

通过观察注意到，在估算频偏和相偏上下界时并不是所有的数据点都是有效的，如图 3-31 所示，其上下界由数据点 1 和数据点 3 便可以确定，因此，可以把数据点 2 丢弃以释放有限的内存空间，降低复杂度。TINI-SYNC 算法充分利用了这一点，只保存两个数据点来估算频偏和相偏上下界，但是，这种方法并不能保证给出最优上下界的估计。为了克服 TINI-SYNC 算法可能会丢弃潜在的最优数据点的缺陷，MINI-SYNC 算法通过建立一定的约束条件和数据丢弃的评价标准来对 TINI-SYNC 算法进行改善，以保证能够找到最优解。理论上，MINI-SYNC 算法存储的数据点要多些，但实际发生这种情况的概率比较小，实验数据表明，MINI-SYNC 算法只需要存储不超过 40 个数据点的信息便可找出时钟频偏和相偏的最优上下界。

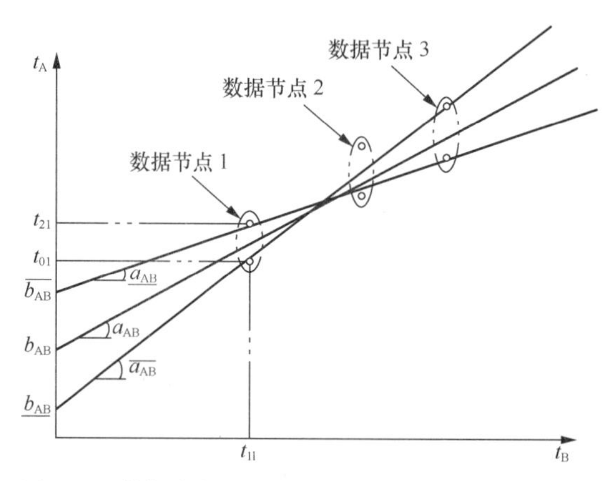

图 3-31　数据点与时钟漂移和偏移上下限之间的关系

MINI/TINI-SYNC 算法只需要进行少量的数据交换和处理便可提供时钟频偏和相偏的确定性上下线估计，是一种轻量级的时间同步算法，比较适用于能量受限的无线传感器网络。但是这两种算法的前提是传感器节点的时钟频偏和相偏在一段时间内保持不变，而在实际情况中，节点时钟的晶振频率是受外界环境和硬件条件影响的，其一次同步并不能保持很长时间，否则其同步精度会受到很大影响。

3.3.3　数据融合

1. 数据融合技术概述

随着信息技术的高速发展，传统物理设备（如服务器、网络设备）的数量持续增长，此外，比互联网覆盖范围更广的物联网逐渐进入市场。物联网以互联网为核心，以智能传感器技术为发展基础，将通信与信息交换扩展到物与物之间，形成一个巨大且又复杂的网络，而物联网的发展带来了基于传感数据的运维管理需求。软件定义网络（Software Defined Network，SDN）能采集的数据比传统网络内采集的数据多，且更加动态化，在分析和预测模型时需要有更实时地响应，所以需要针对全面的网络运行数据、具体的服务场景及用户属性进行分析。数据融合作为一种框架思维，在很多领域得到了应用，也是无线传感器网络非常迫切的需求。IT 系统普遍具备多个节点、多个环节，采集的数据具备多来源、跨时期、结构化各异的特点。一方面随着物联网时代来临，数据中心、网络中心、设备机房、温湿度电力等的传感器部署日益密集，各类物理设备在系统、网络及应用层运维数据监控数据格式与结构化特征方面日趋多元。另一方面，随着云技术和虚拟化发展，特别是 Docker 类容器虚拟化技术使得低端老旧设备虚拟化也渐趋普遍，它们高弹性扩展及即用即起的特点，使得虚拟化系统运维数据更具瞬时性和爆发性。实现全局的运维监控与决策，对各类半结构化、非结构化、结构化数据的存储、综合、融合及检索等显得尤为必要。现在很多公司的在线系统每天都会产生数以 TB 甚至 PB 级的大数据，很多数据是实时产生，并且需要实时处理，特别是大型集群的运维监控、电子商务的商品推荐、新闻热点的实时推送和机器学习算法的在线学习等。

数据融合技术用以处理无线传感器网络所采集的数据。通过对不同物理位置的传感器节点所采集的数据进行评估和特征获取，从中筛选出感兴趣的数据，实现非同源数据的融合，并得到这些数据的精确表述。

在大规模应用场景下，不宜将每个传感器采集到的数据单独传输给 Sink 节点。邻近节点采集数据的相似性，产生了大量冗余数据，直接传输不仅会造成网络带宽的极大占用，同时由于多跳传输的方式使得其中的热点节点数据转发量居高不下，还会造成节点能量用尽过早死亡。且由于环境影响或者传感器故障等因素，存在数据收集的不确定性，这些数据不加处理在网络中直接传输，不仅极易造成链路的碰撞冲突，影响数据传输效率，还会影响数据收集的准确性。因而数据融合技术至关重要，通过对节点数据的加工处理，网络可以及时收获更准确的信息，且规模越大、节点之间距离越远，数据融合效果越明显。

数据融合的作用主要表现在以下几个方面。

（1）节省网络能耗

节点收集到多份数据后，通过数据融合操作，去除其中的冗余数据，最后形成一份有效的数据转发。许多应用场景下，大规模部署的节点虽然散布在各个地理位置，但为了顺利部署和组网，往往采取密集部署的方式，节点收集的数据通常来自周边节点，这些数据具有相似性，去除相似数据后，节点需要传输的信息大大减少，由此降低了节点能耗，提高了网络能效。

（2）提升网络传输效率

数据融合后，冗余数据被去除，因此，网络传输的数据量减少，降低了数据之间由于传输所造成的冲突碰撞，网络传输负载减轻，降低了数据传输时延，网络总体的数据传输效率得以提升。

（3）获得更有效的数据

由于节点本身的因素以及网络传输因素，不同节点收集的数据存在一定的不可靠性，即节点收集的数据不一定正确，数据融合可以对数据进行验证，消除不确定数据的影响，提升数据的精确性和有效性。

2. 数据融合的分类

根据数据融合中数据量的变化，可以将其分为有损融合和无损融合。在保证传感器网络收集的信息能满足基本需求的前提下，有损融合会牺牲数据准确度达到更高的融合效率。如需记录某一区域温度、湿度的平均值或最高、最低值，各个传感器节点会将收集的数据初步分析处理后发送至汇聚节点，而汇聚节点只将最后的融合结果报告给监控人员。无损融合会保留采集到的完整数据信息，如时间序列数据融合，在监测范围内传感器节点连续采集数据，这必将导致数据中存在大量时间或空间冗余。可能在这段时间内除了时间标签不同，其余信息基本相同，因此，可以选取一段时间内一定比例的数据进行传输。

按照融合级别层次划分，数据融合可以分为 3 类，如图 3-32 所示。

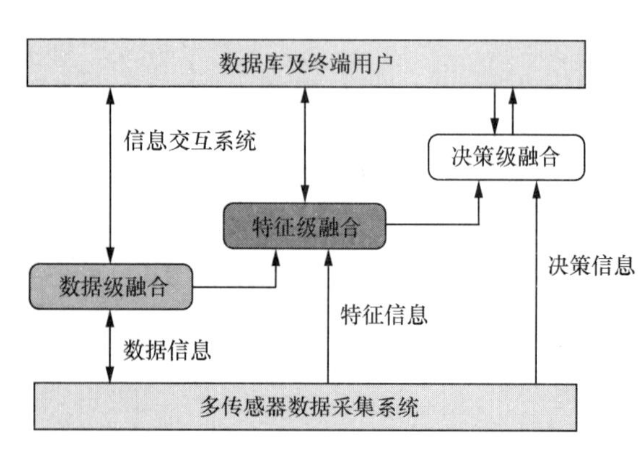

图 3-32　数据融合层次化结构

数据级融合：直接融合传感器节点采集到的原始数据，即整合与分析未经预处理的传感器初始感知数据。数据级融合是最低层次的融合，一般采用集中式融合体系，能够得到较为详细的原始数据信息。数据级融合和传感器类型相关，在某些特定任务下，使用数据级融合处理和模式识别可以确认目标属性。原始感知数据存在不稳定性，易受周围环境影响，所以数据级融合容错率较差。

特征级融合：首先提取初始数据特征，如目标的极值、均值、方差等，然后综合分析和处理这些特征信息。特征级融合属于中间层次的融合，可以分为目标状态融合和目标特征融合。特征级融合优势在于采用分布式或集中式融合系统，实现了采集数据的压缩与整合，适用于大规模网络。特征级融合结果可以得到较为完整的信息特征，为决策分析提供可靠的基础条件。

决策级融合：决策级融合是在特征级融合基础上进行更高级别的融合操作。根据特殊任务的需求，每个传感器在本地完成特征提取、识别或判断等基本任务，建立关于检测目标的初步结论后，通过关联处理进行决策级融合，得到最终联合判断结果。

3. 数据融合相关技术指标

在讨论数据融合技术时，会着重关注无线传感器网络的生命周期、能量效率、数据精度和数据时延等指标。

（1）生命周期

可以将网络的生命周期定义为网络死亡前可执行数据融合的轮数。由于传感器节点能量有限，在不同簇中，存在节点之间距离不一、簇头的度数不一，以及簇间距离有差别等情况，这使得各个节点能耗存在差异。当经过若干轮的数据融合后，网络中有相当百分比的节点死亡，即认为网络死亡，这个百分比可根据实际的网络应用场景来确定。

（2）能量效率

能量效率简称能效。由于采用电池供电，传感器节点初始能量总量是确定的。单位能量下传感器节点的工作时间越长，其能效就越高。在这个过程中，通信的能耗远远高于数据处理的能耗，因此可以通过减少传感器节点的数据通信量来提升节点的能效。

（3）数据精度

当使用数据融合技术时，可以减少节点数据的传送量，提升数据传输的效率，但同时也会带来一些信息的丢失，从而影响数据精度。网络对数据精度的要求往往根据具体应用来确定，不一定要追求高精度，在一些实时性要求高的应用场景中，相对于高精度而言可能更需要低时延，因此最后汇聚得到的数据即使是一个估计值也能满足实际需要。在网络中可以通过增加参与融合的传感器节点，或者减少数据融合程度等来提升精度。

（4）数据时延

传感器节点采集的数据传输到 Sink 节点所耗费的时间称为数据时延。不同应用场景对时延具有不同的容忍度。例如，工业数据往往希望得到实时数据，来反映现状，因此要求时延越低越好。在基于事件驱动的网络中，一旦监测到事件发生，网络应第一时间将数据融合并发送至 Sink 节点。由于传感器节点本身的限制，在技术实现过程中不能顾及所有指标的最优实现，往往会根据网络的设计目标进行权衡，着重满足其中的某个指标或者某几个指标。

本章小结

本章介绍了无线传感器网络技术，分别为无线传感器网络的通信技术、无线传感器网络的组网技术、网线传感器网络的核心支撑技术。无线传感器网络中的应用一般不需要很高的信道带宽，但要求有较低的传输时延和功率消耗，让用户在有限的电池寿命内完成任务。无线传感器网络的组建一般采用低功耗的个域网技术，一些低功耗、短距离的无线传输技术都可以用于组建无线传感器网络，如 ZigBee、Z-Wave 和 Thread 等。无线传感器网络的核心支撑技术主要包括拓扑控制、时间同步和数据融合技术。

本章习题

1. 无线传感器网络的特点是什么?
2. 简述无线传感器网络的 MAC 协议的分类。
3. 传感器网络中常见的时间同步机制有哪些? 实现时间同步的作用是什么?
4. ZigBee 技术与其他无线网络连接技术相比，具有哪些优点?
5. 简述数据融合技术的原理、作用及技术指标。

CHAPTER 4

第4章 蜂窝物联网技术

学习目标

熟悉蜂窝物联网技术发展历程及主要标准，掌握 NB-IoT 关键技术及网络架构，掌握 5G 关键技术及网络架构。

本章知识点

（1）蜂窝物联网技术体系。

（2）NB-IoT 网络架构与关键技术。

（3）5G 网络架构与关键技术。

内容导学

物联网基于行业终端，通过传感器数据采集、移动通信等技术，满足人们对工作流程监控、指挥调度、远程数据采集及诊断等方面的信息化需求。由于物联网应用的多样性、碎片化，单一技术无法满足海量物联网需求。

在学习本章内容时，应重点关注以下内容。

（1）掌握蜂窝物联网技术体系的典型技术

蜂窝物联网技术体系包括 GPRS、4G、5G 和 LPWAN 等关键技术，每种技术皆有其特点。其中，GPRS 技术是 GSM 技术的进一步演进，GPRS 系统率先提出并应用了无线分组交换技术，开创了多种无线业务的模式。当前物联网技术的发展主流是与更为先进的 5G 通信技术相结合，以支持可预见的大量新的应用服务。然而在 5G 技术完全落地之前，4G LTE 依然是蜂窝移动通信中必不可少的一部分。LR-WPAN 是为本地环境中的无线传感应用而设计的，用于通信距离从几米到几百米的低数据速率的应用。

（2）掌握 NB-IoT 关键技术及应用场景

NB-IoT 技术聚焦于低功耗、广覆盖物联网市场，是一种可在全球范围内广泛应用的新兴技术。具有低成本、低功耗、广覆盖、支持海量终端连接等特点。NB-IoT 使用授权频段，可采取带内、保护带或独立载波这 3 种部署方式。整体网络架构主要分为 5 部分：终端侧、无线网侧、核心网侧、物联网支撑平台及应用服务器。读者应掌握 NB-IoT 的技术优势及主要应用。

（3）掌握 5G 网络关键技术及应用场景

5G 关键技术众多，皆为满足 5G 业务特性需求而产生。主要包括 Massive MIMO 技术、NOMA 技术、高频毫米波技术等，每种技术皆有其特点，以满足不同应用的性能需求。5G 网络架构优化过程中引入了 NFV、SDN、MEC、LTE-NR 双重连接等热门技术，为 5G 三大典型应用 eMBB、uRLLC、mMTC 提供服务质量保障。读者应掌握 5G 的技术优势及主要应用。

4.1 蜂窝物联网技术体系

4.1.1 GPRS 技术

1. 移动通信发展简介

在无线通信技术发展初期，通用分组无线业务（General Packet Radio Service，GPRS）主要在军事领域使用。后来，随着研究人员对于晶体管技术研究的深入开展，可移动通信终端的体型越来越小，无线通信的应用范围越来越广。

贝尔实验室在 20 世纪 70 年代提出了蜂窝系统这一概念，这项概念极大地推动了移动通信技术的发展。随后使用模拟信号的第一代（1G）移动通信技术应运而生，我们所知道的“大哥大”就属于第一代移动通信。然而第一代移动通信的信号极易受到干扰，其信道容量也较小。这些问题，在第二代（2G）移动通信技术中得到了较为合理的解决。数字技术的发展使得移动通信系统走向了数字化、综合化以及宽带化，全球移动通信系统（Global System for Mobile Communication，GSM）、码分多址（Code Division Multiple Access，CDMA）等 2G 通信技术采用数字信号传输信息，具有信道容量大和频谱利用率高等特点，这些特点为 2G 移动通信带来了更多新型业务。在第三代（3G）移动通信技术大发展之前，由 GSM 和 CDMA 系统衍生出来的 GPRS 和 CDMA1x 等第 2.5 代通信系统得到了大范围的应用。1G 和 2G 通信主要是语音业务，同时辅以多种补充和承载业务。而第 2.5 代移动通信技术则可以同时提供语音和无线数据承载的业务，3G 通信进而发展出视频业务和高速数据类业务。

GSM 技术与同为数字移动通信技术的 CDMA 相比，在技术上更为成熟，在使用上更为广泛。20 世纪 90 年代，我国逐渐引进并推广了 GSM 系统。经过长久的建设，我国成为世界上较大的 GSM 市场。在 21 世纪初，我国启动了 GPRS 技术的前期研究和建设工作，并于 2002 年开始部署 GPRS 商用网络，之后相继推出多种移动互联网业务。

GPRS 系统在 GSM 发展史，乃至于在整个移动通信技术发展史上都占据着极其重要的地位。GPRS 技术是 GSM 技术的进一步演进，它沿用之前 GSM 系统下的网络设备，添加部分新增数据业务所需的设备，结合了移动业务和数据业务，使得网络多功能化。GPRS 系统率先提出并应用了无线分组交换技术，开创了多种无线业务的模式。在 GPRS 的发展中，运营商获得了网络建设、规划和运营等多方面的经验，为其后 3G 技术的研究和建设打下了坚实的基础。在某种意义上，GPRS 可以说是 GSM 技术和 3G 移动通信坚实的纽带。

GPRS 向 GSM 的演进，主要体现在以下 5 个方面。

（1）在网络功能方面，GPRS 系统提供了更多的业务种类，例如基于无线系统的高速数据业务。

（2）在接口种类方面，增加了 Gr、Gn、Gb、Gs、Gc 和 Gd 等 SS7 信令接口和数据接口。

（3）在协议种类方面，GPRS 网络中涉及帧中继协议、控制信道链路接入协议（Link Access Protocol on the Dm Channel，LAPDm）、IP 和 SS7 协议等。

（4）在数据方面，域名系统（Domain Name System，DNS）、防火墙、动态主机配置协议（Dynamic Host Configuration Protocol，DHCP）、网络地址转换（Network Address Translation，NAT）、端口地址转换（Port Address Translation，PAT）、认证服务器（Radius）、网络时间协议（Network Time Protocol，NTP）和路由协议等在 GPRS 网络中均有所涉及。

（5）在业务支持方面，GPRS 网络允许用户使用基于 WAP（无线应用协议）和 TCP/IP 访问互联网，支持用户发送非文本短信、浏览视频、发送电子邮件以及无线远端遥控业务等。

综上所述，GPRS 网络是一种将无线技术、IP 网络技术以及其他多种类型协议结合起来的无线数据网络。

2. GPRS 网络结构

GPRS 无线网络系统承载数据业务的方法是在原有 GSM 系统中引入分组数据单元。作为一种承载网络，GPRS 系统本身属于 IP 网络架构，并且独立地为每个用户分配属于该用户的 IP 地址或 X.121 地址。每个用户均被视作独立的数据用户，完成从网络到移动用户之间端到端的数据业务（鉴于 IP 业务应用的广泛性，本小节涉及的协议仅有 IP）。

GPRS 系统的网络结构与 GSM 系统大致相同，其语音部分仍采用 GSM 系统的基本处理单元，新增加的一些数据处理单元和接口则负责处理数据业务相关的部分。

图 4-1 便是典型的 GPRS 系统的网络结构。

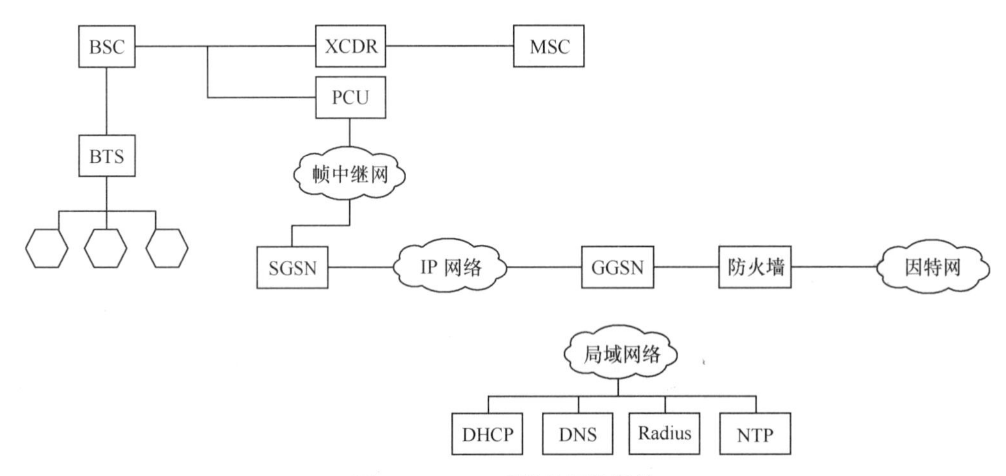

图 4-1　GPRS 系统的网络结构

PCU（Packet Control Unit）：分组处理单元，它是 BSC（基站控制器）的一部分，可以单独设置或者与 BSC 合并设置。它与 BSC 之间的接口不开放。

SGSN（Serving GPRS Support Node）：GPRS 服务支持节点，功能和作用与 MSC 具有相同点，如进行分组移动用户的状态管理、计费管理等。SGSN 还负责传送用户数据信息到归属位置寄存器（Home Location Register，HLR）。

GGSN（Gateway GPRS Support Node）：GPRS 网关支持节点。负责与外部数据网络的接口进行数据包的转发，具有路由器的部分功能。

PCU 与 SGSN 之间的 Gb 接口，使用帧中继协议通过直连或者帧中继网络实现连接；SGSN 与 GGSN 之间的 Gn 接口，使用以 TCP/IP 作为基础的 GPRS 隧道传输协议（GPRS Tunnel Protocol，GTP）规程实现连接；GGSN 与外部网络的 Gi 接口也是采用 TCP/IP 的连接方式；不同公共陆地移动网（Public Land Mobile Network，PLMN）之间采用 Gp 接口进行连接。

3. GPRS 网络单元

与 GSM 系统相比，GPRS 系统新加入的网络单元主要分为无线业务和数据业务两大类。其中，属于无线业务的有 PCU，属于数据业务的有 GGSN，而 SGSN 则是属于无线业务和数据业务二者的公用部分。其他一些没有得到定义的辅助性单元，例如 DNS 和 DHCP，同样也是 GPRS 网络中必不可少的一部分。

（1）PCU

PCU 在 GPRS 网络中，用来处理数据业务量，并将数据业务量从 GSM 语音业务量中分离出来。PCU 可被用作 BSC 的一个模块单元，也可以与 BSC 独立并存。PCU 与 BSC 之间采用 Pb 接口，而 PCU 与 SGSN 之间采用帧中继协议的 Gb 接口。PCU 具有 Gb 接口管理功能。

（2）SGSN

SGSN 通过 Gb 接口与无线分组控制器 PCU 相连，进而进行移动数据的管理，如对用户身份进行识别、加密、压缩等操作；通过 Gr 接口与 HLR 相连，进行用户数据库的访问及接入控制；它还通过 Gn 接口与 GGSN 相连，实现 IP 数据包到无线单元的传输通路和协议变换等功能；SGSN 还可以与 MSC（移动业务交换中心）的 Gs 接口以及与 SMSC 的 Gd 接口进行连接，用以支持数据业务和电路业务的协同工作和实现短信收发等功能。

（3）GGSN

GGSN 负责 GPRS 网络与外部数据网的连接，提供 GPRS 与外部数据网之间的传输通路，进行移动用户与外部数据网之间的数据传送工作。GGSN 起到路由器的作用，与其他相关网络单元如 PIX，DNS，DHCP，Radius（远程用户拨号认证）等设备协同完成数据业务的接入和传送等功能。

GGSN 与 SGSN 之间的接口为 Gn 接口，采用 GTP；GGSN 与外部数据网之间的接口为 Gi 接口，采用 IP。

对于网络发起的数据单元传送业务，GGSN 需要通过 Gc 接口到 HLR 查询用户相关信息；对于计费信息的传送工作，GGSN 通过 Ga 接口完成。

（4）各网元作用概述

分组域网络逻辑功能如下。

① 网络接入控制功能

网络接入控制功能实现用户到无线通信网的连接，通过网络接入控制功能，用户能够使用网络提供的服务或设备。用户网络接入既可能发生在网络的移动端，也可能发生在网络的固定端。网络固定端接口可以支持多种通道协议以连接到外部数据网，如 X.25 和 IP，接入协议由 PLMN 操作员来决定。

PLMN 管理需要特定的接入控制程序，以便限制某些用户对网络的接入，或者限制单个用户的某些特性。

除了支持标准的高精度时间同步协议（Percision Time Protocol，PTP）数据传送，

GPRS 还支持网络的匿名接入。它允许移动用户使用特定的网络互联规程与预设主机进行数据包的交换。这种业务仅支持少数的目的分组数据协议（Packet Data Protocol，PDP）地址，而不使用国际移动设备识别码（International Mobile Equipment Identity，IMEI）或者国际移动用户识别码（International Mobile Subscriber Identification Number，IMSI）信息，从而保证了充分的匿名性。这种情况下也不需要鉴权和加密功能。

网络接入控制功能主要有以下几个方面。

• 注册功能：注册是在 PLMN 中将用户的移动身份识别码与用户的分组数据协议和地址连接起来，以及将它们与用户连到外部 PDP 网络的接入点连接起来。这种连接有静态和动态两种形式，静态情况下信息存储在 HLR 中，动态情况下则根据需要进行分配。

• 鉴权和授权功能：即对服务需求者的身份进行识别和鉴定，并根据所请求的业务类型确认用户能否使用特定的网络服务。鉴权功能与移动管理功能是联系在一起的。

• 准入控制功能：准入控制功能的目的是估算需要使用何种网络资源来提供所需服务的质量，从而决定这些资源是否可用并进行资源储备。可将准入控制与无线资源管理功能结合起来估算每一小区中无线资源的需求量。

• 消息过滤功能：消息过滤功能进行未被准入的和未被恳求的消息的需求过滤工作，它需要分组过滤功能的支持。所有消息过滤的类型都由操作员控制，如使用因特网的防火墙。

• 计费数据收集功能：收集与通信费用相关的必须数据。

② 分组路由和传送功能

路由是在 PLMN 内部以及 PLMN 之间传输消息时所使用的一组连接点。每个路由都是由源节点、目的节点及中间节点组成。路由规程用以在 PLMN 内部或者 PLMN 之间进行路径选择。分组路由和传送功能主要有以下几个方面。

• 中继功能：通过这个功能，路由中的一个节点继续向下一个节点转发数据。

• 路由功能：路由功能使用消息的目的地址决定消息应发往的网络节点，以及优先到达哪个 GPRS 支持节点（GPRS Support Node，GSN）。路由功能选择下一跳的传送路线，GSN 之间的数据传输可以发生在具有内部选择路由功能的外部数据网络过程中，如 X.25、FR 及 ATM 网络。

• 地址翻译和映射功能：地址翻译就是不同类型地址进行转换的过程。地址翻译将一个外部网络协议地址转换为一个内部网络地址，用于在 PLMN 内部和 PLMN 之间进行分组数据包的传送；地址映射就是将一个网络地址映射为 PLMN 内部和 PLMN 之间的同种类型的另一个网络地址。例如，从一个网络节点到另一个网络节点转发数据包。

• 封装功能：封装是将地址和控制信息附加在数据单元中以便在 PLMN 内部或者 PLMN 之间进行分组传送。解封装就是从数据包上除去地址和控制信息以恢复出原始数据。

封装和解封装是在分组域 PLMN 支持节点之间，以及服务支持节点和 MS（移动终端）之间进行的。

- 隧道功能：隧道功能就是在 PLMN 内部以及 PLMN 之间封装数据传送的通路，也就是将封装数据从封装端传送到解封装端的通路。隧道是双程点对点路线，它仅通过隧道的终点予以识别。
- 压缩功能：压缩功能通过传输小的服务数据单元（Service Data Unit，SDU），如外部 PDP，来优化无线链路的使用。
- 加密功能：加密功能就是保持无线链路上用户数据和信令的机密性。
- 域名服务功能：域名服务功能就是将逻辑 GSN 名称解析为 GSN 地址。

③ 移动管理功能

移动管理功能用于追踪 MS 在 PLMN 中或另一个 PLMN 中的当前位置。

④ 逻辑连接管理功能

逻辑连接管理功能用于无线接口上 MS 和 PLMN 之间通信链路的维护，它包括 MS 和 PLMN 之间链路状态信息的协调，以及对逻辑链路上数据传输活动的监督管理。主要有以下几个方面。

- 建立逻辑连接功能：当 MS 附着 GPRS 服务时建立逻辑链路。
- 维护逻辑连接功能：维护逻辑连接功能可以监督逻辑链路状态和控制链路状态的变化。
- 释放逻辑连接功能：释放逻辑连接功能用于解除分配给逻辑链路的有关资源。

⑤ 无线资源管理功能

无线资源管理功能是指无线通信信道的分配和维护。

GPRS 网元的作用如表 4-1 所示。

表 4-1　GPRS 网元的作用

功能	MS	BSS	SGSN	GGSN	HLR
网络接入控制					
注册					√
鉴权和授权	√		√		√
准入控制	√	√	√		
消息过滤				√	
分组终端适配	√				
计费数据收集			√	√	
分组路由和传送					
中继	√	√	√	√	

续表

功能	MS	BSS	SGSN	GGSN	HLR
路由	√	√	√	√	
地址翻译和映射	√		√	√	
封装	√		√	√	
隧道			√	√	
压缩	√		√		
加密	√		√		√
域名服务			√		
移动管理	√		√	√	√
逻辑连接管理					
建立逻辑连接	√		√		
维护逻辑连接	√		√		
释放逻辑连接	√		√		
无线资源管理					
Um 管理	√	√			
小区选择	√	√			
Um 传送	√	√			
通路管理		√	√		

4. GPRS 协议栈

GPRS 协议规程是无线和网络相融合的结果。这种融合在 GPRS 协议栈中随处可见，例如，GPRS 既有与局域网技术相近的 LLC 子层和 MAC 子层，又有 RLC 和 BSSGP 等新引入的特定规程。进一步说，GPRS 中的网络单元所具有的协议层次也并非一致，例如，PCU 完全负责无线接入，GGSN 完全负责数据应用，而 SGSN 则同时涉及无线和数据两方面。SGSN 与 PCU 侧的 Gb 接口上采用帧中继规程，与 GGSN 侧的 Gn 接口上则采用 TCP/IP 规程，SGSN 中协议低层部分如 NS 和 BSSGP 层与无线业务相关。高层部分，如 LLC 和 SNDCP 则与数据业务相关。

GPRS 网络是一种位于应用层之下的承载网络，这一点从其端到端的应用协议架构可以看出。GPRS 网络的作用主要是承载 IP 或 X.25 等数据相关的业务。GPRS 的网络架构形式是 IP 数据网络结构，因此以 GPRS 网络为基础的 IP 应用规程结构可以被看作双层 IP 结构，即 IP 和 GPRS 系统本身。

GPRS 网络具有两个重要规程，一种规程面向传输，另一种规程面向控制。面向传输的规程提供用户的传送信息以及这些信息的传送控制过程，包括流量控制、错误监测及信息回复等。面向控制的规程包含了控制和支持用户面功能，例如分组域网络接入连接控制、网络接入连接性质、网络接入连接的路由选择，以及网络资源的设定控制等。

4.1.2 4G 技术

当前物联网技术的发展主流是与 5G 通信技术相结合，然而在 5G 技术完全落地之前，4G 的长期演进（Long Term Evolution，LTE）依然是蜂窝移动通信中必不可少的一部分。因此，本节将介绍 4G LTE 的发展和重点，以便读者能够理解整个蜂窝物联网技术体系架构。

4G 与 5G 的标准和架构都是由 3GPP（第三代合作伙伴计划）项目组提出并制定的。在设计 5G 的过程中，3GPP 还参考了许多 4G 的相关经验。此外，4G LTE 也是 5G 无线接入的重要组成部分。随着 5G 研究的不断深入，4G 也会持续演进。

自 2004 年底，3GPP 以提供支持分组交换数据的新无线接入技术为总体目标，开始制定 4G 标准。2008 年，3GPP 完成了第一版 4G 规范（Release 8）。2009 年底，4G 商用网络正式开始运营。Release 8 之后的版本为 4G 增添了多方面的功能和能力，其中 Release 10 和 Release 13 对于 4G 的发展具有里程碑性质的意义：Release10 是 LTE-Advanced（长期演进技术升级版）的第一个版本，而 Release 13 则使得 4G 迈向了 LTE-Advanced Pro（LTE-A Pro）。

1. LTE Release 8——基本的无线接入

Release 8 是后续所有 4G 版本的基础。在制定 4G 无线接入方案的同时，3GPP 还制定了演进的分组核心网的新型规范。

4G 技术的一大重要演进是具有了频谱灵活性，从低于 1GHz 到 3GHz 左右的载频范围内，4G 可以使用最高可达到 20MHz 的一系列不同带宽大小的载波。频谱灵活性的另一个表现是 4G 对于对称频谱和非对称频谱的使用，尽管二者具有不同的帧结构，4G 依然可以使用一个共同的设计并分别支持频分双工（Frequency Division Duplex，FDD）和时分双工（Time Division Duplex，TDD）。制定 4G 规范工作的重点主要是针对小区相对较大的宏蜂窝网络。因此，对 TDD 来说，本质上其上下行链路的时隙是静态分配的，而且所有小区的上下行分配是一致的。

由于时间色散的鲁棒性以及可以灵活利用时、频域资源的特点，4G 采用了正交频分复用（Orthogonal Frequency Division Multiplexing，OFDM）的传输方案。此外，当结合 OFDM 与 4G 固有的空分复用技术时，它还能维持在一个合理的接收机复杂度范围内。4G 设计的目标网络主要是宏蜂窝网络，其载频可能高达 GHz 数量级，因此子载波间隔在 15kHz，循环前缀在 4.7 μs 左右是比较合理的设定。由此可以得知，在 20MHz 的频谱分配中，共有 1 200 个子载波。

在实际使用中，因为下行链路的可用传输功率远远高于上行链路，所以 4G 选择了一个具有较低峰均比（peak-to-average ratio）的方案，以保障功率放大器效率处于较高的区间。为了实现这一目的，4G 选择 DFT（离散傅里叶变换）预编码的 OFDM，OFDM 使用了与下行链路相同的参数集。DFT 预编码的 OFDM 也具有一些缺点，例如较高的接收端复杂度。不过由于 LTE Release 8 不支持上行链路中的空分复用，3GPP 项目组当时并没有把它看作一个主要问题进而严肃对待。

在时域上，4G 的传输单位是 10ms 一帧，每帧包括 10 个长度为 1ms 的子帧。1ms 的子帧是 4G 中的最小可调度单元，其对应了 14 个 OFDM 符号。

小区特定参考信号是 4G 的基础。不管下行链路是否有数据发送，基站都在连续发送一个或多个参考信号（每层一个）。就 LTE 的设计目标而言——针对相对较大的小区，每个小区有许多用户，小区特定参考信号有许多用处：用于相干解调的下行信道估计；用于调度的信道状态报告；用于终端侧频率误差校正；用于初始接入和移动性测量等。参考信号的频次取决于小区中传输层的数量，比如对于 2×2 MIMO（多进多出）的场景，每隔两个子载波，每个子帧的 14 个 OFDM 符号中的 4 个将用于参考信号。因此，在时域中，两个参考信号时机之间大约有 200 μs，在如此短的时间内，要想关闭发射机以降低功耗是不太现实的。

4G 在上行链路和下行链路上的数据传输主要是动态调度的。为了顺应快速变化的无线环境，可以使用基于信道的调度。对于每个 1ms 子帧，调度器决定哪些终端可以发送或接收，以及使用哪些频率资源。而且还可以通过调整 Turbo 码的码率以及将调制方式从正交相移键控（Quadratune Phase Shift Keying，QPSK）变为 64-QAM（正交振幅调制）来选择不同的数据速率。为了处理传输错误，LTE 使用了基于软合并的快速混合自动重传请求（Fast Hybrid ARQ with soft combining，HARQ）。在接收下行数据时，终端向基站指示解码的结果，然后基站可以重传被错误接收的数据块。

调度决策通过物理下行控制信道（Physical Downlink Control Channel，PDCCH）下发给终端。如果要在同一子帧中对多个终端进行调度，则需要多个 PDCCH，每个 PDCCH 调度一个终端。子帧的第一个到第三个 OFDM 符号用于下行控制信道的传输。每个控制信道跨越整个载波带宽，从而使频率分集最大化。这意味着所有终端必须支持全载波带宽，最大到 20MHz。终端的上行控制信令，比如用于下行调度的 HARQ 确认和信道状态信息，承载在物理上行控制信道（Physical Uplink Control Channel，PUCCH）上，它的基本持续时间是 1ms。

多天线方案（尤其是单个用户的 MIMO）是 4G 的一个重要组成部分。借助大小为 $NA \times N$ 的预编码矩阵，多个传输层被映射到最多 4 个天线上。其中 N 是层数，也称为传输的秩

（rank），它小于或等于天线数 *NA*，可以由网络根据终端计算和报告的信道状态测量结果来选择传输秩以及具体的预编码矩阵，这也被称为闭环空分复用（Closed-loop Spatial Multiplexing，CLSM）。另一种做法是，在没有闭环反馈的情况下进行预编码的选择。下行链路中最多可以达到 4 层，不过商业部署通常仅用到 2 层。上行链路只可以进行单层传输。

空分复用时，若选择秩为 1 的传输，预编码矩阵变为 *NA*×1 的预编码矢量，这时的动作被称为（单层）波束赋形（Beamforming），这种波束赋形可以更具体地称为基于码本的（codebook-based）波束赋形，因为它只能根据预先定义的有限的一组波束赋形（预编码器）矢量来进行赋形。

有了以上所述的基本功能，再使用 20MHz 的双层传输，LTE Release 8 在下行链路的峰值数据速率理论上能够达到 150Mbit/s，在上行链路峰值速率理论上能够达到 75Mbit/s，LTE 在 HARQ 中提供 8ms 往返时间，并且（理论上）在 LTE RAN 中提供小于 5ms 的单向时延。在实际中，对于一个精心部署的网络，包括传输和核心网处理在内的总体端到端时延降到 10ms 左右是有可能的。

2. 4G LTE 演进

3GPP Release 8 和 Release 9 构成了 4G 的基本版本，形成了一个功能强大的移动宽带标准。另外，为了满足新的需求和期望，基本版本之后推出的版本实现了增强功能。图 4-2 展示了 LTE 的演进。

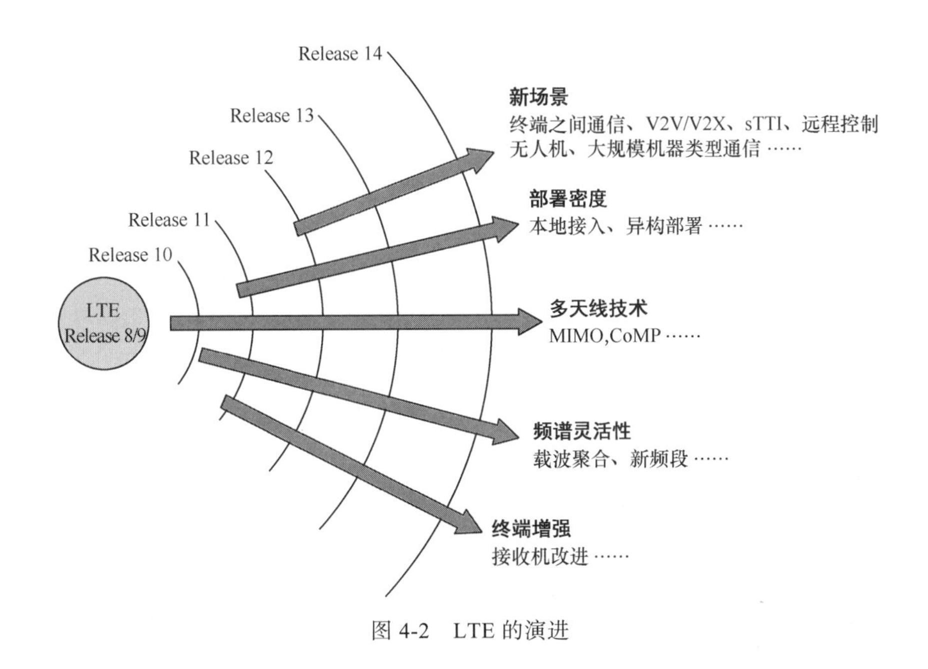

图 4-2　LTE 的演进

LTE Release 10 标志着 LTE 演进的开始。Release 10 的一个主要目标是确保 LTE 无线接入技术完全符合 LTE-Advanced 的要求，因此 LTE-Advanced 这一名称通常指 LTE Release10 及更高版本。但是，除了 ITU 的需求，3GPP 还为 LTE-Advanced 定义了自己的目标和要求，这些目标和要求更具挑战性，其中一个重要的要求是向后兼容。实际上，这意味着早期发布的 LTE 终端应该能够接入支持 LTE Release10 的运营商网络，尽管这些终端无法使用该网络所有的 Release10 功能。向后兼容原则很重要，所有 LTE 版本都支持这一原则，但这也限制了功能增强的可能性。在定义新的标准（比如 NR）时这些限制并不存在。

LTE Release 10 于 2010 年年底完成，通过载波聚合进一步增强了 LTE 频谱灵活性，扩展了对多天线传输的支持及对中继的支持，完成了在异构网络部署中对小区间干扰协调的改进。

LTE Release 11 进一步扩展了 LTE 的功能，提高了 LTE 的性能。2012 年年底完成的 Release 11 最显著的特性之一是用于多点协作（Coordinated Multipoint，CoMP）发送和接收的无线接口功能。Release 11 中的改进包括增强的载波聚合、增强的下行物理控制信道（Enhanced Physical Downlink Control Channel，EPDCCH）和对更先进的终端接收机的性能要求。

Release 12 于 2014 年完成，该版本聚焦微蜂窝，包括双连接、微蜂窝开关、（半）动态 TDD 等功能，以及引入直接的设备到设备通信和复杂性较低的机器类通信的新场景。

Release 13 于 2015 年年底完成，标志着 LTE-Advanced Pro 的开始。有时市场营销人员也把它称为 4.5G，当作 LTE 早先发布的 4G 版本和 5G NR 空口之间的技术过渡。授权辅助接入（license assisted access）支持非授权频谱作为授权频谱的补充，改进了对机器类型通信的支持。Release 13 的其他亮点包括对载波聚合、多天线传输和设备到设备通信的增强。

Release 14 于 2017 年春季完成。除了对早期版本中引入的一些功能的增强（例如，对非授权频谱操作的增强），它还增加了对车辆到车辆（Vehicle to Vehicle，V2V）通信的支持和车辆到任何对象（Vehicle to Everything，V2X）通信的支持，并减小了子载波间隔以支持广域广播。

Release 15 在 2018 年中期完成，这个版本中功能增强的例子有：通过 sTTI 功能显著减少时延，以及可以使用飞行器进行通信等。

总之，把 LTE 扩展到传统移动宽带以外的新的使用场景是 LTE 后期版本的重点，未来 LTE 的演进也将继续。LTE 是 5G 的重要组成部分，这表明无论是现在还是将来 LTE 都是一个重要的接入技术。

3. LTE/LTE-Advanced 的主要性能指标

与 3G 相比较，LTE 具备各方面的技术优势，包括提供更高的数据速率；基于分组交换更优化地利用无线资源；低时延的传输，保证业务的服务质量；简化的并且更加智能的系统设计，降低网络的运行维护成本。

LTE 技术包含 FDD 和 TDD 两种模式，在 20MHz 系统带宽的情况下，LTE Release 8 空中接口的下行峰值速率超过 100Mbit/s，上行峰值速率超过 50Mbit/s。LTE Release 10 版本（LTE-Advanced）进行了进一步的技术增强，系统支持 100MHz 的带宽，峰值速率超过 1Gbit/s。

LTE 的 Release 8、Release 9 和 Release 10 这 3 个版本之间是平滑演进的关系，新版本向后兼容旧版本，表 4-2 比较了它们的技术指标。

表 4-2 LTE 版本间技术指标的比较

技术指标＼系统版本	LTE Release 8/9	LTE Release 10
可支持带宽	支持 6 种不同的系统带宽，包括 1.4MHz、3MHz、5MHz、10MHz、15MHz 和 20MHz	通过频谱聚合技术，最大支持 100MHz 的系统带宽。进行载波聚合的各单元载波可以有不同的带宽，在频率上可以是连续的也可以是非连续的，以此来支持最灵活的频率使用方法。各单元载波可以兼容 Release 8/9
峰值数据传输速率	系统设计的峰值速率指标要求：下行超过 10Mbit/s、上行超过 50Mbit/s，而实际上，在使用最大的 20MHz 系统带宽，下行 4×4、上行 1×4 多天线配置的情况下，下行的峰值速率可以达到 300Mbit/s，上行峰值速率可以达到 80Mbit/s	进行了进一步增强，系统设计的峰值速率指标要求：下行达到 1Gbit/s、上行超过 500Mbit/s，而实际达到的性能远远超过了指标的要求，在使用最大的 100MHz 系统带宽，下行 8×8、上行 4×4 多天线配置的情况下，下行的峰值速率可以达到 3Gbit/s，上行峰值速率可以达到 1.5Gbit/s
频谱效率	使用两个收发天线的情况下，频谱效率达到单天线高速下行链路分组接入（High Speed Downlink Packet Access，HSDPA）的 3～4 倍，以及单天线高速上行链路分组接入（High Speed Uplink Packet Access，HSUPA）的 2～3 倍	
时延	时延的要求包括用户面和控制面两个部分，其中用户面时延描述用户数据从发送端到接收端之间的传输时延，控制面时延描述用户状态改变的时延。LTE Release 8 要求用户面单向数据传输的时延低于 5ms，控制面从驻留状态到连接状态的转换时间小于 100ms	进一步降低控制面时延，从驻留状态到连接状态的转换时间要求小于 50ms
移动性	针对终端不同的移动速度提出不同的服务质量要求，针对低速（0～15km/h）移动终端提供最优服务，对于中速（15～120km/h）移动终端实现较高性能，同时，系统能够支持高速（120～350km/h）移动终端	进一步强调了重点优化低速（0～10km/h）移动环境中的系统性能
覆盖	针对不同的覆盖范围提出不同的服务质量要求，当小区覆盖半径在 5km 以下的时候，应该满足 LTE 的所有性能要求；对于覆盖半径为 5～30km 的小区，可以允许一定的性能损失；同时，系统能够支持的小区覆盖半径为 100km	

4. LTE/LTE-Advanced 关键技术

LTE 采用了适用于宽带无线通信的先进技术和设计理念，包括扁平化的网络结构、基于 OFDM 的多址技术、多天线（MIMO）技术、自适应分组调度和灵活可变的系统带宽等，实现了高效的无线资源利用，系统性能高于目前的 3G 移动通信系统。

（1）LTE 的基本技术

① 扁平化的网络结构

无线接入网需要为用户提供高速的数据传输，同时还应该满足低时延、低复杂度和低成本的要求。结合这些需求，LTE 采用了扁平化的网络结构，去掉了 3G 系统的无线网络控制器（Radio Network Controller，RNC），无线接入网仅包含基站（eNodeB），采用了分布式的处理，提供灵活高效的网络，如图 4-3 所示。

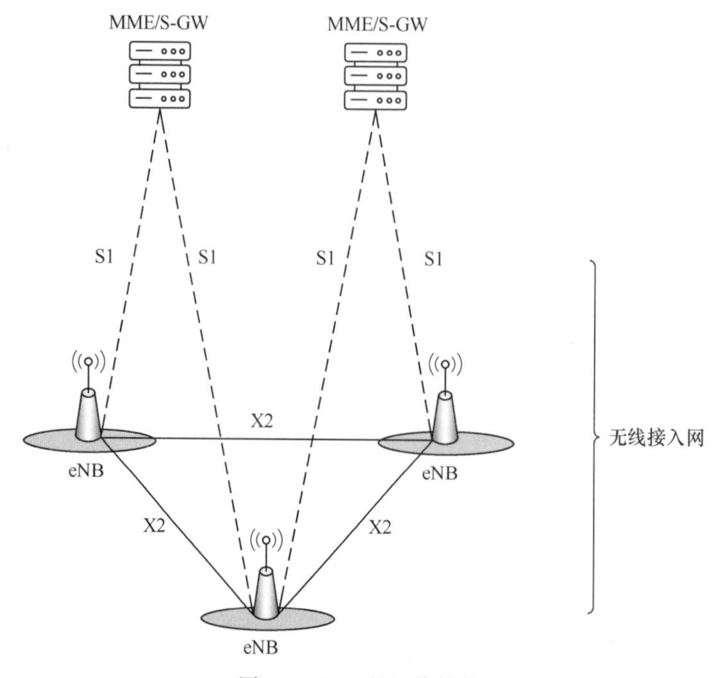

图 4-3 LTE 的网络结构

② 基于 OFDM 的多址技术

与第三代移动通信系统采用的码分多址（CDMA）技术不同，LTE 系统采用正交频分复用（OFDM）技术为基础的多址技术。OFDM 技术的基本思想是把高速数据流分散到多个相互正交的子载波上进行传输，从而使各个子载波上的符号速率大大降低，相应的符号持续时间大大加长，并且采用循环前缀的方式抵抗无线信号多径传输的时延增加，因此特别适用于宽带通信的场景。

OFDM技术以子载波为单位进行频率资源的分配，LTE系统采用15kHz的子载波带宽，通过使用不同的子载波数目，可以支持 14MHz、3MHz、5MHz、10MHz、15MHz 和 20MHz 不同的系统带宽。而在 LTE-Advanced 中引入的载波聚合技术，可以通过聚合 5 个 20MHz 的单元载波，实现 100MHz 的全系统带宽。

根据下行（由基站到终端）和上行（由终端到基站）无线通信链路各自的特点，LTE 系统中分别采用正交频分多址（Orthogonal Frequency Division Multiple Access，OFDMA）技术和单载波 DFT-S-OFDM 技术作为两个方向上多址方式的具体实现。

③ MIMO 技术

LTE 采用 MIMO 技术以满足系统在高数据速率和高系统容量方面的需求。根据天线部署形态和实际应用情况可以选择采用波束赋形、空间复用和发射分集这 3 种不同的 MIMO 实现方案，例如，对于基站部署大间距非相关天线阵列，可以采用空间复用的方案同时传输多个数据流，实现很高的数据速率；对于部署小间距相关天线阵列的基站，可以采用波束赋形技术，将天线波束指向目标用户，减少用户间干扰；而对于控制信道等需要更好地保证接收正确性的场景，发射分集是一种合理的选择。

- 空间复用：通过在多个天线上并行发送多个数据流获得复用增益来提高峰值速率和小区吞吐量。
- 波束赋形：通过多个天线阵元的波干涉，在指定的方向形成能量集中的波束获得赋形增益来改善小区覆盖，适用于小间距的天线阵。
- 发射分集：通过在多个天线上重复发送一个数据流的不同版本获得分集增益来改善信号的传输质量，适用于大间距的天线阵。

④ 自适应分组调度

OFDM 和 MIMO 技术给 LTE 系统带来了四维的传输资源——频域、时域、码域和空域，LTE 系统在 4 个维度上均可进行灵活的调度和自适应，蕴涵着更强大的技术潜力。

LTE 基于分组交换的设计，完全使用共享信道，物理层不再提供专用信道。采用 1ms 时间长度的传输时间间隔（Transmission Time Interval，TTI），结合 12 个子载波（180kHz）频率宽度的物理资源块（Physical Resource Block，PRB），根据信道的变化情况，进行快速的调度，给用户分配最优的物理资源。在所选择的物理资源上，进一步利用自适应调制编码（Adaptive Modulation and Coding，AMC）技术，形成资源的最佳利用。这样的自适应调度，从整个系统的角度实现资源优化的分配和利用，提高全系统性能。同时，灵活的调度也可以根据业务特点为单个用户提供合理的服务质量保证，相关的机制已经成为新一代移动通信系统设计中的一项基本技术。

（2）LTE-Advanced 的技术升级

使用上述基本技术进行的设计，Release 8 版本的 LTE 形成了一个全新的无线通信系统。在此基础上，Release 9 版本引入了终端定位技术、多媒体广播多播、家庭基站和增强的下行波束赋形等新的功能，增强了系统的业务能力。进入 LTE-Advanced 阶段的第一个版本 LTE Release 10 是一次大幅度的技术升级，按照国际电信联盟（ITU）对于下一代移动通信系统 IMT-Advanced 的技术指标要求，以及无线通信新的发展方向，LTE Release 10 版本中引入的新技术包括载波聚合、异构网络、增强的多天线技术和中继技术等，将系统各方面的性能指标提升到了一个新的高度。

① 载波聚合技术

为了支持不断上升的用户需求，移动通信技术需要提供更快的通信速率和更大的系统容量，在 LTE Release 8/9 最大支持 20MHz 系统带宽的基础上，人们希望系统能够支持更大的带宽。国际电信联盟（ITU）要求新一代移动通信技术 IMT-Advanced 系统的最大带宽不小于 40MHz，而实际上 LTE Release 10 的技术指标要求能够支持 100MHz 的系统带宽。另外，无线通信经过了长时间的发展，现有的无线频谱资源已经被 2G、3G 和卫星等通信系统大量占用，这些技术满足了用户当前的通信需求，它们并不会马上被新一代的技术所取代，而是在很长的一段时间内将和 IMT-Advanced 系统共同发展。已有的技术将继续占用各自的频率资源，剩余的可用于 IMT-Advanced 技术的频率很可能是离散的，将现有剩余的离散频段资源进行整合后用于宽带通信是十分有研究价值的。因此，LTE 在 Release 10 版本开始研究载波聚合技术通过多个单元载波的聚合使用，实现了更大的系统带宽，并且实现了将离散频率资源进行整合利用的功能。

LTE-Advanced 的载波聚合技术支持连续载波聚合（如图 4-4 所示）以及频带内或者频带间的非连续载波聚合（如图 4-5 所示），最大聚合带宽可以达到 100MHz。系统内的各个单元载波都是向后兼容的，已有的 LTE Release8/9 的终端能够接入使用载波聚合技术的 LTE-Advanced 系统。

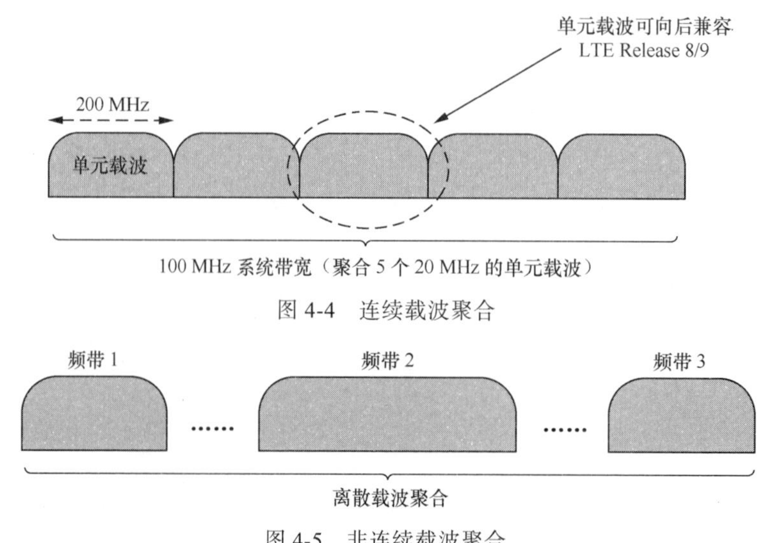

图 4-4 连续载波聚合

图 4-5 非连续载波聚合

• 增大系统带宽：LTE Release8/9 最大支持 20MHz 的系统带宽。通过聚合 5 个带宽为 20MHz 的单元载波，LTE-Advanced 可以支持 100MHz 的系统带宽。

• 利用离散频率资源：支持非连续的单元载波聚合。

② 异构网络

随着移动互联网应用的快速发展，移动数据量快速增长，有公司预测，在未来 10 年移动数据量将会增长 1 000 倍。从移动通信技术发展的角度来看，主要可以从 3 个方面提高系统所能够传输的数据量，第一个方面是频谱效率，通过更先进的技术提高单位频率资源所能够传输的数据速率，例如多天线或者高阶调制技术就可以显著提高链路的频谱效率；第二个方面是频率资源，可以使用更多的频率资源提高系统容量，这一点是很直观的；第三个方面是小区复用，在蜂窝小区的复用机制中，通过缩短小区半径，使用更小的复用距离，相同的频率在更小的距离内进行重复使用，可以增加系统在单位覆盖面积上的容量。

在前两个方面，LTE 技术都进行了增强，包括更高的频谱效率（例如，达到 HSDPA 的 3~4 倍）和更大的系统带宽（例如，100MHz 的系统带宽）。但是频谱效率的提高受限于信道的理论容量，且当前技术已经接近单链路的理论容量，所以已经没有太多的提升空间。同时，频率资源是客观存在的物理资源，它的总量是固定的，所以不能够无限制地挖掘。第三个方面的小区复用是一个很有潜力的方式，传统宏蜂窝大覆盖的小区可以保证移动通信系统无处不在的网络覆盖能力，而微蜂窝小区以及更小的局域网或者家庭基站可以在很大程度上降低频率资源的复用距离，提高复用能力，对于系统整体容量的提高具有很大的潜力。因此，宏蜂窝、微蜂窝、局域网/家庭基站相结合的分层次覆盖的异构网络是移动通信网络发展的一个重要方向，如图 4-6 所示。

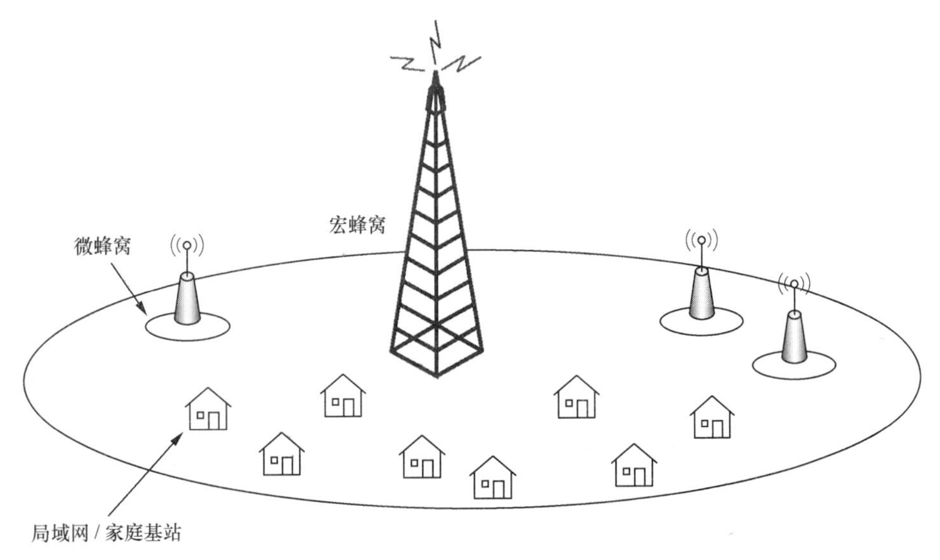

图 4-6　异构网络

为了提供更灵活高效的通信服务，无线网络的部署将呈现不同的形态和层次。例如，使用宏蜂窝提供充分的覆盖能力，在此基础上，补充使用微蜂窝或 Home eNodeB 等小型基站提供热点大容量或私人专用接入等通信服务，由此形成立体的网络层次，这样的网络环境称为异构网络。

在采用相同频率的情况下，异构网络中形成重叠的覆盖，因此它的干扰情况比较复杂。LTE-Advanced 的异构网络技术主要研究干扰问题的解决方案，包括如何避免控制信道的干扰以及如何提高数据信道的通信性能。例如，时间正交的方案，通过宏蜂窝和微蜂窝之间的协调空出某些子帧，宏蜂窝和微蜂窝使用不同的子帧时间，以此来避免相互之间的干扰。

③ 增强的 MIMO 技术

MIMO 技术是 LTE 提高数据传输性能的主要手段之一，从 LTE Release 8 开始，MIMO 技术就已经是系统的一个基本的组成部分，如图 4-7 所示，在 Release 8 中，下行最大支持 4×4 的多天线配置，即基站采用 4 个天线进行发送，终端采用 4 个天线进行接收，这样的配置最大可以支持 4 个并行数据流的空分复用，与单天线相比可实现 4 倍的数据传输速率。LTE Release 10 对最大的天线数目进行了扩展，下行最高支持 8×8 的多天线配置，可以实现 8 个数据流的并行传输，链路的峰值传输速率将是原来的 2 倍。

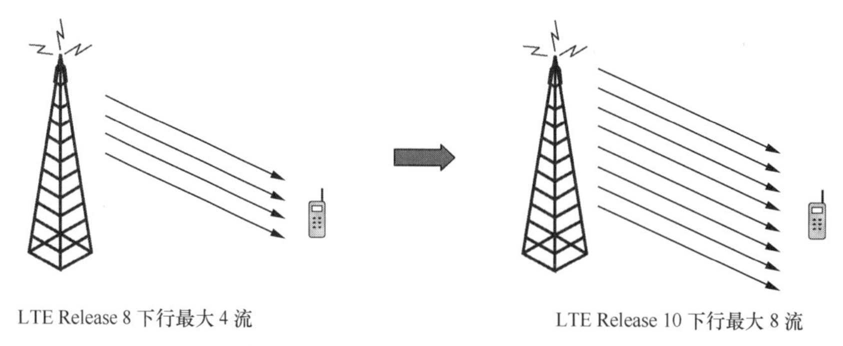

图 4-7　LTE-Advanced 下行 MIMO

除了将天线数量进行扩展，LTE Release 10 对多用户 MIMO 的空分复用功能也进行了增强，如图 4-8 所示。控制信令和用户专用导频信号的设计，可以更好地支持共同调度多个用户或一个用户使用多个数据流等更复杂的场景。

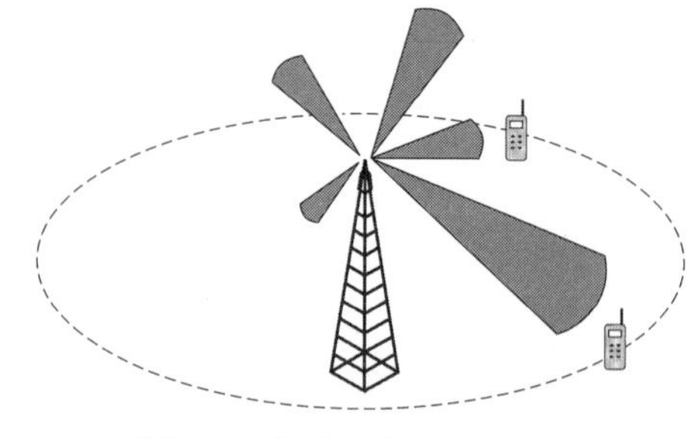

图 4-8　增强的多用户 MIMO

由于终端复杂度和成本等方面的限制，LTE Release 8 上行仅支持用户单天线的发送。考虑到未来设备的进步和系统需求的提升，在 LTE-Advanced 中引入了上行多天线传输的功能，利用终端的多个功率放大器实现上行多流信号的发送，最大支持 4×4 的多天线配置，即用户终端采用 4 个天线进行发送，基站端通过 4 个天线进行接收，这样可以实现 4 个数据流的并行传输，实现 4 倍的单用户峰值速率，如图 4-9 所示。

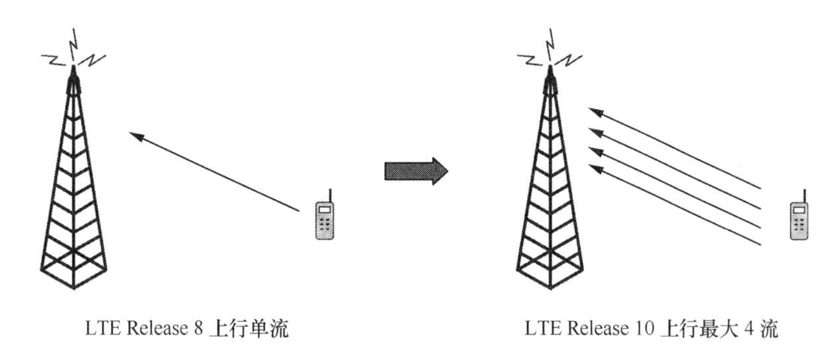

图 4-9 LTE-Advanced 上行 MIMO

④ 中继技术

基站与用户之间通过空中接口进行无线通信，同时基站还需要与网络进行连接，接受网络的控制并且实现基站的互联，这就是基站的回传链路。在通常情况下，回传链路一般采用有线连接，因此在基站部署的位置需要架设电缆、光纤等通信线路。在某些情况下，成本和施工难度等方面的因素，难以架设这样的有线链路，所以产生了对于中继或者无线回传技术的需求。中继，顾名思义，就是采用无线信号转发的方式进行通信，通过快速、灵活地部署一些节点，从而达到改变系统容量和改善网络覆盖的目的，如图 4-10 和图 4-11 所示。

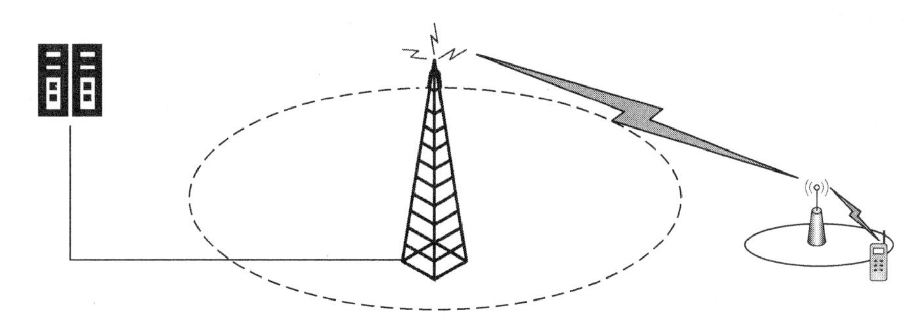

图 4-10 扩展系统覆盖：通过中继站，对基站信号进行接力传输，扩大无线信号的覆盖范围（直放站）

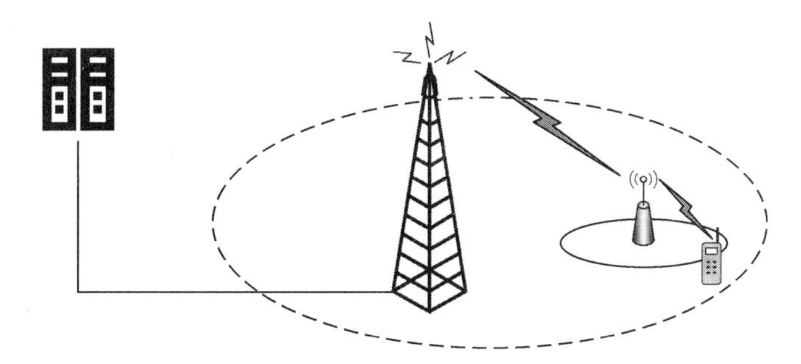

图 4-11 扩展系统覆盖：通过中继站，对基站信号进行接力传输，扩大无线信号的覆盖范围

中继包括对接收信号进行放大后直接发送的中继类型（直放站），以及在接收信号后具有进一步处理和控制功能的中继类型。后者类似于采用了无线回传方式的普通基站，在LTE Release 10中研究的主要是这种类型的中继技术。

4.1.3 LPWAN技术

随着物联网技术和机器对机器（Machine to Machine，M2M）通信的出现，传感器节点的部署规模将很快增长。需要联网的物联网设备包括汽车、仪表、销售点终端、消费电子产品和可穿戴设备等。福布斯网站的物联网调查报告预测，到2025年，物联网设备连接将超过750亿次。IHS Markit预测，到2030年联网设备的数量将增长到1 250亿。物联网的指数级增长几乎影响着所有行业和领域。它重新定义了设计、管理和维护网络和数据的方法。

随着人工智能领域机器学习、数据分析等技术的发展，物联网的部署和应用持续增长。越来越多的物品可以连接到互联网上。物联网能够将终端所感知到的数据和参数发送到远程集中设备或服务器，从而为下一步做出适当的决策或执行命令提供依据。

一般来说，物联网应用需要的节点应具有节能和低复杂度的特点。目前，无线技术如IEEE 802.11无线局域网（Wireless Local Area Network，WLAN）、IEEE 802.15.1蓝牙、IEEE 802.15.4 ZigBee、低速率无线个域网（Low Rate Wireless Personal Area Network，LR-WPAN）等正在被用于短距离环境中的传感应用。相比之下，2G、3G、4G和5G等无线蜂窝技术可以扩展到远程应用。WLAN和蓝牙是为高速数据通信而设计的，而ZigBee和LR-WPAN是为本地环境中的无线传感器应用而设计的，用于通信距离从几米到几百米的低数据速率应用。2G、3G和4G等无线蜂窝网络的主要设计目的是语音和数据的通信，而非无线传感应用。虽然这些技术在某些应用中以一种或多种方式用于传感，但它们可能无法满足无线传感器网络中使用的性能指标。

为了支持这样的需求，提出了一种被称为低功率广域网（Low-Power Wide-Area Network，LPWAN）的新型物联网范式。LPWAN是一类无线物联网通信标准和解决方案，具有覆盖面积大、传输数据速率低、分组数据量小、电池寿命长等特点。目前，LPWAN技术正在部署之中，并在物联网和M2M的广泛应用中（特别是受限环境）显示出巨大的潜力。

1. 智能应用和服务

物联网的应用推动了业界对大规模物联网技术的需求。随着小型电子设备、通信、计算、传感、驱动和电池技术领域的进步，设计出具有多年电池寿命和数十千米覆盖范围的低功率、远程网络技术成为可能。这些技术必须与因特网兼容，这样数据、设备和网络管理才能通过基于云的平台进行。无线物联网及 M2M 设备最关键的要求是低功耗、扩展传输范围、支持海量设备、抵抗射频干扰、低成本、易于部署，以及应用程序和网络级别的鲁棒性和安全性。如表 4-3 所示，LPWAN 技术很有前途，可以广泛应用于各种领域，包括智慧环境、智慧城市、智慧农业、工业自动化和智能制造、汽车和物流等。

表 4-3　LPWAN 的应用

LPWAN 应用领域	主要应用
智慧城市	智慧停车、建筑结构安全、桥梁和历史古迹、空气质量检测、噪声检测、交通信号灯控制、道路收费控制、智能照明、垃圾收集优化、废物管理、电力检测、火灾探测、电梯监控、井盖监控、施工设备和劳动力健康监测、环境和公共安全
智慧环境	水质、空气污染、温度、森林火灾、山崩、动物追踪、雪层监测和地震早期探测
智慧水文	水质、漏水、河流洪水监测、游泳池管理、化学品泄漏监测
智慧仪表	智能电表、燃气表、水流量表、燃气管道监控、仓库监控
智能电网及能源	网络控制、负载均衡、远程监控和测量、变压器运行状况监控、风力发电/太阳能发电装置监控
安全与突发事件	周边通道控制、液体存留检测、辐射水平检测、爆炸和危险气体检测
零售业	供应链控制、智能购物应用、智能货架、智能产品管理
汽车和物流	保险、安全和跟踪、租赁服务、共享汽车管理、运输状况检测、物品位置、存储不兼容检测、车辆跟踪、智能火车和出行即服务
工业自动化和智能制造	M2M 应用、机器人技术、室内空气质量、温度监测、生产线监测、臭氧监测、车辆自动诊断、机器健康监测、预防性维护，能源管理，设备即服务，工厂即服务
智慧农业	温度监测、湿度监测、碱度测量、葡萄酒质量、智能温室、农业自动化和机器人技术、气象站网络、堆肥、水培、牲畜监测和跟踪、有毒气体水平
智能家居、建筑和房地产	能源和用水的检测、温度、湿度、火灾/烟雾探测、电器的远程控制、入侵探测系统、艺术品保护、物品保存和空间即服务
电子健康、生命科学和可穿戴设备	患者健康和参数、联网医疗环境、可穿戴医疗设备、患者监测、紫外线辐射监测、远程医疗、跌倒检测、医用冰箱、运动员护理、慢性病跟踪、跟踪蚊子等昆虫种群和增长

表 4-4 提供了上述应用程序到预期 LPWAN 解决方案的需求的映射。除了覆盖、容量、成本和低功耗操作的主要类别之外，增加的另一个需求领域是“额外的细节”。这一项涵盖了表中提到的特定应用程序可能需要的其他特性。对应用程序的适用性要求的相对规模是高、中和低。表 4-4 提供了一个 LPWAN 解决方案的环境，该解决方案用于执行由该技术的目标应用程序或应用程序集驱动的架构和设计决策。

表 4-4　应用程序和它们的需求

应用程序	覆盖	容量	费用	低功耗	额外的细节
智慧城市	高	高	高	中	高
智慧环境	中	高	高	高	中
智慧水文	高	中	中	中	低
智慧仪表	高	高	高	中	低
智能电网及能源	高	高	中	中	中
安全与突发事件	高	低	中	高	高
零售业	高	高	高	低	中
汽车和物流	高	高	中	低	高
工业自动化和智能制造	低	高	高	低	低
智慧农业	高	高	中	高	低
智能家居、建筑和房地产	高	中	低	低	低
电子健康、生命科学和可穿戴设备	高	高	中	高	高

覆盖率对绝大多数 LPWAN 应用程序来说都具有重要的基础性价值。然而，典型的制造环境可能需要本地化操作。在这种情况下，需要做出权衡以将注意力集中在支持的设备类型和数量上，而密集的覆盖需求可能会因此受到影响。低功率操作主要采用电力驱动，在智慧农业场景中存在这种需求。在这种情况下，各种传感器都在很远的地方，很难时刻照顾到每个位置，因此需要电池可以在不充电的情况下使用 10 年以上。在这类应用中，低功率操作被认为是非常重要的。在其他领域，例如零售业，电力可能是现成的，低功率操作可能被划分为低优先级。在许多情况下，具有海量设备的应用程序需要较为廉价的设备（如智慧计量），而其他应用程序（如智能家居）可能能够接受合理的成本。图 4-12 总结了与应用程序需求相对应的主要特性。

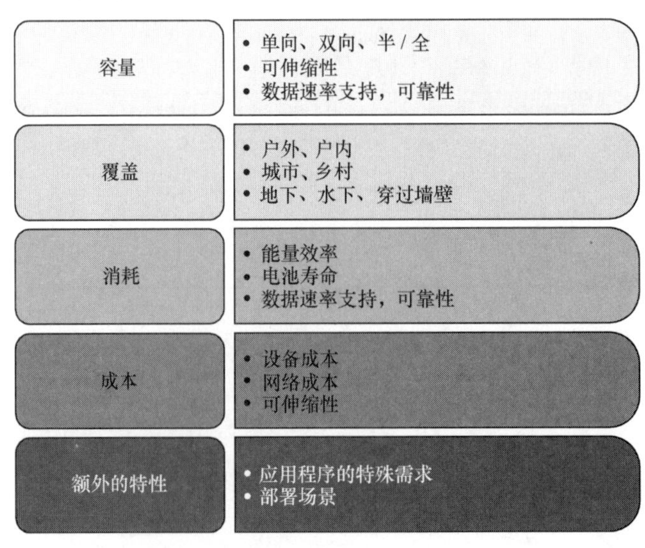

图 4-12　与应用程序需求相对应的主要特性

2. 无线接入

物联网和 LPWAN 为许多应用提供了基础性功能支撑，在实现应用程序和服务的敏捷需求和动态需求等方面发挥了关键作用，并为高效的解决方案提供了框架。对于此类应用程序的通信，可以使用一系列专有的和基于标准的解决方案。如图 4-13 所示，无线接入网络跨越了不同的地理范围。

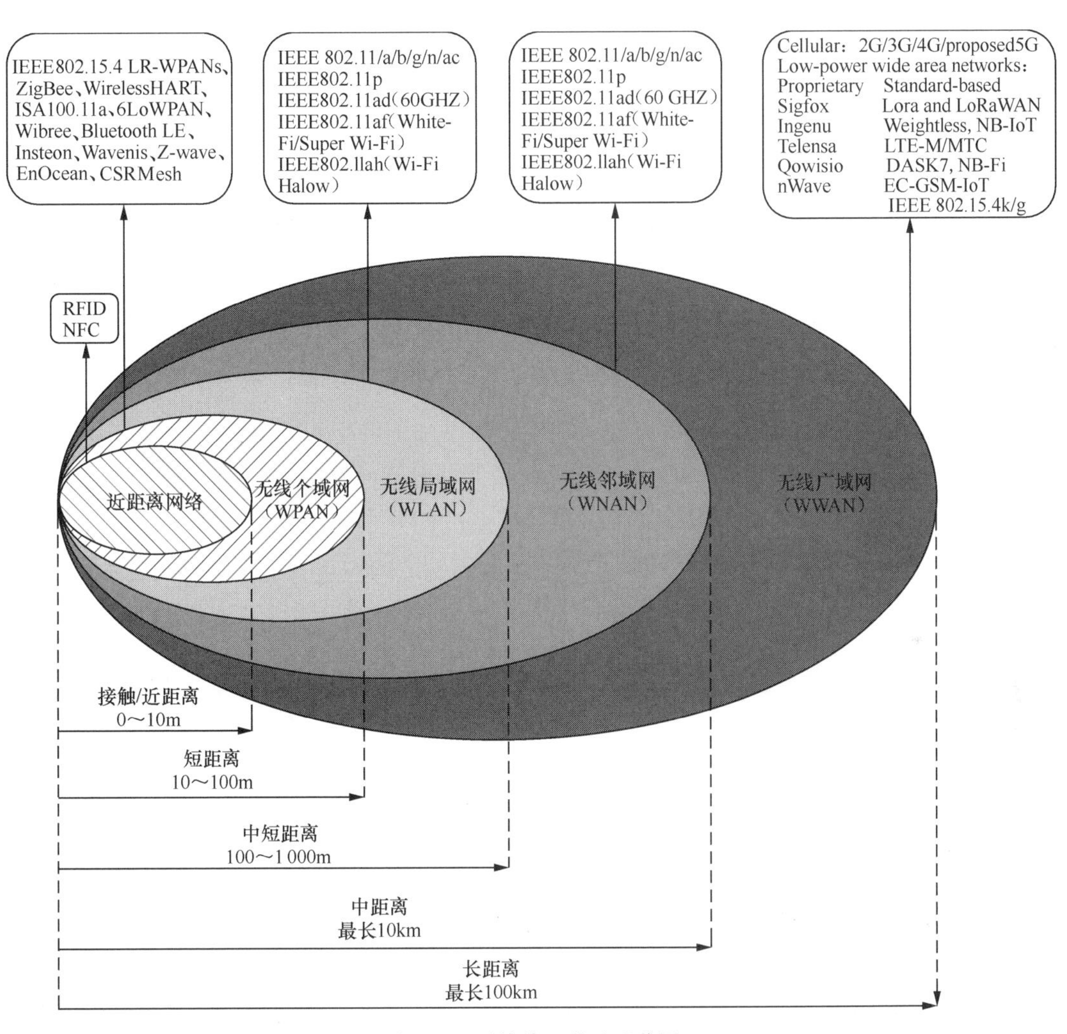

图 4-13 无线接入的地理范围

基于 RFID 和 NFC 的无线接入网络是一种适用于近距离设备的近距离区域网络型通信网络。无线个人局域网通信技术（Wireless Personal Area Network Communication Technologies，WPAN）用于几乎没有，甚至完全没有基础设施的一组设备之间的短距离信息传输。这些网络可以通过中央设备或服务器连接到云平台。大多数 WPAN 是为低速、节能、短距离和较为廉价的解决方案而设计的。著名的 WPAN 技术包括 IEEE 80.15.4

LR-WPANs、ZigBee、WirelessHART（无线可寻址远程传感器高速通道的开放通信协议）、ISA100.11a、6LoWPAN、Wibree、Bluetooth LE、Insteon、Wavenis、Z-Wave、EnOcean 和 CSRMesh。WLAN 主要用于在方圆数百米范围内的设备之间进行高速数据交换。WLAN 技术包括不同风格的 IEEE 802.11 标准。无线邻域网（Wireless Neighborhood Area Network，WNAN）是一种新型的宽带无线局域分布应用系统，其服务区域比城域网小，但比局域网大。它可以用于住宅、校园、街道之类的公用事业和智能电网等环境。WNAN 的技术有 Wi-SUN（无线智能泛在网）、ZigBee NAN 和无线 M-Bus。

相对于局域网和 WNAN 而言，无线广域网（Wireless Wide Area Network，WWAN）的设计是为了适应更大的范围。它们在覆盖率、功率效率、数据速率、可扩展性、资源复用等方面对不同的应用程序有不同的要求。WWAN 可以大致分为蜂窝型和 LPWAN 型。3G 和 4G 等蜂窝网络的主要设计目的是在几千米到几十千米的范围内高速率传输数据。这些网络支持终端设备的移动性，因此可以通过小区切换机制提供超出单个小区范围的扩展覆盖。LPWAN 是一种无线通信技术，旨在通过低功耗、低成本接口和相对低比特率的物联网和 M2M 应用进行远程通信。大多数智能应用程序需要上述无线接入解决方案的组合形式。

有一大部分基于物联网的应用，对成本和功耗都有较高要求。这种新兴网络体系被归类为 LPWAN。据估计，全部物联网和 M2M 设备的四分之一使用专有或标准 LPWAN 技术来接入互联网，而基于 LPWAN 的应用预计占所有物联网应用的三分之一。LPWAN 以外的技术通常侧重于实现更高的数据速率、更低的时延和更高的可靠性。LPWAN 解决方案通常涉及海量的终端设备，发送不频繁的较短信息，并且能够容忍相当长的端到端时延，可靠性要求因应用程序而异。LPWAN 技术在各种新兴应用的性能上补足（甚至于取代）了传统的蜂窝和短程无线技术。

3. LPWAN 的应用特征

LPWAN 的应用可以在各种设备之间进行互连和通信。这些设备的覆盖范围从非常短的距离到非常遥远的距离，从静止设备到移动设备，从基于低功耗电池到基于商用电源的连接，以及一系列从简单到复杂的环境。相当一部分的低功耗广域解决方案通常较少传送小型消息，对时延要求较低，需要低功耗和低成本，并且不需要高速率。

可以根据传输速率、时延和功耗等方面的覆盖需求和性能要求对物联网应用进行分类。不同应用的覆盖需求是高度个性化的，例如，对于涉及设备移动（如资产跟踪）的应用需要全球服务覆盖。与需要超低时延和超高可靠性的物联网应用相比，LPWAN 应用被归类为大规模物联网应用。LPWAN 解决方案的应用特征和要求如下。

（1）覆盖

① 通信量特征

LPWAN 网络的固有通信机制是由分布式传感器产生流量。除了可能存在由智能手机或其他设备创建的通信流，LPWAN 通信流本身在许多属性上可能有所不同，例如消息数量、消息大小和可靠性要求。LPWAN 技术具有不同要求的不同应用类别。一些应用是时延容忍型的（如智能计量），而火灾探测、核辐射探测和家庭安全等应用则需要较高优先级和即时传输机制。在某些应用程序中，事件触发传输可能需要优先级消息调度。由于处于工作状态的设备数量巨大，可能无法满足每个应用程序的服务水平协议（Service Level Agreement，SLA）要求。工作机制需要支持不同流量类型的共存、所需的 QoS 和 SLA。在 LPWAN 应用程序中，根据终端设备在上行链路或下行链路中的通信需要，可能需要处理多个种类的终端设备。在某些应用程序中，需要提供支持移动性设备，或者需要提供支持移动过程中的无缝服务。

② 覆盖

操作范围同时需要满足远程通信和短程通信。通常，LPWAN 需要提供远程通信，在农村或沙漠可达 10～40km，在城市可达 1～5km。在室内难以到达的位置（如地下室），以及信号需要穿过建筑物和墙壁进行传播的位置也需要覆盖到，特别是涉及需要监测和数据采集的应用。覆盖率需要与适应性数据率和管理数据错误率的预期符合。使用亚 GHz 波段有助于大多数 LPWAN 以较低的功率实现稳健可靠的通信，因为亚 GHz 波段较低的频率与 2.4GHz 波段相比具有更好地传播特性。此外，用于 LPWAN 的慢调制技术为每一比特增加了更多的能量，因此增加了覆盖率。慢调制也有助于接收机正确解调信号。

③ 位置识别

设备的位置识别是一项至关重要的技术。定位精度在物流和牲畜监测等应用中起着至关重要的作用。LPWAN 需要支持对异常事件（如设备位置更改）的检测，并且促进适当级别的身份验证。位置识别可以通过 GPS 和类似 GPS 的系统（如北斗卫星导航系统）来实现，或者在网络基础设施的帮助下运行智能算法来实现。

④ 安全和隐私

对 LPWAN 设备的安全性要求特别严格，因为设备数量庞大、存在漏洞且架构简单。授权、身份验证、信任、机密性、数据安全性和不可抵赖性等基本属性均需得到支持。安全支持能够处理恶意代码攻击（例如蠕虫），处理对 LPWAN 设备和系统的入侵，以及管理窃听、嗅探攻击和拒绝服务攻击，且对公众保护设备的身份和位置隐私来说也很重要。此外，它还应该根据各种应用程序的需要，支持向前和向后传输的安全性。

（2）容量和扩展性

LPWAN 的基本要求之一是支持海量同时连接的低数据速率设备。许多应用程序需要以可扩展的方式支持十万以上量级的设备数量。可扩展性指的是在不影响现有服务的质量的前提下，从一个由少量异构设备组成的网络无缝地成长为海量的设备、新设备、应用程序和功能的能力。由于 LPWAN 端设备的计算能力和功耗较低，网关和访问站等网络设备在增强可扩展性方面也可以发挥重要作用。采用基于不同分集技术的多信道、多天线技术也可以显著提高 LPWAN 网络的可扩展性。但是，还要确保这些特性不会损害其他性能指标。更好的解决方案可能是在支持优化性能和应用程序需求之间做出权衡。这需要在有限的和经常共享的无线资源上传输数据，如此大量的装置也导致了高密度。在这种情况下，有可能在媒体接入上遇到瓶颈或较大的干扰，从而大幅降低网络性能。

（3）成本

LPWAN 应用程序对设备和运行成本特别敏感。除了网络的低部署程度和运行成本的标准要求外，所涉及的大量设备还对成本、运行费用和低功耗的必要性构成了重大制约。在维持硬件不变的前提下，软件具有可升级性是需要支持的关键属性。此外，还需具有可扩展性、易于安装和维护以及节约成本的特征。

（4）功耗

① 节能和低功耗

在一些 LPWAN 的应用中，环境和约束条件不允许电池重复充电。AA 电池和硬币电池在不充电的情况下可以使用 10 年以上。由于我们可能在短时间内无法做到在电池报废之前更换电池，电池资源的成本必须很低。为了提高节点的使用寿命，LPWAN 必须在严格的极低的占空比限制条件下运行。因此，超低功率操作是电池供电的物联网/M2M 设备的一个关键要求。

② 降低硬件复杂度

为了处理海量、低成本和远距离覆盖的情况，小型化、低复杂度的器件设计成为一项基本要求。降低硬件复杂度可以降低电池驱动设备的功耗，却不会牺牲太多的性能。这些设备通常并不被期望它们具有较高的处理能力。简单的网络架构和协议需要硬件的支持。从技术的角度来看，为了实现所需的 LPWAN 设备的适应性，无线收发器需要是灵活的且软件是可重新配置的。

（5）额外的特征需求

① 解决方案的选择范围

为了给客户提供灵活性和选择权，需要在授权波段和非授权波段均提供操作支持。未经授权的频谱可能来自工业、科学和医疗波段。在许多情况下，客户更喜欢从现有无线接入系统升级的解决方案。用户对定制的、专有的和基于标准的解决方案都有需求。应用程序需要不同拓扑之间的可配置性，包括星形、网格和树形。

② 操作和交互

网络应该具备处理不同种类设备的能力。这些海量的设备可能共享相同的无线资源，从而造成网络内部和网络之间的技术干扰，导致网络性能下降。因此，LPWAN 设备应该可以在各种 LPWAN 技术环境中连接和运行，并具有抗干扰能力、处理能力和缓解能力。无论硬件基础设施和应用程序编程接口如何，网络都应该能够实现设备的连接。并且还要求在不同的网络技术之间具有无缝的端到端互操作性。各种通信技术之间的标准化和网关适应性协议也是众多需求之一。同时，应用程序需实现完整的端到端集成。

4. 总结

LPWAN 是资源受限的网络，对长电池寿命、扩展覆盖范围、高可扩展性能力、低设备成本和低部署成本有根本性要求。LPWAN 依然存在一些挑战，如网络虚拟化、软件定义无线电、进一步简化媒体访问控制、动态频谱管理、电视空白频段的利用、链接优化和适应性、能量收获、工作周期限制、可扩展性、定位、共存和干扰降低、流动性、更高的数据率和数据包大小、QoS 支持互操作性和异构性、安全性和隐私、拥塞控制、满足 SLA、集成数据分析、使用人工智能和机器学习技术来提高性能、开发测试平台和相关工具等。要解决这些问题，进一步扩展 LPWAN 的应用前景，并与其他蜂窝技术竞争，进行大量的研究是必要的。

4.1.4 5G 技术

在介绍 5G 技术之前，我们先梳理一下 40 多年来四代移动通信技术的发展历程。

使用模拟信号传输的 1G 移动通信在 20 世纪 80 年代左右开始向普通民众开放使用，1G 移动通信所提供的业务只容纳了语音服务。其主要技术包括北美的高级移动电话系统（Advanced Mobile Phone System，AMPS）、北欧国家协同制定的北欧移动电话（Nordic Mobile Telephony，NMT）以及在英国等地使用的全接入通信系统（Total Access Communication System，TACS）。

2G 移动通信在 20 世纪 90 年代早期开始向我们提供服务。与 1G 使用的模拟信号不同，2G 移动通信在无线链路上引入了数字信号的传输，从而具有了提供有限数据服务的能力。2G 移动通信出现伊始，世界上同时存在了几种不同的技术规范，其中包括后来占据 2G 移动通信主导地位的、由许多欧盟国家联合制定的 GSM、由美国提出的数字高级移动电话系统（Digital Advanced Mobile Phone System，D-AMPS）、由日本提出并且仅在日本使用的个人数字蜂窝（Personal Digital Cellular，PDC），以及在前面这几个技术之后发展起来的基于 CDMA 的 IS-95。GSM 的成功推广，使得移动电话成为世界上大多数人都可以选择的通信手段，也成为每个人生活中的必需品。在 5G 通信已经逐渐落地的今天，2G 移动通信依然在世界上许多地方被作为主要的移动通信手段，甚至在某些地区或者某些情况下是唯一可以使用的移动通信技术。

3G 移动通信于 21 世纪初出现，它的出现将移动通信真正拉入了高质量移动宽带的领域，尤其是在利用了高速数据包接入（High Speed Packet Access，HSPA）技术后，我们在手机上使用高速的无线互联网成为可能。此外，在我国主推的基于时分双工（Time Division Duplex，TDD）的TD-SCDMA技术中，3G移动通信首次引入了非对称频谱的移动通信技术。

从过去的几年到现在，作为主导的是以LTE技术为代表的4G移动通信。在HSPA的基础之上，LTE提高了通信效率且改善了移动宽带体验，终端用户可以享用更好的数据速率。这些改变主要是因为基于OFDM的传输技术可以提供更大传输带宽以及更先进的多天线技术。此外，相对于3G支持一种特殊的非对称频谱工作的无线接入技术（TD-SCDMA），LTE支持在一个通用的无线接入技术之中实现FDD和TDD的工作，即对称和非对称频谱的工作。这样，LTE就实现了全球统一的移动通信技术，适用于对称和非对称频谱以及所有移动网络运营商。

1. 5G应用场景

关于5G移动通信的讨论开始于2012年前后。在许多讨论中，5G这个术语指的是特定的、新的5G无线接入技术。不过，5G也常常用在更宽泛的语境中，意指未来移动通信能够支持的、可预见的大量新的应用服务。

谈到5G，一般常会提到3种应用场景：增强移动宽带（Enhanced Mobile Broadband，eMBB），大规模机器类型通信（Massive Machine Type Communication，mMTC），以及超可靠低时延通信（Ultra Reliable and Low Latency Communication，uRLLC），如图4-14所示。

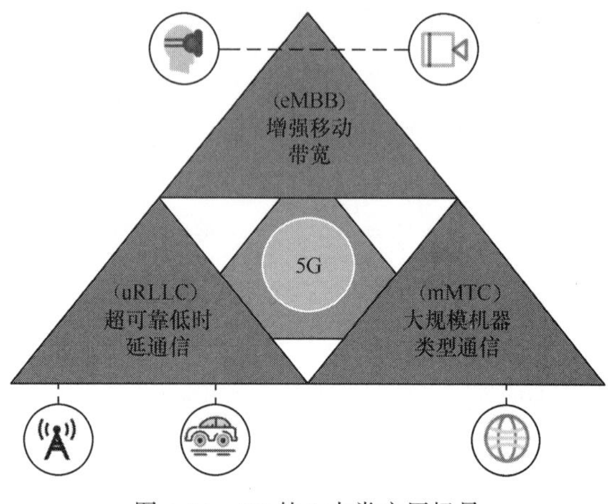

图4-14　5G的3大类应用场景

（1）eMBB大致是指如今移动宽带服务的直接演进，它支持更大的数据流量和进一步增强的用户体验，比如，支持更高的终端用户数据速率。

（2）mMTC指的是支持海量终端的服务，比如远程传感器、机械手、设备监测。这类服务的关键需求包括非常低的终端造价、非常低的终端能耗，以及超长的终端电池使用时间（至少要达到几年）。一般而言，这类终端只消耗和产生相对比较小的数据量，因此不需要提供对高数据速率的支持。

（3）uRLLC类服务要求非常低的时延和极高的可靠性，这类服务的实例有交通安全、自动控制、工厂自动化。

需要指出的是，5G应用场景被分成这3个不同的类别，从某种程度上来说是人为的，主要目的是简化技术规范的需求定义。实际上，会有许多应用场景不能精确地归入这3类之中。例如，可能会有这样的服务，它需要非常高的可靠性，但是对于时延要求不高；还有的应用场景可能要求终端的成本很低，但并不需要电池的使用寿命非常长。

2. LTE 向 5G 演进

LTE 技术规范的第一个版本是在 2009 年提出的。之后，LTE 不断演进以提供增强的性能和扩展的能力。这包括对移动宽带的增强、支持更高的实际可达到的终端用户数据速率以及更高的频谱效率。它还扩展了 LTE 的应用场景，特别是支持配有超长使用时长电池的低成本终端，类似于大规模 MTC 的应用。

LTE 将会支持 5G 的很多应用场景。从一个更广的角度来看，5G 不是一个特定的无线接入技术，而是由所支持的应用场景来定义的，因此 LTE 应该被看作是整个 5G 无线接入解决方案的一个重要组成部分。

3. NR——新的 5G 无线接入技术

尽管 LTE 是一个强有力的技术，但是 5G 的某些需求是 LTE 及其演进无法满足的。事实上，LTE 开始于十几年前，在这十几年里又出现了许多更先进的技术。为了满足这些需求并且发挥新技术的潜能，3GPP 开始制定一种新的无线接入技术，称为新空口（New Radio，NR）。2015 年秋天举行的一次研讨会确定了 NR 的范围，具体的技术工作于 2016 年春季开始。NR 标准的第一个版本于 2017 年年底完成，这是为了满足 2018 年进行 5G 早期部署的商业需求。

NR 借用了 LTE 的很多结构和功能。但是，作为一种新的无线接入技术，NR 不需要像 LTE 演进那样考虑向后兼容的问题。NR 的需求也要比 LTE 的需求更多、更广，因而技术解决方案也会有所不同。

4. 5GCN——新的 5G 核心网

除了定义 NR 这一新的 5G 无线接入技术，3GPP 也定义了一个新的 5G 核心网，称作 5GCN。新的 5G 无线接入将连接到 5GCN。5GCN 也能为 LTE 的演进提供连接。同时，当 NR 和 LTE 运行在所谓的非独立组网模式（non-standalone mode）下时，NR 也可以连接到传统的分组核心网。

4.2 NB-IoT 技术

4.2.1 NB-IoT 关键技术

随着物联网技术的迅猛发展，低功耗广覆盖类（Low-Power Wide-Area，LPWA）技术由于其特有的功耗低、成本低、覆盖广深、传输可靠性和安全性要求高等特点而备受业界关注。目前，存在多种可承载 LPWA 类业务的物联网通信技术，如 Wi-Fi、GPRS、LTE 和 LoRa 等，但存在如下问题。

（1）现有蜂窝网络未针对超低功耗的物联网应用进行设计和优化，终端续航时长无法满足要求，例如，目前 GSM 终端待机时长（不含业务）仅 20 天左右，在一些 LPWA 典型应用（如抄表类业务）中更换电池成本高，且某些特殊地点（如深井、烟囱等）更换电池很不方便。

（2）现有物联网技术无法满足海量终端的应用需求，物联网终端的一大特点就是数量非常庞大，因此需要网络能够同时接入业务请求，而现在针对非物联网应用设计的网络无法满足同时接入海量终端的需求。

（3）典型场景网络覆盖不足。例如，在深井、地下车库等场景存在覆盖盲点，室外基站无法实现全覆盖。

（4）现有物联网接入终端成本高，对于部署物联网的企业来说，选择 LPWA 的一个重要原因就是部署成本低。智能家居应用、智能硬件的主流通信技术是 Wi-Fi，因为 Wi-Fi 的模块成本比较低，Wi-Fi 模块的价格已经降到了 10 元人民币以内。但支持 Wi-Fi 的物联网设备通常还需无线路由器或无线 AP（无线接入点）做网络接入或只能做局域网通信。如果选择蜂窝通信技术，对于企业来说部署成本太高，国产最普通的 2G 通信模块一般在 30 元人民币以上，而 4G 通信模块则要 200 元人民币以上。

1. NB-IoT 技术概述

窄带物联网（Narrow Band Internet of Things，NB-IoT）技术聚焦于低功耗广覆盖（LPWA）物联网市场，是一种可在全球范围内广泛应用的新兴技术。具有低成本、低功耗、广覆盖、支持海量终端连接等特点。NB-IoT 使用授权频段，可采取带内、保护带、独立载波这 3 种部署方式，可与现有网络共存，并可基于 GSM 900MHz 网络部署，在覆盖、功耗和成本等方面性能最优。因此，NB-IoT 更适用于 LPWA 类物联网业务。

NB-IoT 的发展历程可追溯到 2014 年，为应对 Sigfox 等竞争技术，3GPP 在 GERAN 工作组设立了窄带蜂窝物联网系统的研究项目。为引导更多公司参与研究，扩大影响力，3GPP 于 2015 年 9 月将窄带物联网项目转至无线接入网工作组进行协议制订工作，并将立项之初存在的两大候选方案 NB-CIoT（Narrow band-Cellular IoT）方案与 NB-LTE 方案进行了融合，形成 NB-IoT 技术，为标准化的顺利开展奠定了基础，最终其核心部分于 2016 年 6 月顺利结项。NB-IoT 技术可以满足 LPWA 应用需求，实现低成本、低功耗、广深覆盖、支持海量终端连接，主要因为其在以下 4 个方面做了技术优化。

（1）革新的空口技术。采用超窄带设计重复发送等技术实现覆盖增强；采用节电模式

（Power Saving Mode，PSM）、非连续接收（Discontinuous Reception，DRX）模式、扩展非连续接收（Extended Discontinuous Reception，eDRX）模式这三种模式配置，实现功耗降低；采用低复杂度设计来降低成本。

（2）灵活多样的部署方式设计。独立部署方式，使用 FDD LTE 间带的保护带部署方式、使用 FDD LTE 系统资源的带内部署方式。

（3）轻量级的核心网。优化端到端流程、简化协议栈、采用新的数据承载方式，构建新的计费模式，节省信令流程，提高数据传输效率。

（4）低复杂度、高集成度芯片设计。软件功能简化，如协议栈简化、无复杂外设控制等；硬件集成度提高。

按照覆盖距离以及可支持的传输速率来看 NB-IoT 技术与其他物联网技术，对比如图 4-15 所示。

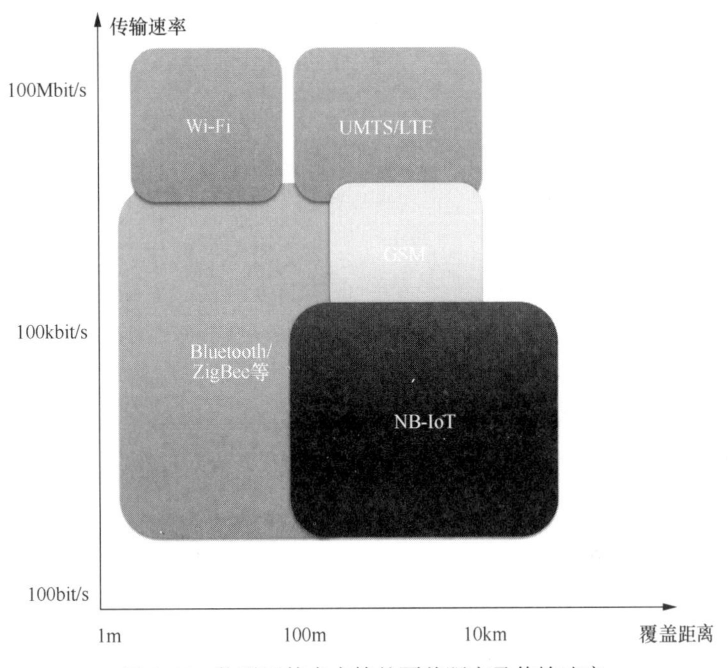

图 4-15　物联网技术支持的覆盖距离及传输速率

2. 覆盖增强技术

NB-IoT 的设计目标是在 GSM 基础上覆盖增强 20dB，以 14dB 作为 GSM 的最大耦合路损（Maximum Coupling Loss，MCL），则 NB-IoT 设计的最大耦合路损为 164dB。其中，其下行主要依靠增加各信道的最大重传次数以获得覆盖增强效果。而在其上行的覆盖增强主要来自于两方面，一是在极限覆盖情况下，NB-IoT 可采用单子载波进行传输，其功率频谱密度（Power Spectral Density，PSD）可得到较大幅度的提升，以 Singletone 部署方式下 3.75kHz 的子载波间隔为例，与 GSM 的 18kHz 带宽相比，其 PSD 可得到约 17dB 的增益；二是可增加上行信道的最大重传次数以获得覆盖增强效果。因此，尽管 NB-IoT 终端上行发射功率（23dBm）较 GSM（33dBm）低 10dB，其传输带宽的变窄及最大重复次数的增加使其上行可工作在 164dB 的最大耦合路损下。

NB-IoT 的 3 种工作模式都可以达到该覆盖目标。下行方向上，独立部署方式的功率可单独配置，带内部署及保护带部署的功率受限于 LTE 的功率，因此这两种方式下需更多重复次数才能达到与独立部署方式同等的覆盖水平。在相同覆盖水平下，独立部署方式的下行速率性能优于另外两者；上行方向上，3 种部署方式基本没有区别。

eMTC 的覆盖目标是 MCL 为 155.7dB，在 FDD LTE 基础上增强 15dB，比 NB-IoT 的覆盖目标低 8dB 左右。eMTC 是 LTE 的增强功能，与 LTE 共享发射功率和系统带宽，但 eMTC 的业务信道带宽最大为 6 个物理资源块。eMTC 功率谱密度与 LTE 相同，覆盖增强主要是通过重复发送和跳频来实现。在 3GPP 标准中，其最大重复次数可达 2 048 次。

3. 低成本技术

NB-IoT 在系统设计之初就期望通过降低终端复杂度及降低某些性能要求，从而实现降低终端成本的目的。此外，还可通过提高终端集成度来降低成本。因此，在终端实现上可通过降低存储容量和处理速度、采用低成本晶振、节省带通滤波器和采用集成方案等手段实现低成本。

（1）降低存储容量和处理速度

NB-IoT 采用更窄的带宽、更低的速率和更简单的调制编码，从而降低存储器和处理器要求。

- NB-IoT 工作带宽仅为 180kHz，远低于 LTE 的工作带宽，上行窄带的峰均比低，对射频要求低。
- NB-IoT 上下行速率明显低于 LTE，从而对处理器要求低。
- NB-IoT 下行调制编码简单，NB-IoT 下行采用尾端位回旋码（Tail Biting Convolutional Coding，TBCC）解码，要求支持 QPSK；而 LTE 下行采用 Turbo 解码，要求支持 16QAM。
- NB-IoT 的数据包较小，对数据率要求也较低，用单进程 HARQ 可以减少缓冲，从而降低成本。

（2）采用低成本晶振

NB-IoT 通过采用低复杂度同步方案和降低精度要求，从而使晶振成本降低到原来的三分之二以上。

• 低复杂度同步方案：NB-IoT 终端粗同步时将采样频率降低为 240kHz，从而降低了终端处理复杂度。

• 降低精度要求：NB-IoT 性能比 LTE 低，频率精度的指标要求为 0.2×10^{-6}(＜1GHz)。

（3）节省带通滤波器

3GPP 标准降低了带外和阻塞指标要求，通过接收和发射无带通滤波器方案，采用 LC 电路代替带通滤波器，节省了带通滤波器，从而可以降低成本。

（4）采用高集成方案

NB-IoT 峰均比低，Singletone 部署方式峰均比接近 0dB，可实现在芯片内部集成功率放大器（Power Amplifier，PA），可降低终端成本。

NB-IoT 与其他物联网技术成本对比如表 4-5 所示。

表 4-5　NB-IoT 与其他物联网技术成本对比

部件组成	2G GSM（4 频）	4G eMTC（FDD LTE 2 频）	NB-IoT（FDD 2 频）
基带芯片	1.0 ~ 1.2 美元单芯片（集成基带+射频+电源+ROM+RAM）	2 ~ 3 美元单芯片（集成基带+ROM+RAM）	1 ~ 1.5 美元单芯片（集成基带+射频+电源+ROM+RAM）
射频芯片	已集成于单芯片内	0.5 ~ 1 美元	已集成于单芯片内
电源管理芯片	已集成于单芯片内	0.5 ~ 1 美元	已集成于单芯片内
射频前端	0.3 ~ 0.4 美元	0.3 ~ 0.5 美元	0.3 ~ 0.5 美元
PCB、芯片外围器件及产线生产	1.5 ~ 1.8 美元	1.7 ~ 2 美元	1.2 ~ 1.5 美元
ROM	已集成于单芯片内	已集成于基带芯片内	已集成于单芯片内
RAM	已集成于单芯片内	已集成于基带芯片内	已集成于单芯片内
总价	3 ~ 3.5 美元	5.0 ~ 7.5 美元	2.5 ~ 4 美元

4. 低功耗技术

NB-IoT 终端低功耗可以从软件与硬件两方面实现。

（1）硬件方面

可通过提升集成度、器件性能优化、架构优化等几种方式实现硬件低功耗。

• 提升集成度：从芯片集成、射频前段器件集成和定位模块集成 3 方面提升集成度，减少通路插损（如集成式射频前端通路插损至少减少 0.5dB ~ 1dB），降低功耗。

• 器件性能优化：通过推动高效率功放及高效率天线器件的研发来降低器件损耗。

• 架构优化：架构优化主要指待机电源优化，待机时关闭芯片中无须工作的供电电源，关闭芯片内部不工作的子模块时钟。

（2）软件方面

软件方面的优化主要包括物理层优化、新的节电特性、高层协议优化及操作系统优化。

① 物理层优化

物理层优化通过简化物理层设计，降低实现复杂度，同时引入若干优化方法进行物理层优化，从而降低耗电。

- NB-IoT 是一种低速率通信技术，相较于 3G 或 4G 来说，它的带宽小、采样率低，故而 Modem 功耗大幅降低。
- 上行 Singletone 部署方式下峰均比较 4G 低，可以提高 PA 效率，从而降低功耗。
- 下行采用 Tail-biting 卷积码，可降低解码复杂度，从而降低功耗。
- 简化控制信道设计，减少终端控制信道盲检测，降低复杂度。
- NB-IoT 对移动性要求较低，降低耗电，现阶段不要求连接态测量及互操作，不要求异系统测量及互操作，减少了测量对象，从而降低功耗。

② 新的节电特性

新的节电特性包括 PSM 和 eDRX 两项技术。

LPWA 应用的特点之一是低速率，且应用传输间隔一般都较大，终端 99%的时间都处于空闲状态，因此可利用此业务特性使终端在空闲状态进入耗电量极低的睡眠状态，进而达到省电目的。

PSM 的具体流程为终端在 Attach、TAU、RAU 过程中向网络申请 Active Time，若申请有效，则终端在由连接态进入空闲态后开启 Active Time 定时器，超时后终端进入 PSM 状态，当需要上行数据传输或者周期性 TAU 时终端离开 PSM。终端在 PSM 状态下不监听寻呼，网络保留终端注册信息，在 PSM 模式下终端可进行深度睡眠，从而节电。

目前终端 DRX 周期最长为 2.56s，eDRX 通过延长 DRX 周期（空闲态最大周期 43min，连接态最大周期 10.24s），可进一步降低终端连接态和待机功耗。

③ 高层协议优化

- 根据 LPWA 业务低速率、小数据量特征，对现有流程进行简化，减少信令/数据传输，降低功耗。
- 引入非 IP 数据（Non-IP）类型。该数据类型不需要 IP 包头，通过减少 IP 包头，降低头开销及数据传输总长度，从而降低终端功耗。
- 通过使用控制面传输将数据夹带在信令消息中传输，加快传输速度，降低终端功耗。
- 数据传输时，通过保存 UE（User Equipment）的上下文，快速恢复传输通道，减少信令交互，降低终端功耗。
- 短信传输不需要进行联合附着，通过简化终端附着难度来降低实现复杂度，降低终端功耗。

④ 操作系统优化

- 对操作系统进行裁剪或者重新设计轻量级操作系统。物联网终端功能需求少，可基于标准 Linux 内核进行裁剪，删除不需要的功能和驱动，提高运行效率，减少内存占用或针对物联网应用特点重新设计轻量级操作系统。
- 采用单核处理器。物联网终端运算速度要求不高，单核处理器性能可以满足需求，处理器主频相对智能终端可以大幅降低。
- 采用单进程。物联网终端没有用户界面或者界面较简单，对多进程的需求不高，可以用单进程实现，不需要进程管理，减少实现复杂度，降低功耗。

5. 大连接技术

与传统 LTE 的容量规划相比，NB-IoT 规划关注重点不再是用户的无线速率，而是每个站点可支持的连接用户数。为满足物联网大连接的需求，NB-IoT 在设计之初所定目标为每小区 5 万连接数，但是否可达到该设计目标取决于小区内各 NB-IoT 终端业务模型等因素。

与传统网络规划类似，NB-IoT 的容量规划首先需要与覆盖规划相结合，最终结果需同时满足覆盖与容量的要求；其次，需根据话务模型和组网结构对不同的区域进行容量规划；最后，除业务能力外，容量规划还需综合考虑信令等各种无线空口资源。

NB-IoT 单站容量是基于单站配置和用户分布设定的，结合每个用户的业务需求，得出单站承载的连接数。站点数目是整网连接数需求与单站支持的连接数的比值。

4.2.2 NB-IoT 网络架构与规划过程

1. NB-IoT 网络架构

NB-IoT 整体网络架构主要分为 5 部分：终端侧、无线网侧、核心网侧、物联网支撑平台及应用服务器，网络结构如图 4-16 所示。

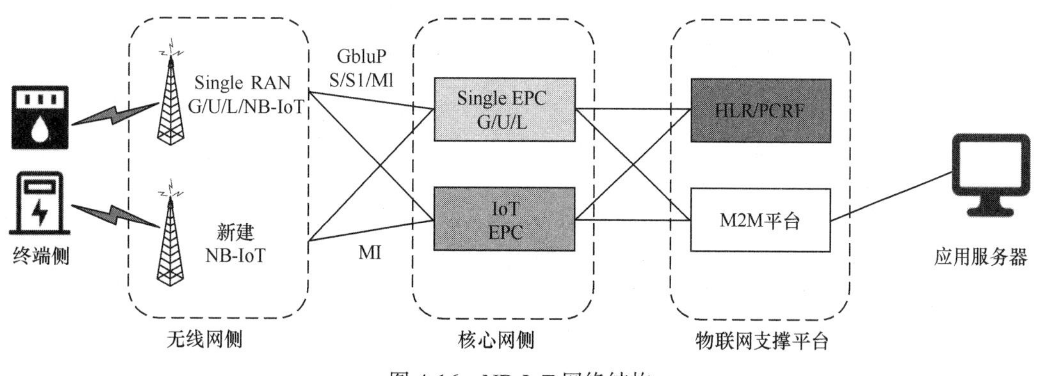

图 4-16　NB-IoT 网络结构

其中，终端侧包括实体模块（如水表、煤气表）、传感器、无线传输模块。

无线网侧包括两种组网方式，一种是整体式无线接入网（Single Radio Access Network，Single RAN），其中包括 2G/3G/4G 以及 NB-IoT 无线网；另一种是通过新建 NB-IoT 实现。

核心网侧包括两种组网方式，一种是整体式的演进分组核心网（Single Evolved Packet Core，Single EPC）网元，包括 2G/3G/4G 核心网；另一种是物联网核心网（IoT-EPC）。

物联网支撑平台包括归属位置寄存器（Home Location Register，HLR）、策略控制和计费规则功能单元（Policy Control and Charging Rules Function，PCRF）、机器对机器通信（Machine to Machine，M2M）平台。

终端侧主要包含行业终端与 NB-IoT 模块，其中，行业终端包括：芯片、模组、传感器接口和终端等，NB-IoT 模块包括无线传输接口、软 SIM 装置和传感器接口等。

无线网侧作为通道，计划采用多模设备逐步开通 NB-IoT、eMTC 及 FDD LTE 多模网络，可通过新建实现。

核心网侧通过 IoT EPC 网元，以及 GSM、UTRAN、LTE 共用的 EPC，来支持 NB-IoT 和 eMTC 用户接入；核心网负责移动性、安全、连接管理，支持终端节能特性，支持拥塞控制与流量调度以及计费功能。

物联网支撑平台有自有平台，也可以接入第三方平台，支持应用层协议栈适配、终端设备、事件订阅管理、大数据分析等。

上述整体网络架构解决方案可分两阶段进行，如下。

第一阶段，实现端到端服务：终端侧、无线网侧、核心网侧、物联网支撑平台的无缝连接，积累物联网端到端综合解决方案的经验。

第二阶段，积累业务运营经验：通过核心网与业务支撑系统（Business and Operation Support System，BOSS）的对接、核心网与物联云平台的对接、业务支撑网与物联云平台的对接、物联云平台与应用服务平台的对接、网管与现网的融合等，积累业务运营的实践经验。

2. NB-IoT 网络规划过程

（1）核心网规划

NB-IoT 核心网可考虑利用现有演进分组核心网与新建演进分组核心网的方案，考虑到后期 NB-IoT 的维护和扩展性，现多采用新建虚拟化核心网 NFV（Network Functions Virtualization）进行组网，网元包含 vHSS/vMME/vSGW/ vPGW/vCG/vEMS 网元。

具体部署方案如下。

- 物联网核心网按照集团指导思路建议省份集中建设。

• 现网 2G/3G/4G 核心网和 NB-IoT 物联网核心网属于两套不同的商用核心网，业务和网络规划分开考虑，现网 2G/3G/4G 核心网是基于核心网专有硬件建设的，物联网核心网是基于虚拟化技术建设，设备形态、组网、协议以及业务规划是不相同的。

核心网建设可按照两个阶段进行部署，如下。

第一阶段新建一套 vEPC 核心网，完成 NB-IoT 的业务测试和虚拟化功能验证。

第二阶段按照业务需求，进行 eMTC 核心网虚拟化部署开通并承载业务。

新建 MME（Mobility Management Entity）需要通过分组传送网与无线侧对接，新建 SAE-GW（SGW 与 PGW）与 CMNET（China Mobile Network）对接，机房需具备一个机柜安装位置及电源供给能力。

（2）传输组网规划

NB-IoT 传输组网规划如图 4-17 所示。其中，分组传送网（Packet Transport Network，PTN）分为接入环与汇聚环，接入环一般采用千兆以太网（Gigabit Ethernet，GE），汇聚环采用 10GE 组网。PTN 接入层可采用快速以太网（Fast Ethernet，FE），俗称百兆以太网，基站侧为基带处理单元（Base Band Unit，BBU）。

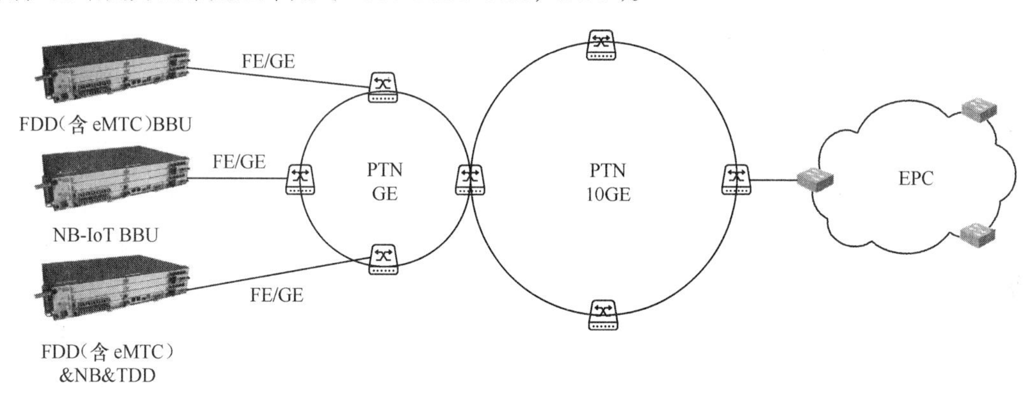

图 4-17　NB-IoT 传输组网规划

站点的传输需求如下所述。

• 每个 BBU（基带处理单元）各自接入传输环，也可以汇聚后共用一个传输端口。

• 传输带宽主要考虑 LTE 带宽需求。

• 物联网及 LTE 采用全 IP 化传输，一般要求空载情况下基站到核心网络的时延小于 20ms，时延抖动小于 7ms，丢包率小于 0.05%。

（3）站址规划原则

网络建设采用统一规划、分步实施、一次投资、多网收益的设计方案。因此，站点选择将满足开通 FDD、NB-IoT、eMTC 多模能力，具体原则如下。

• 选择合理的网络结构。

• 从现网（2G/3G/4G）中选择合理的站址来建设。

• 重点分析和避免过高站、过低站及过近站建设对 NB-IoT 和 eMTC 的影响。

• 利用链路预算和仿真等手段来计算小区半径，并评估站点选择方案。

• 对于 NB-IoT 和 eMTC 站点，尽量多选择一些站点，以保证建设中能够合理根据实际情况调节。

站间距的规划一方面要考虑终端在网络中的分布状况，另一方面要考虑给极端情况留出余量。或者说站间距一方面要考虑绝大多数终端较好的性能，另一方面也要考虑极端个体。根据 3GPP 下面的 IoT 业务分布模型，88.3%的 IoT 终端的 MCL 好于 144dB，MCL 差于 154dB 的终端占比仅为 2.8%。NB-IoT 的技术设计目标是 MCL 为 164dB，此时上行速率 200bit/s 被认为是可以支持业务的最低需求。从业务角度看，考虑过深的覆盖意义不大，如从极限覆盖能力看，NB-IoT 可以支持 MCL 为 173dB 的覆盖，但上行速率仅有 5bit/s，几乎无法支持任何业务。

建议以 MCL 为 154dB 为站间距的规划目标，该目标相当于比 GSM 网络传统规划目标宽松 10dB。

（4）站点勘察

① 站点天面勘察

在站点建设之前，采集以下站点天面信息，作为后续天面改造的主要参考信息：天面安装位置、是否可新增天线抱杆、是否可在原天线抱杆基础上增加天线、现网天线是否合路、现网天线型号、天线支持频段、天线增益、方位角、下倾角、天线高度等信息。完成工勘后，对天面进行改造，通过新建、多频多通道天线替换现网原有 GSM、TD-LTE 天线，或者合路器方式将物联网站点信号合路输入天线。

② 传输资源确认

对于新建站点，需确认传输资源是否可以增加带宽分配；对于 TDD 升级站点，如果是单主控板，则需确认传输设备是否有多余的传输端口供蜂窝物联网站点使用，如果是双主控板，则需确认传输资源是否可以增加带宽分配。

③ 电源配套确认电源核实

在站点勘查时，对站点机房的供电电源 UPS、接入端子进行核查，核实是否支持新建站点或在现有 TDD 上增加板件。

④ 现网 GSM 信息采集

此处采集的信息主要用于评估 GSM 现网运行状况，以及退频方案的确定，需采集以下信息。

• 现网 2G/3G/4G 的工程参数表 [小区级，包括但不限于经纬度、方位角、下倾角、天线高度、天线型号、广播控制信道（Broadcast Control Channel，BCCH）、业务信道（Traffic Channel，TCH）频率、载频功率等]。

• 2G 的忙时话务量数据，提取 2～4 周的忙时话务量（语音话务量和数据等效话务量），做翻频区域的容量评估。

• 2G 的后台配置表，包括小区载频数、独立专用控制信道（Standalone Dedicated Control Channel，SDCCH）信道数、专用物理数据信道（Physical Data Channel，PDCH）数等，做翻频区域的容量评估；2G 的切换统计，提取 1 周的切换统计报告，做缓冲区（隔离区）的划分。

（5）天面规划

考虑到未来网络发展及业务需求，对于建设区域站点，最佳的天面建设方案为新建 4 通道天面，具备开通 4 发射 4 接收（4 Transmit 4 Receive，4T4R）能力或 2 发射 2 接收（2 Transmit 2 Receive，2T2R）配置；对于某些天面资源紧张，无法新建抱杆或抱杆无法新增天线的站点，需要使用多端口双频、多频天线替换现网原有 GSM 天线或 TD-LTE 天线。最差的方式为采用合路器方式将 FDD 站点信号合路输入天线，合路方式存在损耗，且对 FDD 站点及现网 GSM 站点均有较大影响。

根据现网工勘情况，按收发端口划分有 2T2R、2T4R 和 4T4R 三种。

2T2R 可以实现与 GSM 900MHz 同覆盖，建议 FDD 900MHz 以 2T2R 为主，少量需补强场景可酌情使用 2T4R。当 FDD 1800 用于容量场景时，如果可新建抱杆，则可考虑使用 2T4R。

4 接收天线对上行容量增益为 12%，但设备改造及工程费用巨大，建议优先使用更高效的 2T2R 方式。

4 发射天线的大部分增益是依赖手机支持 4 天线接收的前提下产生的，4 发射天线的部署需要根据产业链的成熟度来决定。

多通道天线的体积和重量对抱杆及铁塔设计提出新的要求，存在新建或加固铁塔的风险。2T2R 是目前最现实、最经济的主流选择，4 接收天线可用于少量覆盖补充场景，4 发射天线应依据产业链成熟度来决定引入时间。

（6）网管及平台建设

应用平台基本功能的具体规划如下。

• 用户账户管理：主要分用户账户管理和管理员账户管理两种，两种账户所享受的权限不同。账户提供注册登录、密码重置等功能。

• 业务信息管理：可查询物联卡业务状态信息，如号码基本信息、开销物联卡账户信息、流量使用情况信息、套餐基本信息等业务状态管理。

• 账单明细管理：按日、周、月、年资费账单的具体明细进行查询，统计账单的整体情况。

• 异常状态管理：物联卡的停开机状态管理、异常访问和 IMEI 机卡分离等业务信息告警通知。通知可采取短信、邮件通知。

• 缴费管理：为用户提供 APP、Web 实时缴费，用户可通过支付宝、微信或营业厅等渠道进行缴费。

• 实时监测管理：通过 Web、APP 对三大应用平台各类应用状态实时监测，实现用户一键监控，如移动内部应用中的智能管井管控，实时提醒水浸、高温等变化、管道光纤移位管控、位置变动等；智能家居中环境空调管理，实时查看室内温度，远程提前开启空调。

4.2.3 NB-IoT 发展现状及展望

随着第四次工业革命即信息化工业革命的到来，物联网的概念越发被人们重视，随着 5G 商用化的进一步发展，物联网的应用将会出现一个新的纪元。对过去 20 年的全球物联使用次数进行统计分析，预计到 2025 年全球物联使用次数将超过 1 000 亿次。

我国政府大力支持各运营商积极开展 NB-IoT 的开发，工信部召集三大运营商以及中兴、华为等主流设备厂家，要求加快 NB 等物联网建设，支持各运营商和设备厂家联合积极开展试验，还明确表示 NB 建网无须另行颁发牌照，各运营商可在现有频段资源上自行开展测试和商用部署。

1. NB-IoT 主要应用分类

在低速物联网领域，NB-IoT 作为一个新制式，在成本、覆盖、功耗和连接数等技术上做到极致。该技术被广泛应用于公共事业、医疗健康、智慧城市、农业环境、物流仓储、智能楼宇和制造行业等场景。

公用事业：抄表（水/气/电/热）、智能水务（管网/漏损/质检）、智能灭火器及消防栓等。

医疗健康：药品溯源、远程医疗监测、血压表、血糖仪、护心甲监控等。

智慧城市：智能路灯、智能停车、城市垃圾桶管理、公共安全报警、建筑工地、城市水位监测等。

农业环境：精准种植（环境参数：水/温/光/药/肥）、畜牧养殖（健康/追踪）、水产养殖、食品安全追溯及城市环境监控（水污染/噪声/空气质量 PM2.5）等。

物流仓储：资产和集装箱跟踪、仓储管理、车队管理和跟踪及冷链物流（状态/追踪）等。

智能楼宇：门禁、智能 HVAC（供热通风与空气调节）、烟感和火警检测及电梯故障和维保等。

制造行业：生产和设备状态监控、能源设施和油气监控、化工园区监测、大型租赁设备及预测性维护（家电、机械等）等。

2. NB-IoT 现有主要应用阐述

（1）车联网

对车联网的业务需求进行分析后，可发现车联网是以高频率小包业务为主，使用者覆盖广，对时延、能耗和成本均不敏感，但是可靠性要求高，并且定位准确。基于此，NB-IoT 可以很好地切合并满足车联网的使用需要，为其提供安全防护、车辆管理和远程控制诊断等一系列服务。

① 安全防护

如欧洲的 eCall 功能，可以在车辆出现事故时，自动拨打紧急电话，并上报准确位置信息，便于后台进行救护支援。自 2015 年起，欧洲强制要求车辆支持这一功能。

② 车辆管理

设备可以周期性地上报车辆情况信息，也可以基于事件（如穿越某些地理边界）触发信息上报，也可以由车主追踪服务器命令强制其发送车辆信息报告，包括其位置、速度等信息，完成车辆远程监控。

③ 远程控制诊断

通过软件远程诊断车辆状态并进行上报，获取车辆信息（如实时油耗、当前位置等），也可以进行远程车辆控制，如车辆车锁、车辆空调、车辆车况等。

（2）智慧城市

智慧城市项目主要是以小包业务为主，其对设备移动性、能耗及数据时延均不敏感，对数据可靠性要求较高，而对于定位功能，根据应用场景不同会有不同需求。基于此，NB-IoT 网络完成如智能交通、公共安全、环境监控和智能停车等方面的应用。

① 智能交通

如电子监控、高清卡口、交通监控、交通数据采集、交通信号灯控制等场景需要实时大流量数据的支撑，这些并不适合 NB-IoT 的技术特点，因而 NB-IoT 在智能交通方面的应用主要是交通诱导功能，即以电子警示屏幕的方式，向行驶车辆发布道路车况信息，方便其选择较为合适的路线。

② 公共安全

如智能垃圾桶，以太阳能为能源实时监控垃圾箱是否装满，适合用于景区、商圈等人口密集场所，有利于环卫作业。再如城市路灯控制，下发路灯配置信息，上报故障告警信息等。

③ 环境监控

需要高速率的小包业务传播，且对定位信息有强烈需求，实现风速、风向、温度、湿度、雨量、雨强和土壤温度等信息的实时监测，为户外作业提供科学数据支撑。

④ 智能停车

监测车位是否有车，将车位信息上报到平台，通过引导屏和终端对驾驶员进行引导。

（3）工业制造

工业制造的数据需求与车联网有些相似，同样是以高频率小包业务为主，使用者覆盖广，对时延、能耗、成本均不敏感，对可靠性要求高，但是工业制造对于准确定位的需求具有特定应用指向，NB-IoT 可以协助工业制造完成如建筑设备检测、智能农业、供应链监控等信息的传递。

① 建筑设备检测

向数据服务器传输工程设备的工作信息和位置信息，加工后发送给用户，并动态地提前向用户提供零部件更换和维护的建议，以及针对个别设备的咨询服务，工程设备包括工程车、塔吊、起重机等，全球同类设备近 30 万。

② 智能农业

常见的如对养鱼场水温、PH 值和氧气含量，大棚内的温度、湿度等信息进行实时监管，在数值到达警戒线时及时报警并进行调整。

③ 供应链监控

对整个生产环节中的物资及物流情况进行跟踪，对于资产位置及物流信息实现实时监控，及时上报所有信息。

（4）智慧生活

智慧生活需要的是低频小数据包业务，绝大部分业务类型无其他要求，只有个别人性化业务涉及定位服务，例如白色家电、智能楼宇、跟踪、智能抄表等。

① 白色家电

以家庭网关为连接口，对家庭内的智能化设备进行远程操控，如电视、洗衣机、热水器、空调等。但是，目前白色家电的发展有着不小的阻力，因为在该服务下物联网网管仍旧占主要部分，而厂商致力于开发智能联网白电，并不想被控制在家庭网关的入口，同时并不是所有家庭都有家庭网关。

② 智能楼宇

物联网网关使用无线技术，实现楼宇内的智能设备的控制，如楼宇内的灯具、门禁、烟感水浸报警、电路通道故障检测等。

③ 跟踪

跟踪小孩、老人和宠物的位置，一般附带语音功能，定位周期可以配置。由于 NB-IoT 自身技术的限制可以对低速的人、物进行跟踪，但是在高速移动环境中不建议使用。

④ 智能抄表

实现水、电、气表等的自动抄表功能，低频小数据包，以天为周期，每天固定时间完成自动数据采集。

4.3 基于5G的高可靠物联网关键技术

4.3.1 5G关键技术

5G关键技术众多，皆为满足5G业务特性需求而来。Massive MIMO（大规模天线，又称大规模天线阵列）技术是通过大幅增加收发端的天线数，增加系统内可利用的自由度，从而形成高的速率和增益。非正交多址接入（Non-orthogonal Multiple Access，NOMA）是一种功分多址方案，将不同信道增益的多个用户在功率域上叠加而获得复用增益。高频毫米波通信技术是充分利用高频波长较短、设备集成度高及频谱资源支持极高速、短距离的通信技术。超密集组网技术主要解决密集组网的干扰控制和切换问题，提升单位面积速率。网络切片（Network Slicing，NS）技术是将物理网络进行层化逻辑切分，以更好地满足不同业务的特性需求。时频全双工技术本质是上下行同时、同频并解决收发自干扰，以提升系统容量的技术。移动边缘计算（Mobile Edge Computing，MEC）技术是将内容与计算能力下沉，提供智能化的流量调度，这些关键技术解决了5G中相应的技术问题，但是也带来了不少挑战，在应用中需要认真分析。

1. Massive MIMO技术

5G移动通信系统对传输速率的要求远高于现有4G移动通信系统，这就意味着使用传统的MIMO技术达不到5G移动通信系统所要求的频谱效率和功率效率。2010年，贝尔实验室的Thomas发表了关于 Massive MIMO技术的理论研究成果，开辟了一个新的领域，在收发两端装备超大数目的天线，从而使通信系统可以在相同的时频资源块上，同时服务几十个用户。它在传统的MIMO技术基础上，利用天线数目的优势，获得更高空间的复用增益、更高的频谱效率以及系统稳健性。Massive MIMO系统框图，如图4-18所示。

Massive MIMO已受到日益广泛的关注，增加发送端和接收端的天线数，既可以增加系统内可利用的自由度以提升速率和增益，又可以使信道状态矩阵呈现出统计学上的确定性，Massive MIMO采用更为简单的收发算法以及价格低廉的硬件设备提升系统性能。自该技术提出以来，国内外学者在理论概述、传输方案、频谱效率和信道容量等方面展开了大量的研究。Massive MIMO无线传输技术通过在基站侧配置Massive MIMO天线阵列，能够同时满足多个用户的通信需求，具有充分挖掘空间维度无线资源的潜力，从而利用更多的空间无线资源来大幅度提升无线通信系统的频谱效率和功率效率，所以 Massive MIMO无线传输技术已成为5G通信的关键技术。表4-6给出了Massive MIMO技术与传统MIMO技术的对比。

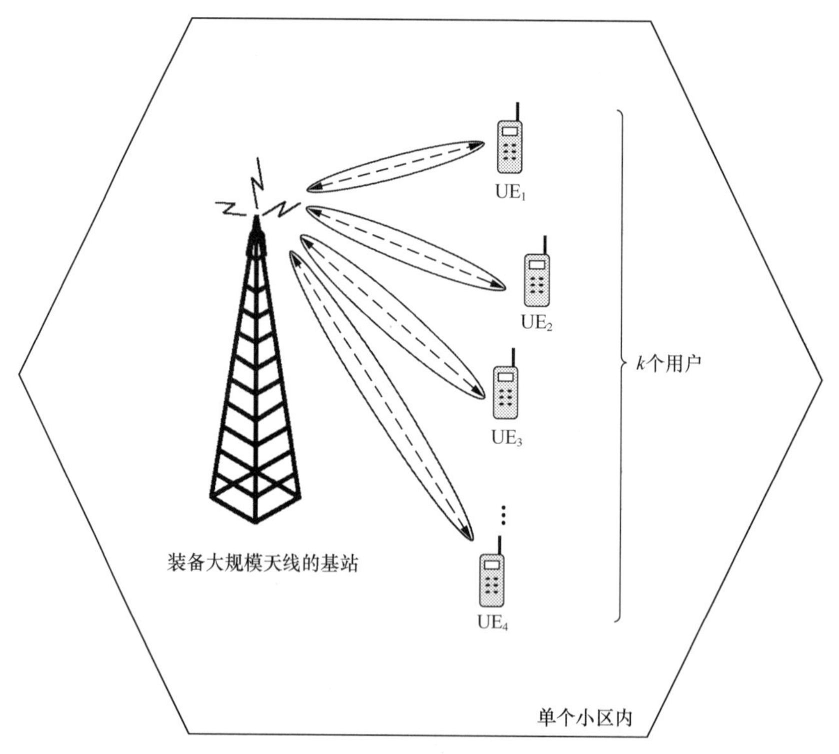

图 4-18　Massive MIMO 系统框图

表 4-6　Massive MIMO 技术与传统 MIMO 技术的对比

指标	传统 MIMO	Massive MIMO
基站天线数	≤8	≥100
信道容量	低	高
复用增益	低	高
链路自适应	低	高
抗噪声能力	低	高
阵列分辨率	低	高
天线相关性	低	高
误符号率	高	低

Massive MIMO 技术是在基站布置数十根甚至上百根收发天线。这些天线以 Massive MIMO 阵列的方式集中放置，分布在同一小区内的多个用户，在同一时频资源上利用基站配置 Massive MIMO 天线阵列所提供的空间自由度与基站同时进行通信，提升频谱资源在多个用户之间的复用能力、各用户链路的频谱效率以及抵抗小区间干扰的能力。因此，Massive MIMO 系统频谱资源的整体利用率得到大幅提升。同时，由于基站配置 Massive MIMO 天线阵列提供了分集增益和阵列增益，每个用户与基站间通信的功率效率也可以得到显著提升。

与传统 MIMO 相比，Massive MIMO 系统每根发射天线功率明显降低。在基站已知信道状态信息（Channel State Information，CS）的情况下，若基站部署 N_t 根天线，则用户端的天线发送功率为单天线系统的 $1/N_t$，基站天线发送功率也可减少为 $1/N_t^2$；若基站未知信道状态信息，则用户发送功率为单天线系统的 $1/\sqrt{N_t}$。由于每根天线的发射功率都是毫瓦级别，比传统 MIMO 系统小两个数量级，此时更容易控制发射器件工作在线性工作区，从而使系统收发信号峰值均比更小，因此基站端的硬件更容易实现。

2. NOMA 技术

对于蜂窝移动通信系统来说，多址接入技术具有重要作用，是一个系统信号的基础性传输方式。传统的正交多址方案，如用户在频率上分开的频分多址（Frequency Division Multiple Access，FDMA），用户在时间上分开的时分多址（Time Division Multiple Access，TDMA），用户通过正交的码道分开的码分多址（Code Division Multiple Acces，CDMA）和用户通过正交的子载波的正交频分多址（Orthogonal Frequency Division Multiple Access，OFDMA），在 3G 系统中采用了非正交技术直接序列码分多址（Direct Sequence CDMA，DS-CDMA）技术。由于直接序列码分多址技术的非正交特性，系统需要采用快速功率控制（Fast Transmission Power Control，FTPC）来解决手机和小区之间的远近问题。在 4G 系统中采用正交频分复用（OFDM）这一正交技术，OFDM 技术不但可以克服多径干扰问题，而且和 MIMO 技术结合应用，可以极大地提高系统速率。由于多用户正交，手机和小区之间就不存在远近问题，系统将不再需要快速功率控制，转而采用 AMC（自适应调制编码）的方法来实现链路自适应。

正交多址接入有很多优势。例如，用户间因保持正交，多用户干扰相对较小，线性接收机实现也较为简单。但是，由于传统的正交多路接入技术较低的频谱利用率，不能满足 5G 的性能。5G 不仅要大幅度提升系统的频谱效率，还要具备支持海量设备连接的能力，此外，5G 在简化系统设计及信令流程方面也提出了很高的要求，这些都将对现有的正交多址技术形成严峻挑战。在最新的 5G 新型多址技术研究中，NOMA 技术被正式提出。NOMA 技术改变了原来在功率域由单一用户独占资源的策略，提出了功率也可以由多个用户共享的思路，在接收端系统可以采用干扰消除技术将不同用户区分开来。

NOMA 技术的实现方法是将 3G 时代的非正交多用户复用原理融合到现在的 OFDM 技术之中。从 2G、3G 到 4G，多用户复用多址技术主要集中于对时域、频域、码域的研究，而 NOMA 在 OFDM 的基础上增加了一个功率域的维度。新增的功率域可以利用每个用户不同的路径损耗来实现多用户复用。实现多用户在功率域的复用，需要在接收端加装一个串行干扰抵消（Successive Interference Cancellation，SIC）模块，通过这一干扰消除器，加上信道编码，如低密度奇偶校验码（Low Density Parity Check Code，LDPC）等，就可以在接收端区分出不同用户的信号。

NOMA 技术可以利用不同的路径损耗的差异对多路发射信号进行叠加，从而提高信号增益。同时，NOMA 技术能够让同一小区覆盖范围的所有移动设备都获得最大的可接入带宽，解决由于 Massive MIMO 技术连接带来的网络挑战。NOMA 技术的另一个优点是，无须知道每个信道状态信息，也可以在高速移动场景下获得更好的性能。各种非正交多址接入技术均对频谱利用率及系统容量的提升有一定的增益，显示了 NOMA 技术相应的研究价值。对于单小区情况，由于远近效应的存在，小区边缘用户信道条件差，而距离基站较近的用户信道条件较好。若不采取任何措施，小区边缘的可达速率和整个系统的可达速率都将受到限制。在传统的多址接入技术中，为了获得足够高的系统用户吞吐量，必须限制信道状况差的用户所分得的带宽。在实际通信系统中，系统总用户吞吐量和边缘用户吞吐量同样重要。因此，将以功率分配与星座图旋转相结合的功分多址为系统原型，以用户之间的公平性为准则，通过将功率分配与非正交多址技术相结合，提高用户之间的公平性。

3. 高频通信毫米波技术

为了更好地应对容量的大幅增长，除了使用高阶调制方式、超密集网络等技术，占用更宽的连续频谱资源可以成倍提升系统容量。然而，目前在 3GHz 以下的低频范围内，频谱资源分配已经十分缺乏，很难找到用来支撑系统的连续宽带频谱。而在 3GHz 以上的高频段范围内，还有着丰富的连续宽带频谱资源。当前高频通信在军用通信、无线局域网等领域已经获得应用，但是在蜂窝通信领域尚处于初步研究阶段。之前，人们普遍认为高频段电波不适合用于蜂窝通信，因为与低频信号相比，高频信号在传播过程中，自由空间衰减和穿透损耗均比较大，基于该频谱的网络也并不可行。然而，相关研究人员的研究从根本上挑战了这种想法，并已证明利用这些频率进行可靠的信号传输是有可能的。

（1）毫米波的优势

增加带宽是增加容量和传输速率最直接的方法，然而，移动通信传统工作频段十分拥挤，尤其是 6GHz 以下频谱资源稀缺。而 6GHz 以上的高频段可用的频谱资源丰富，能够有效缓解频谱资源紧张的现状，可以支持极高速短距离通信。尤其是 30～300GHz 毫米波（Millimeter-Wave，mmW）频段上丰富的高频频谱资源还并未得到充分的开发利用，高达 1GHz 带宽的频率资源，将有效地支持 10Gbit/s 峰值速率和 1Gbit/s 用户体验速率，是实现 5G 通信愿景和要求的最有效的解决方案之一。毫米波可用于蜂窝接入、基站与基站之间的回传、D2D 的通信、车载通信等。相比已经饱和的 3GHz 以下频段，毫米波频段具有如下优势。

- 可以分配更大的带宽，意味着可以达到更高的数据速率。

- 信道容量随带宽增大而提高，从而极大地降低了数据流量的时延。
- 毫米波段上不同频段的相对距离更近，使不同的频段更具有同质化。
- 波长更短，可以利用极化和新的空间处理技术，例如，Massive MIMO 技术和自适应波束赋形技术。

毫米波信号的波长较短，天线阵列占用空间小、集成度高、增益大，因此毫米波系统非常适合采用 Massive MIMO 阵列天线技术。Massive MIMO 技术能够同时在几个数据通路上实现数据的传输，具有提高频谱效率、增加信道容量、提高通信可靠性等众多优点。基于阵列天线的波束成形技术的原理是通过控制阵列天线中每个阵元的相位，从而形成固定指向的波束，波束成形技术可以同时用于发送端和接收端，其提供的阵列增益能够有效地提高信噪比（Signal to Noise Ratio，SNR），抑制网络间的干扰。由于毫米波通信中阵列天线集成度较高，且波束辐射模式较多，可以充分地利用电磁波的散射和反射特性。因此，对于毫米波通信系统来说，波束成形技术有着很好的发展前景，是毫米波无线通信的关键技术之一。

（2）毫米波的劣势

毫米波通信具有传统无线信道的特性，但由于高频波段的物理特性，相比于传统无线通信，毫米波通信在提供超高速率服务的同时，衰减和损耗也急剧增加，例如，28GHz 毫米波频段的路径损耗比 1.8GH 传统频段高 20dB 左右，对此可利用 Massive MIMO 阵列天线，并结合 Massive MIMO 波束赋形技术来对抗毫米波通信的高损耗。MIMO 系统在传统无线通信领域中应用广泛，与传统无线通信系统相比，毫米波系统的阵列天线数量更多、规模更大。

由于毫米波信号较大的自由路径损耗和穿透衰减，通信双方的高速可靠通信受到巨大挑战，相关协议标准多采用定向天线等技术来提高通信链路的质量，通过集中能量的强方向特性提高点对点的传输能力，定向天线结合波束成形技术可以有效地减小网络间干扰，并改善链路质量。

4.3.2 5G 网络架构与技术

在 5G 系统中，有许多新特性正在实现，以满足高服务质量的需求。为了支持不同的用户，5G 的设计采用了一种完整的软件方法，把网络转换成可编程的、软件驱动的和受欢迎的网络架构。5G 系统利用了新技术模式，如网络功能虚拟化（Network Function Virtualization，NFV）和软件定义的网络（Software Defined Network，SDN），它允许使用 SDN 原则高效地分配网络功能，将用户从控制层中分离出来。通过在 5G 中引入一些关键技术特性，以实现垂直行业的转换。本节将详细介绍 3GPP 中定义的 5G 网络架构与技术。

1. 5G 架构技术

（1）空中接口

无线接口设计的改进包括天线技术的应用，如大规模 MIMO 的波束赋形、更高效的调制方案、新颖的多存取机制等。这些改进使其速率接近香农定理信道容量的理论边界极限。这样的新技术使 5G 系统的频谱效率得到进一步提高。

密集组网是 5G 网络的主要组成部分，为了提供高数据速率，特别是在密集的城市地区的高业务区域采用密集组网方式。密集组网充分利用 5G 可用的有限的频谱资源，以获得更高的峰值数据速率。

频谱是移动通信的生命线，这意味着它也是所有移动应用和服务的生命线，几乎每个人和企业都依赖它。在全球范围内，人们经过不断地更新研究来确定合适的频段，包括可以在尽可能多的国家使用的频带，以实现全球漫游和规模经济。世界各国的人们正在进行不懈的努力，寻找用于 5G 的频谱资源。

如前所述，5G 服务预计将包含广泛的应用，一般可分为 eMBB、uRLLC 和 mMTC（也称为 MIoT）。除了对网络特性设置有不同的要求，该应用还将驱动各种各样的部署场景。由于不同频谱具有不同的物理特性（例如，传播范围、穿透结构和围绕障碍物的传播），某些应用更适合于特定频谱，并期望被部署到该特定频谱范围内。

（2）LTE-NR 双重连接

双重连接的概念是在 LTE 中引入的允许用户设备（UE）接收来自多个单元的数据。在 5G 技术中，支持 LTE 和 5G 双重连接的新技术依赖于一个事实，即 LTE 和 NR 覆盖都存在于一个地理区域之中，虽然覆盖重叠，但 LTE 和 NR 可以是联合定位或非联合定位的。图 4-19 显示了 LTE-NR 双重连接的两个场景：在顶部图中 LTE 和 NR 单元提供类似的覆盖和联合定位（LTE 和 NR 都是宏单元）。在底部图中，NR 是一个小单元，LTE 是一个宏单元。LTE 和 NR 提供不同的覆盖（重叠覆盖）和非联合定位，非联合定位小区指的是一个微小区和一个增强的宏小区。LTE-NR 双重连接（Dual Connectivity，DC）同时支持 Co-located 和 Non-co-located 场景。

双连通性意味着 UE 与两个单元同时连接，一起发送和接收，可以向每个单元传送数据，增加了可能的数据吞吐量。

（3）低时延高可靠的设计

5G 的另一个重要方面是高可靠性和低时延技术。可靠性指的是在定义的时延内保证成功传输消息的能力。时延减少不仅有助于提高数据速率，还能支持新的用户业务。针对 3GPP 发布的 Release 15 更低的时延，有两个增强目标，第一个是减少处理时间，使终端响应下行数据和上行数据时延从 4ms 变为 3ms；第二个是引入更短的传输时间间隔（shorter

Transmission Time Intervals，sTTI）。传统的LTE是14个符号，1ms的调度间隔。sTTI内的7个符号（0.5ms）和2个符号（0.142ms）都支持调度区间，峰值数据率不变，只支持8个HARQ进程，这意味着混合自动重传请求确认（HARQ）ACK/NACK反馈和重传往返时间分别是7个符号和2个符号，因此sTTI调度速度更快。5G还旨在进一步减少RAN终端和核心网络（Core Network，CN）节点之间的信令开销。

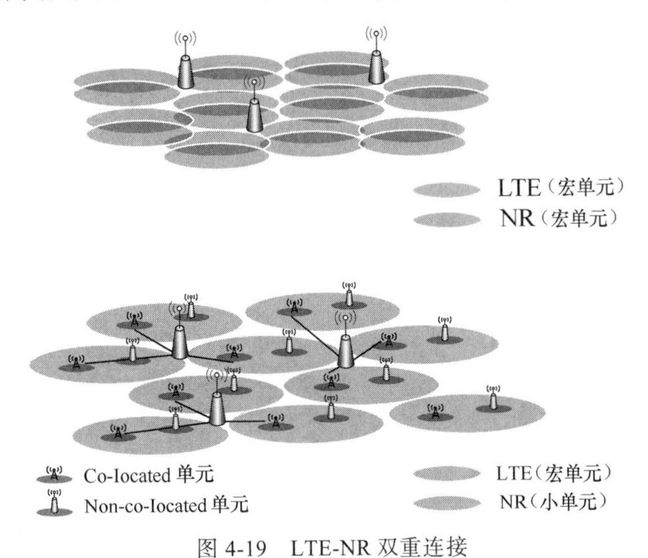

图4-19　LTE-NR双重连接

（4）高安全性

5G将面临比2G/3G/4G更严重的网络安全挑战，5G安全的驱动因素包括以下4项。

- 新的服务交付模式。
- 演进趋势的威胁。
- 更加注重隐私。
- 新的信任模式。

5G将在4G的基础上实现以下4项安全增强。

- 增加了用于身份验证的家庭网络控制。家庭网络验证了UE的实际存在，并要求服务网络对UE提供服务；
- 统一认证框架。对3GPP和非3GPP访问的相同身份验证；
- 安全锚功能（SEAF），允许在不同访问网络之间移动时重新认证UE；
- 用户身份隐私，使用家庭网络公钥加密用户身份。例如，国际移动用户标识（IMSI）。

（5）网络功能的虚拟化（NFV）

开放平台提供了比现有网络中基于目标的硬件更好的灵活性和可伸缩性，因此5G网络不同于前几代所使用的传统专用硬件，采用开放平台的模式。开放平台由商用货架产品（Commercial-Off-The-Shelf，COTS）硬件组成，其中应用程序可被安装，形成所谓的虚拟网络功能。虚拟网络功能可以在任何物理硬件中执行，因此物理位置可以根据当前需求动态变化，也可以根据服务需求（如时延）进行动态更改。同时，它也支持云计算技术，网络节点可以共享计算、存储等网络资源，并动态地独立于它们的物理硬件位置部署。

（6）软件定义网络（SDN）

5G 网络的另一个新特性就是 SDN，它将控制平面与用户平面分离。SDN 的使用允许更强的可编程性，使网络在同一硬件中可分为不同切片。每个切片都可以用于不同类型的服务。

与传统网络相比，NFV 和 SDN 技术的结合使资本性支出（Capital Expenditure，Capex）更低。根据最近的研究，利用这类技术的企业可以比传统网络更快地实现新服务。由于自动化和此类网络的可伸缩性，操作成本也降低了。使用这些技术实现的网络运营成本可以降低 50%。

首先，网络切片（Network slicing，NS）的使用允许在同一个物理网络中创建多个虚拟网络和网络资源池。然后，每个切片都可以根据该切片中提供服务的特性以及可以在其上交付的应用程序的特性进行优化。切片可以被看作是作为用户的服务定制的动态基础设施（Infrastructure as a Service，IaaS），并通过将云技术、SDN 和 NFV 功能相结合来实现。

（7）多接入边缘计算

多接入边缘计算以前被称为移动边缘计算（MEC）。MEC 系统将服务靠近网络边缘，接近设备接入端。该实体包含应用程序和虚拟化基础设施，提供计算、存储以及应用程序所需网络资源的功能。MEC 可满足 5G 时代对预期吞吐量、时延、可伸缩性和自动化的要求。通过提供云计算能力和在网络边缘的 IT 服务环境，MEC 可支持超低时延和高带宽，它还可以提供对实时网络和上下文信息的访问。MEC 还提供额外的隐私和安全性，并确保显著的成本效率。MEC 与 5G 架构的集成将带来附加值，确保高效的网络运营、服务交付和最终的个人体验。

MEC 和 NFV 是两个不同的概念，它们可以独立实现。这意味着它们可能共享相同的虚拟化基础设施，或者它们可能有独立的基础设施，这取决于部署选项（在 NFV 环境中的 MEC 或独立的 MEC）。无论如何，从标准化的角度来看，MEC 技术最大限度地用了 NFV 虚拟化基础设施和 NFV 基础设施管理。

（8）载波聚合

在 4G 标准化过程中，我们已经意识到要增加体验数据速率，需要更多的频谱或带宽。3GPP LTE 所得出的解决方案为载波聚合（CA），在不同频段的多个波段组合在一起，从而产生广泛的聚合传输。在 5G 中，载波聚合的概念将继续存在，并且系统将使用频率为数十或数百 GHz 的频谱。

2. 5G 核心网络架构

5G 核心网络（5GCN）架构部署要使用 NFV、MEC 和 SDN 等技术。5G 核心网络架构利用了基于服务的交互，并将用户平面（User Plane，UP）的功能与控制平面（Control Plane，CP）功能分离开来。这种分离允许独立的、灵活的和可伸缩的部署，例如，集中式或分布式（远程）位置。

该体系结构还定义了一个聚合的核心网络，它具有接入网络（Access Network，AN）和核心网络（Core Network，CN）之间的公共接口。该聚合的核心网络将 AN 和 CN 之间的依赖关系最小化，并允许不同的 3GPP 和非 3GPP 访问类型之间的集成。

网络功能往往是密集型的集中处理单元，在某些情况下是内存密集型的，而不是存储密集型的，因此可以有效地分配资源。为了支持低时延服务和访问本地数据网络，可以将 UP 功能部署到接近接入网络的地方。图 4-20 展示了 5G 核心网络（5GC）整体架构，在控制平面中，访问和移动管理功能（Access and Mobility Management Function，AMF）负责终端的移动性和接入管理，会话管理功能（Session Management Function，SMF）负责处理用户的业务网络陈列功能（Network Exposure Function，NEF）为外部应用程序提供了与 3GPP 网络通信的接口。统一数据管理（Unified Data Management，UDM）负责访问授权和订阅管理。网络存储库功能（Network Repository Function，NRF）和策略控制功能（Policy Control Function，PCF）包含策略规则。身份验证由身份验证服务器功能（Authentication Server Function，AUSF）处理。

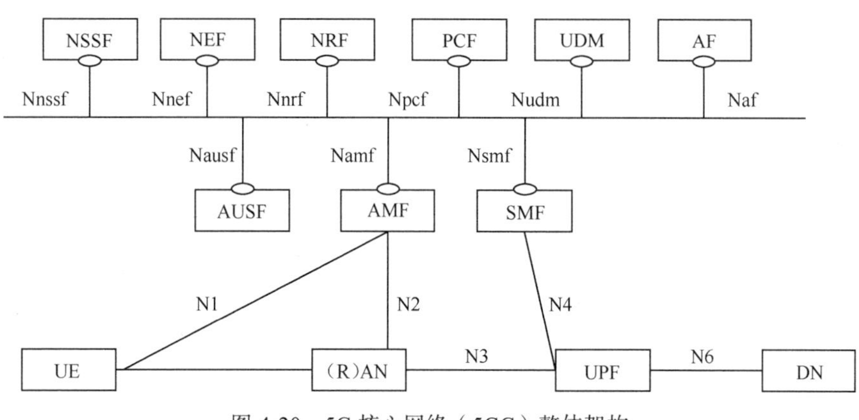

图 4-20　5G 核心网络（5GC）整体架构

在用户面中，用户平面功能（User Plane Function，UPF）负责处理数据包，例如，缓冲包、过滤包和路由包等。数据网络（Data Network，DN）提供运营商服务、第三方服务或接入互联网服务。

为了支持边缘计算的流量卸载，SMF 可以控制协议数据单元（Protocol Data Unit，PDU）会话的数据路径，这样 PDU 会话可以同时对应多个 N6 接口（与应用服务器的接口）。当运行中的卸载开始时，AMF 和 SMF 必须协调运行中的数据路径转换。

UPF 终止每个接口被称为支持 PDU 会话锚点功能。每个 PDU 会话锚支持一个 PDU 会话，提供了对同一 DN 的不同访问。这可以通过以下 3 种方式实现。

- 使用 UpLink 分类器功能的 PDU 会话。
- 用于 PDU 会话的 IPv6 多宿主法。
- 支持本地数据网络（Local Area Data Network，LADN）。

（1）Uplink 分类器

Uplink 分类器（Uplink Classifier，ULCL）是 UPF 支持的一种功能，它的目标是将满足业务过滤规则的数据包转发到指定的路径去。SMF 可以决定在 PDU 会话的数据路径中插入一个 ULCL。ULCL 应用过滤规则（例如，检查 UE 发送的 IP 数据包的目标 IP 地址），并确定数据包应该如何路由。UE 使用相同的 IP 地址来访问任何一个网络，并且不知道它在与哪个 DN 通信，MEC 架构与 Uplink 分类器如图 4-21 所示。

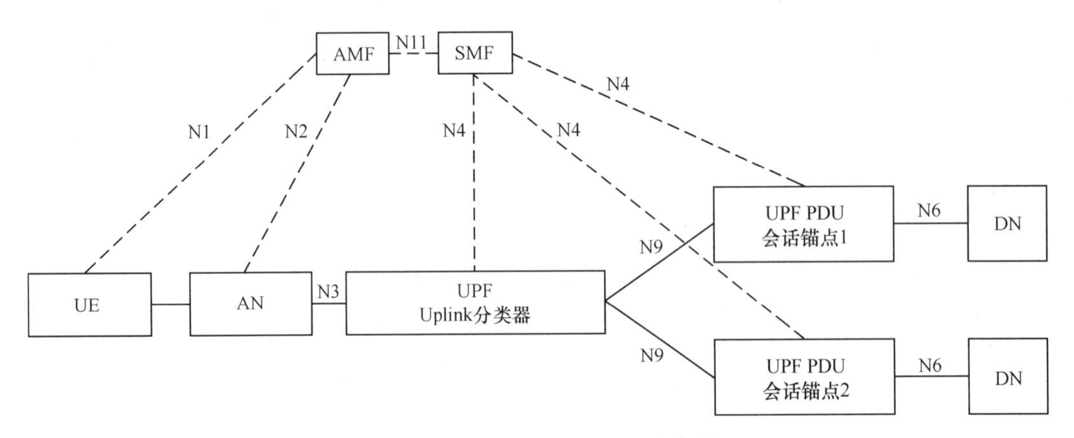

图 4-21　MEC 架构与 Uplink 分类器

（2）IPv6 多归属

在这种情况下，给定分组数据单元会话与多个 IPv6 前缀相关联。一个称为“分支点”的“通用”用户平面功能负责将 UL 流量导向一个或另一个基于数据包源前缀的 IP 锚。SMF 可能会插入或删除一个给定的 PDU 会话的分支点。MEC 架构与 IPv6 多归属如图 4-22 所示。

（3）LADN

在这种方法中，UE 明确地在一个特殊的访问点网络/数字数据网络（APN/DDN）中请求一个 PDU 会话，以便访问本地提供的服务。为了支持这一点，访问和移动管理功能

（AMF）提供了关于 LADN 可用性的信息。AMF 跟踪 UE 并通知 SMF 是否在 LADN 服务区域（LADN 可用的区域）。

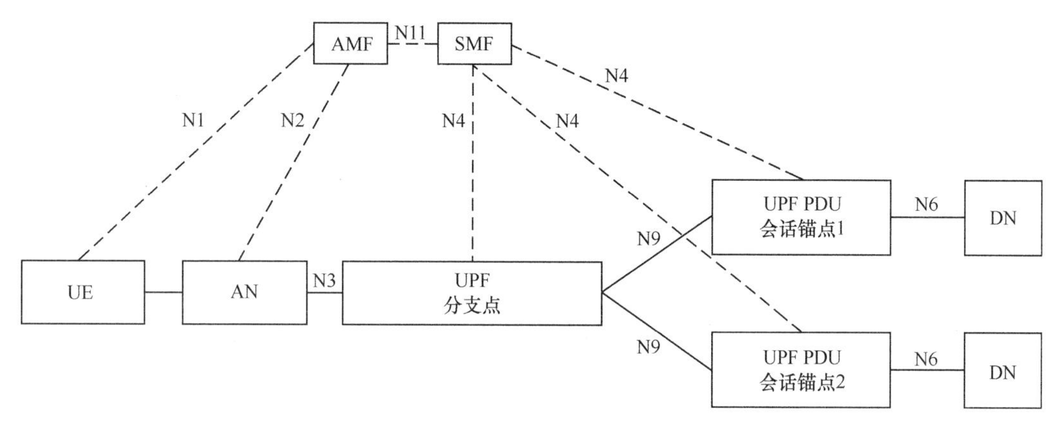

图 4-22　MEC 架构与 IPV6 多归属

在注册过程中，AMF 向 UE 提供了 LADN 信息，该信息由 LADN DNN 信息和 LADN 服务区域信息组成。LADN 服务区域信息包括一组属于 UE 的当前注册区域（即 LADN 服务区域和当前注册区域的交集）的跟踪区域。当 UE 位于 LADN 服务区域时，UE 可能会请求建立 PDU 会话，从而提供可用的 LADN。

3. 5G 无线网络体系结构

在 4.3.2 小节中，我们回顾了 5G 的总体架构，无线接入网络（Radio Access Network，RAN）节点连接到 UPF 和 AMF，运行节点连接到 UE。在 5G 中，运行节点被称为下一代 RAN（NG-RAN）。NG-RAN 节点要么是 gNB，要么是 NG-eNB，gNB 提供面向 UE 终端的 NR 用户平面和控制平面协议，NG-eNB 提供了面向 UE 终端的 E-UTRA 用户平面和控制平面协议，gNBs 和 NG-eNB 通过 Xn 接口相互连接。gNBs 和 NG-eNBs 也通过 NG 接口连接到 5GC。更具体地说，gNBs 和 NG-eNBs 是通过 NG-C 接口和 AMF 相连，通过 NG-U 接口和 UPF 相连。NG-RAN 整体架构如图 4-23 所示。

gNB 承载了无线资源管理（Radio Resource Management，RRM）的功能，如无线承载控制（Radio Bearer Control，RBC）、无线接收控制（Radio Admission Control，RAC）、连接移动控制（Connection Mobility Control，CMC），以及在上行链路（UL）和下行链路（DL）（scheduling）中动态分配资源。gNB 还负责在 UE 连接中选择 AMF，在使用平面上将控制平面信息路由到选定的 AMF，将用户平面数据路由到 UPF（s），将传输层包标记在上行链路。IP 报头压缩和加密用户数据流也是 gNB 所负责的功能。

5GC 和 NG-RAN 之间的功能划分如图 4-24 所示。

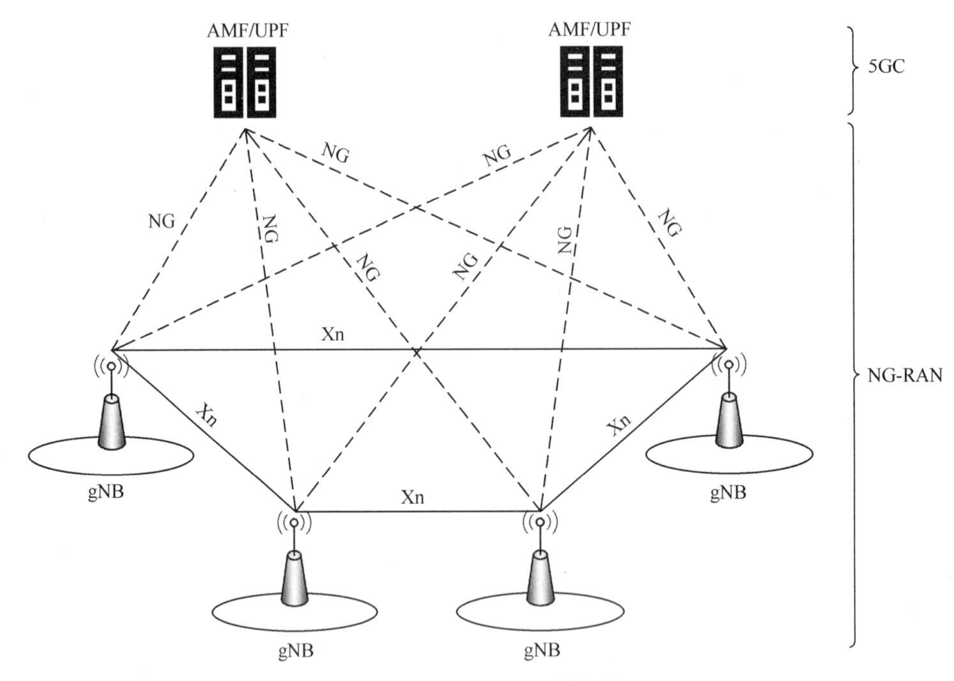

图 4-23 NG-RAN 整体架构

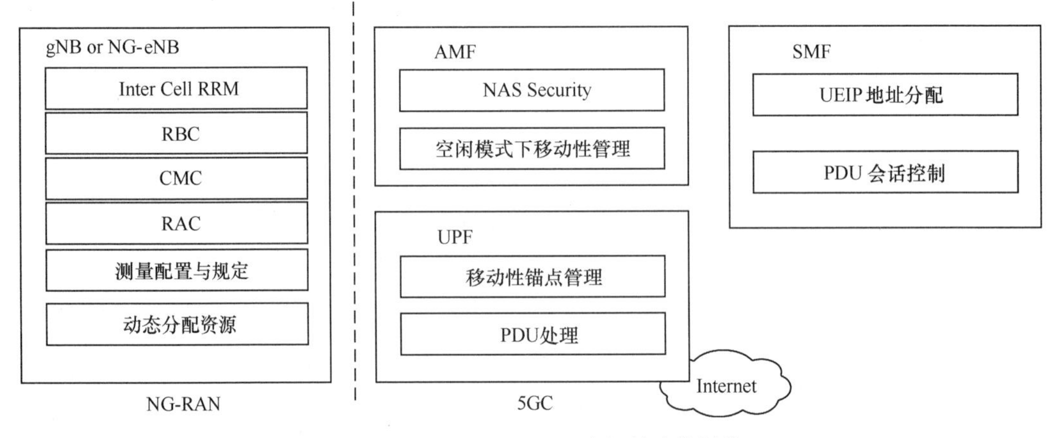

图 4-24 5GC 和 NG-RAN 之间的功能划分

4.3.3 5G 发展现状及展望

技术创新会带来产业变革，但仅仅靠一项技术无法掀起足够大的浪花，更无法撼动既有的产业格局。只有多项新技术的融合才会产生超出我们想象的化学反应，共同推动一次伟大的时代变革。

历史上每一次工业革命的爆发背后都离不开一系列重要新技术的涌现。蒸汽机是第一次工业革命的关键技术创新成果，但只有伴随着精密机械零件和改良过的冶金术等技术的突破，才引发了随后铁路和交通的产业变革。

20 世纪后期，半导体、集成电路、计算机、软件、计算机网络和手机等技术共同作用带来了延续至今的信息产业革命。近年来，人工智能技术明显受到了前所未有的重视，这其中正是源自于包括感知技术（如语音识别、计算机视觉、VR、AR 等）和认知技术（如自然语言处理、知识图谱、用户理解等）在内的多个相关领域技术突破。

当我们提到“5G 时代”的时候，其实并不是只谈 5G 技术，更多的是 5G 与其他新技术的结合，特别是与人工智能、大数据和云计算等技术的结合。5G 确保了各种技术所驱动的应用能够有机、高效地整合在一起，发挥更加完整且智能化的作用。

1. 5G+汽车

21 世纪以来，汽车行业发生了前所未有的变革，电能取代汽油，不仅仅是能源的一次革命，在一定程度上还降低了汽车的制造门槛。

究其原因，是生产燃油汽车的老牌车企在内燃发动机、变速器等汽车的核心部件上都有着数十年，甚至上百年的技术积累。新入行企业想沿着原有的道路赶超这些老牌车企基本上不可能，甚至连弯道超车都很难，除非变换车道，另起炉灶，而电动汽车恰恰就是完全变换了一个车道。相比燃油汽车，制造电动汽车所需的零部件大大减少，这让汽车生产的难度大大降低，越来越多的企业和创业者开始投身于这一新兴市场。

当然，经历了一百多年的发展，无论是燃油汽车还是电动汽车，只是能量驱动方式不同，其功能并无本质改变。但既然我们谈到面向未来的汽车发展趋势，一定有着本质上的变化。汽车会发展成什么样子？业界已经达成基本共识，新型的汽车会有两项关键新技能：智能和网联。

（1）智能

一提到智能的概念，很多人会以为汽车会像变形金刚一样，是一个能思考、会说话的聪明的机器人汽车。当然，这是我们所追求的理想目标，但目前来看，已经广泛应用在汽车中的辅助驾驶技术，就是最初级的智能技术。接下来，辅助驾驶还会增加更多实用的功能，减少人为操作的内容，让人们的驾驶更加方便、省心。

（2）网联

汽车会逐渐像手机一样，能够拥有联网的功能，车辆与车辆之间可以联网，车辆和路侧设施也可以联网。通过 5G 和互联网技术，所有车辆都可以将自身的位置、速度和路线等数据信息实时传递到中央处理器，我们从后台就能够掌握每一辆车从哪里来，往哪里去，会遇到哪些路况。车与车之间也随时可以相互感知到对方的行动。借助车联网，司机在驾驶座上就可以眼观六路、耳听八方，做出最合理的路线安排和行车速度选择。

正是因为有了 5G、人工智能以及物联网等新技术，汽车行业也随之迎来了变革，我们对汽车的理解，也会与以往有很大不同。

智能网联汽车（Intelligent Connected Vehicle，ICV）是指车联网与智能车的有机联合，是搭载先进的车载传感器、控制器和执行器等装置，并融合现代通信与网络技术，使车与人、车、路和后台等智能信息交换共享，以实现安全、舒适、节能和高效行驶，是最终可替代人来操作的新一代汽车。

（3）V2X

5G 在车路协同上的作用需要 V2X 技术来承载，V2X 是让车与车、车与路、车与人以及车与周围一切事物实现网络连接和信息交互的新一代信息通信技术，这里的 X 指包含一切事物，如图 4-25 所示。

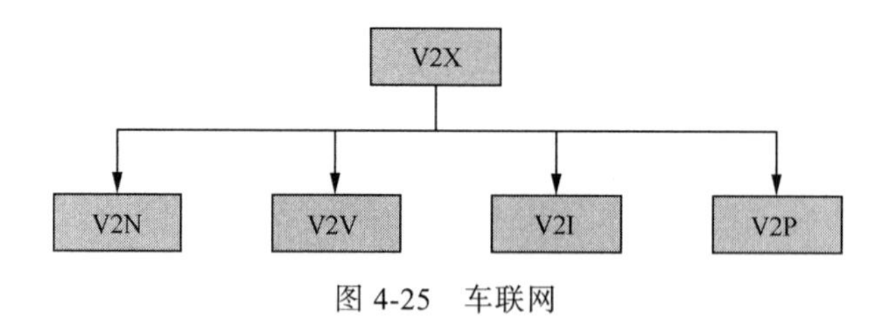

图 4-25 车联网

① 最简单的 V2N（Vehicle to Network）是车与互联网的连接，每辆车都会配有上网功能，可以获得导航信息、收听网络歌曲，这是目前 V2X 最广泛的应用。

② V2V（Vehicle to Vehicle）是车与车的连接，让任意两辆车之间能够实现信息交换，知己知彼，避免碰撞和拥堵事件的发生。我们在山路开车转弯的时候，会按下喇叭，如果弯角那边有迎面转来的汽车，听到喇叭声就会放慢速度，会格外小心地转弯。V2V 可以替代喇叭的提醒功能，无声无息通知对方。

③ V2I（Vehicle to Infrastructure）是指车与基础设施的连接，这里提到的基础设施包括交通信号灯、指示牌以及路边可以影响车辆行驶的任意设备。如果要依靠车路协同来实现自动驾驶，那么路边设施对车辆的指挥作用就会非常重要，所以 V2I 最大的价值体现在自动驾驶的汽车上。

④ V2P（Vehicle to Pedestrian）是车与人的连接，路上的行人可以通过车联网的通信设备与路上行驶的汽车做到信息互动，汽车可以随时看到周边行人的动态以及行人与车辆自身的距离，做到不会有碰撞事件的发生。当然，要达到这种效果，行人必须拥有专门的通信方式，如手机 APP，但毕竟街道行人众多，不可能每个人都安装，所以 V2P 实现起来难度很大。

目前 V2X 有两种标准方案，一个是 DSRC，类似于手机 Wi-Fi，范围小、延时短，适合短途通信；另一个是 C-V2X，基于蜂窝技术的远程车联网方案，必须依靠通信运营商的网络来实现。

2. 5G+工业

第四次工业革命带来的最大改变，可能体现在千千万万家工厂里。对于大多数人而言，脑海中对于工厂的印象可能还停留在传统工业时代。现如今，需要我们重新定义工厂，在 5G 的新技术引领下，工厂也开始转型升级，从标准化、流水线迈向智能化和虚拟化的新范式。

未来工厂里，每一个原材料、零部件、生产设备和机器人都会有一个 IP，类似于人类的身份证号和商品的条码，包含这些物体的基本信息。在生产线上，原材料和零部件会随着生产环节的变化不断地更新自身的信息，将最新的数据传到云端控制系统，并和其他原材料、零部件以及机器人进行信息交互。当然，工厂里的工人也会加入到网络中，随时进行数据的传输和交互，全面掌握工厂的情况。

当所有工厂里的人和物，都成为 5G 网络中的一个个节点时，整个工厂车间就变成了一个虚实结合的网络空间，5G 网络能够以最快的速率将信息告知网络上的所有节点，使线上的数据交互和线下的生产管控实时同步进行，前端和后端、云端和终端都可以随时互动交流。

对于制造业企业而言，5G 能够重塑自己的生产模式和组织模式，未来工厂完全不同于传统工厂，生产设备网络化和智能化，建立车间的“物联网”空间，实现人与系统、设备的无缝连接和交互协作。生产决策依据大数据分析，生产过程系统具备智能处理能力，最终的目标是实现完全无人化的工厂运转。

柔性化制造，顾名思义是指生产线条灵活多变、生产过程能够随时调整，目的是实现客户的定制化需求。

生产线条是企业、特别是制造业企业的核心部分，以往的工业生产线都是固定不变的，由各个不同的岗位分别完成，非常适合于那种需求固定的产品生产。但如今的客户需要更具有个性化的产品，这就倒逼企业配置可以柔性化生产的智能生产线，这种智能生产线能够以客户需求为出发点，根据客户需求随时对产品进行改造。

当然，客户需求不会是一成不变的，可能随时都会发生变化，因而企业在生产的全过程中，都需要保持与客户的交流互动，及时获得反馈意见，并建立与客户互动的社区，实时在线交流，建立更加具有黏性的客户服务关系。

只有建立一整套智能化的生产系统，才可以实现对全流程生产的管理和控制，包括传感器、微处理器、数据存储设备和云计算等平台，实时传递最新的数据到系统中，快速形成反馈意见至生产流程中并加以改进和优化。企业需要建立动态的数据库，将大量分散的客户需求数据转变为生产可用的参考数据，确保产品的生产能够与客户的个性化需求持续匹配，实时获得来自前端的指导。

距离以客户需求为核心的真正实现还有很远的距离，因为技术不达标，成本也下不来，所以大部分时间生产出来的并不是客户最想要的产品，而仅仅是满足大多数人基本需要的标准化产品。

未来工厂可以实现柔性化生产，因为制造过程智能化了。有了 5G 作为无线连接手段，替换了 Wi-Fi 和有线连接，生产设备和机器人可以在更大的空间里自由地操作和联动，这可以让与客户接触的最前端和生产后端高度互动和协作，甚至可以让客户参与到产品的设计和生产过程中。

同时，人工智能和大数据保证了工厂拥有强大的智能分析能力，可以收集客户的各类数据，并进行深度挖掘，设计出能符合客户偏好的产品方案，提升客户的体验。图 4-26 所示为智能制造示意图。

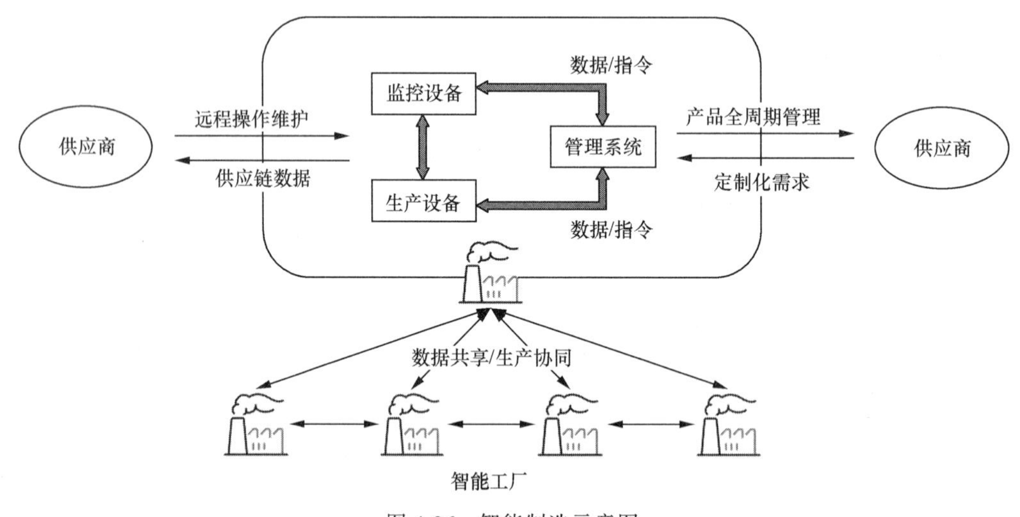

图 4-26　智能制造示意图

3. 5G+电网

智能电网的概念已经提出很多年，电力行业一直都在探索如何将信息化技术融入电网运营管理中。关于智能电网，不同机构给出了各不相同的描述。

① 美国能源部在《Grid2030》中提出一个完全智能化的电力传输网络能够监测和保障每一个电网节点，保证整个输配电过程中所有节点之间的信息和电能的双向流动。

② 欧洲技术论坛：一个可整合所有连接到电网用户所有行为的电力传输网络，以有效可持续地提供经济且安全的电力。

③ 国家电网中国电力科学研究院：以物理电网为基础，将现代先进的传感测量技术、ICT 技术和控制技术与物理电网高度集成而形成的新型电网。

根据中华人民共和国国家发展和改革委员会和国家能源局 2015 年发布的《关于促进智能电网发展的指导意见》中的定义：智能电网是在传统电力系统基础上，通过集成新能源、新材料、新设备和先进传感技术、信息技术、控制技术、储能技术等新技术形成的新一代电力系统，具有高度信息化、自动化、互动化等特征，可以更好地实现电网安全、可靠、经济、高效的运行。

智能电网也被称为“电网 2.0”，它是建立在集成的、高速双向通信网络的基础上，通过应用先进的传感和测量技术、设备技术、控制方法以及决策支持系统技术，以实现电网可靠、安全、经济、高效、环境友好和使用安全的目标。

智能电网的几大特点如下。

① 拥有自愈能力：能够及时检测出已发生或正在发生的故障，并进行纠正性操作，保证电网运行的安全可靠，避免出现供电中断，或者将影响降至最小。

② 抵御安全攻击：无论是系统还是设备，当遭到恐怖袭击或者自然灾害等外部冲击时，都能够有效抵御并将破坏控制在一定范围内，保证不出现大面积、长时间的断电。

③ 兼容多种发电：可安全、无缝地容许各种不同类型的发电和储能设备接入系统，简化联网过程，实现智能电网系统中的即插即用。

④ 支持信息交互：电力用户可以与用户设备和行为进行交互，这种交互是电力系统的完整组成部分之一，可促使电力用户发挥积极作用，实现电力运行和环境保护等多方面的收益。

⑤ 高效运行管理：利用先进的信息技术，对配电网及其设备的实时运行数据以及电能质量扰动、故障停电等数据进行全面监控，针对各类风险提前识别，提供故障处理支持，提高使用效率。

⑥ 集成信息系统：它的实现包括监视、控制维护、能量管理（EMS）、配电管理（DMS）、市场运营（MOS）、企业资源规划（ERP）等和其他各类信息系统之间的综合集成，并在此基础上实现业务集成。

对于智能电网的特性描述，基本上都是围绕智能化、网络化和信息化展开的。其中，以5G为代表的新一代信息通信技术在促进电网的智能化升级过程中，起到了至关重要的作用。

现有电网总体上是一个刚性系统，智能化程度不高。电源的接入与退出、电能量的传输等都缺乏较好的灵活性，电网的协调控制能力不理想；系统自愈及自恢复能力完全依赖于物理冗余；对用户的服务形式简单、信息单向，缺乏良好的信息共享机制。

这种信息共享和交互的能力，对于电网的“智能”非常重要。在智能电网的理念下，用户端不再仅仅是一个被动接受用电的对象，而是一种可以帮助提升电网整体效率的资源，用户本身从主观上也有更经济实惠的买电、用电的需求，因而就有意愿参与到电网的运行管理过程中。一方面，用户希望通过获得更多用电的选择权力来满足自身多样化的用电需求；另一方面，电力公司也希望可以平衡用电高峰，减少传输损失，提高运行效率。两方面的需求必然要求智能电网具备双向实施信息交互的能力，让用户能参与电力系统的运行，也让电力公司更了解用户的用电需求。

未来电网的趋势必然是向着多样性、高可靠性和超低时延性方向发展。为了让电网能够更具有灵活性和自适应性，实现全面、高效的输送，必定有海量的信息交互需求，一个智能电网就是一个“会通话、会发送和接收信息”的电网。5G能够创新更多电网生产和服务模式，也能够提供更为精准和合理的配电调整，让电网输送更高效、使用更便捷、管理更灵活。

根据电流从生产到使用的全流程来看，电网主要包括 5 大环节：发电、输电、变电、配电及用电。5G 在其中的作用主要是巡检和控制两类，具体在不同环节的落地应用包括以下几个方面。

首先在发电端，5G 可以对风电、光伏发电等新能源的功率预测和状态进行感知。对于新能源的发电状态监控需要百万级的连接数，风电的叶片变桨控制需要不超过 20ms 的低时延。这些都是拥有多连接和低时延特性的 5G 技术能够满足的要求。

其次在输变电环节，5G 的作用体现在对线路的智能巡检方面，如通过电力设备传感器进行输电在线监测，需要连接和管理千万级的传感器；通过无人机进行巡检，在变电站利用智能机器人作业，这些无人化设备都需要 100Mbit/s 级的大带宽才能支撑高清视频的回传，这些只有 5G 可以实现。

到了配电阶段，5G 的应用就更为广泛了，从故障监测定位到精准负荷控制。配网属于末端网络，节点多、光纤部署成本巨大。传统配网基本上没有实现自动化，缺少通信网络支持，切除负荷手段简单粗暴，通常只能切除整条配电线路，对业务和用户都造成很大的影响。5G 可以通过对电流、电压信号的跟踪监测，判断出用电负荷的大小，当负荷超过所设定的负荷定值时，采取先报警提示，后跳闸切断负荷的方式来保护用电线路的监测控制。应用 5G 技术后，通过各终端间的对等通信，可进行智能判断、分析、故障定位、故障隔离以及非故障区域供电恢复等操作，从而实现故障处理过程的全自动进行，最大可能地减少故障停电时间和范围，使配网故障处理时间从分钟级提高到毫秒级。因此，建立在 5G 网络基础上的智能分布式配电自动化将会成为未来配网自动化发展的方向和趋势之一。

最后在用电端，5G 可以用于用电信息采集、分布式能源储能、汽车充电桩和智能家居等用电计量各个方面。当前用户的用电信息采集主要用于计量，数据传输业务规模小、频次低，上行流量大、下行流量小。但未来的用电信息采集要求更加精准和具备实时性，延伸获取每一个家庭的用电负荷情况，采集数据并智能分析，实现关键用电信息、电价信息与居民共享，促进优化用电。用电端分布在千家万户，属于千万级乃至上亿级的广泛连接场景，5G 正可派上用场。

这里面最重要的一个应用是能耗监控，比如通过用户家中的智能电表、智能插座、电闸等设备，来准确获得每个用户家中、办公场所的用电数据信息，结合历史数据进行统计和分析，给未来的能源使用和分配提供更加精确合理的建议。同样，通过 5G 技术对用户用电信息的海量接入、自动采集、异常监测、用电分析和各类信息交互，实现了电力公司对用户用电信息的全程监控和管理服务，也能够帮助电力公司实现更高效的供电调节，合理错峰用电。

本章小结

本章首先对蜂窝物联网技术进行了描述，根据技术的发展历程对蜂窝物联网技术体系进行阐述，包括 GPRS、4G、LPWAN 和 5G。其次从关键技术、网络架构以及发展现状与应用前景的角度对 NB-IoT 技术进行介绍。最后，阐述了 Massive MIMO、NOMA、高频毫米波等 5G 关键技术以及网络架构，并分析了 5G 发展现状。通过本章的学习，读者能够对蜂窝物联网的关键技术有一个系统的学习和常规的认识。

本章习题

1. NB-IoT 在授权频段中使用窄带技术有哪 3 种部署方式？

2. 简述 5G 三大应用场景。

3. NB-IoT 技术可以满足 LPWA 应用需求，实现低成本、低功耗、广深覆盖、大连接，其在哪些方面做了技术优化？

4. 分组域网络逻辑功能包括哪些？

5. 相比已经饱和的 3GHz 以下频段，毫米波频段具有哪些优势？

CHAPTER 5

第5章 物联网平台技术

学习目标

掌握物联网开放平台总体架构及相关能力；理解物联网开放平台6个子平台相应功能。

本章知识点

（1）物联网开放平台总体架构及相关能力。

（2）设备管理平台关键技术及功能。

（3）连接管理平台关键技术及功能。

（4）应用使能平台关键技术及功能。

（5）业务分析平台关键技术及功能。

内容导学

物联网平台为设备提供安全可靠的连接通信能力，向下连接海量设备，支撑设备数据采集上云；向上提供云端API，服务端通过调用云端API将指令下发至设备端，实现远程控制。

在学习本章内容时，应重点关注以下内容。

依据物联网开放平台内部的逻辑关系，可以将其分为6个子平台：设备管理平台、连接管理平台、应用使能平台、资源管理平台、业务分析平台和应用中心平台。每个子平台实现相应的功能，包括设备管理、网络资源管理、数据采集、网络通信、数据分析和故障诊断等多项功能，为企业及个人服务管控提供了有效手段。读者需要熟悉物联网平台总体架构及各子平台功能，了解其应用场景。

5.1 物联网开放平台总体架构

物联网开放平台主要面向物联网领域的开发人员、终端设备供应商、系统集成商、应用程序提供商、功能提供商、个人/家庭/SME 用户，提供一组集成开放的物联网应用功能（终端/平台）的云服务，用于快速开发、应用程序部署、功能开放、营销渠道、计费和结算、订阅使用，以及运营管理。依据物联网开放平台内部的逻辑关系，我们可以将其分为 6 个子平台：设备管理平台（Device Management Platform，DMP）、连接管理平台（Connectivity Management Platform，CMP）、应用使能平台（Application Enablement Platform，AEP）、资源管理平台（Resource Management Platform，RMP）、业务分析平台（Business Analytics Platform，BAP）和应用中心平台（Application Center Platform，ACP）。如图 5-1 所示。

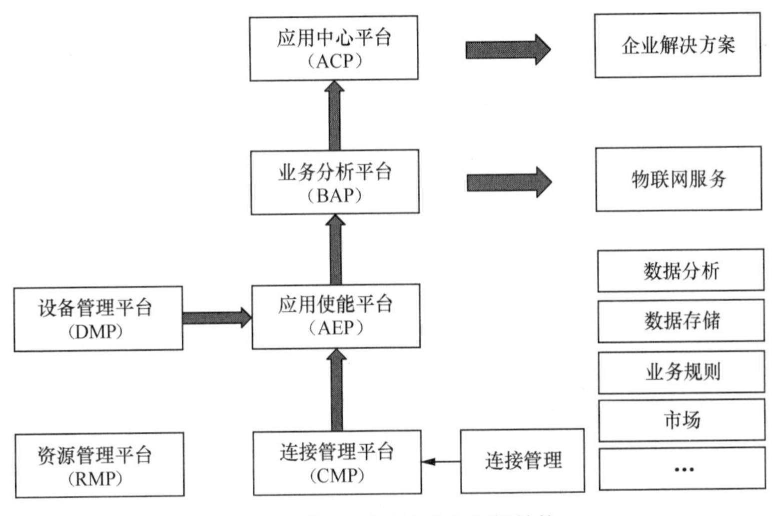

图 5-1 物联网开放平台逻辑结构

1. 设备管理平台（DMP）

对物联网终端的远程监控、设置调整、软件升级、系统升级、故障排查、生命周期管理等功能都可以在 DMP 上得到实现；为了提高客户的满意度，实现故障的预处理，DMP 可实时提供网关和应用状态监控告警反馈；DMP 向客户提供了开放的 API，方便用户进行系统集成和增值功能等开发工作；同时，所有设备的数据可以存储在云端。

DMP 一般集成在整套端到端 M2M 的设备管理解决方案中，方案提供商联合合作伙伴开放接口给上层应用开发商，提供端到端的解决方案，具体包括提供通信模块、传感器、通信网关、设备管理云平台以及设备连接软件。对企业业务流程熟悉的厂商（如 Bosch）

可以提供更完整的设备管理解决方案，将企业业务应用（如 CRM、ERP、MES）集成到DMP。大部分 DMP 提供商（如 DiGi、Sierra Wireless，Bosch 等），拥有连接设备、通信模组、网关等产品和 DMP，其本身也是通信模组、通信设备提供商，因此也能向企业提供设备管理的整套解决方案。通常，整套设备管理解决方案包含 DMP 部署，厂商按照整体解决方案报价收费；少量提供单独 DMP 云服务的厂商，会按月收取一定运营管理费用。

2. 连接管理平台（CMP）

CMP 一般应用在运营商网络上，目的是帮助移动运营商做好物联网 SIM 的管理工作，实现物联网连接配置和故障管理、网络资源用量管理、连接资费管理、账单管理、套餐变更、号码/IP 地址管理及 MAC 资源管理等功能，保证终端联网通道稳定，运营商的客户还可以自主管控 SIM 卡、自主查看账单。M2M 连接数大、SIM 卡使用量大、管理工作量大、应用场景复杂、灵活的资费套餐、低的 ARPU（每用户平均收入）值、对成本管理要求高是 M2M 物联网应用的主要特点。通过 CMP，移动运营商能够全面地了解物联网终端的通信连接状态、服务开通信息及套餐订购信息；查询其拥有的物联网终端的流量使用情况及余额信息；自助进行部分故障的定位及修复；另外，根据用户的配置信息，可通过 CMP 向客户推送相应的告警信息，这样客户能够更加灵活地调整其终端的流量使用。

在效益方面，移动网络（2G/3G/4G/NB-IoT）的运营需要更加合理地控制流量，保证多用户时分割账单、动态实时监控的使用状态和成本，这些需求促进了移动运营商与 CMP 供应商的合作，CMP 供应商帮助运营商管理物联网 M2M，同时也参与运营商的移动收入分成，业务模式简单明确。具有全球化的 CMP 在服务大型企业中更加具有竞争力，因为在与跨国大企业对接时，它能够提供一点接入、全球通用的技术支持。

3. 应用使能平台（AEP）

AEP 是一个架构在 CMP 之上的 PaaS（平台即服务），主要提供应用开发和统一数据存储两大功能服务，其具体功能包括提供成套应用开发工具（大部分能提供图形化开发工具，甚至不需要开发者编写代码）、中间件、数据存储功能、业务逻辑引擎、对接第三方系统 API 等。利用 AEP 提供的成套应用开发工具，物联网应用开发者无须考虑下层基础设施扩展、数据管理和归集、通信协议和通信安全等问题，可在 AEP 上实现快速开发、部署、管理应用，优点是有效降低开发成本、大大缩短开发时间。目前世界知名的 AEP 不断更新迭代，新添加了终端管理、连接管理、数据分析应用和业务支持应用等功能，APE 能够实现的功能越来越丰富。

在效益方面，由于在上层应用大规模扩张时无须担心底层资源扩展的问题，AEP 可以帮助企业极大地节省物联网应用开发时间和费用。从底层设备管理系统到网络再到上层应用开发，建立完整的 IoT 解决方案是一个浩大的工程，需要众多不同领域专业技术人员联合开发，而且对企业来说建设周期过长、投资回报率（ROI）较低，企业内的开发者使用AEP开发应用可以很好地解决上述问题。据Aeris的测算，使用APE可以节省70%的开发时间，加快应用推向市场的时间，降低企业的成本。AEP的底层资源随上层应用规模的扩张而灵活扩展，即使企业M2M管理规模迅速扩张，也无须担心底层资源的扩展问题。目前，AEP主要根据应用开发完成后激活设备的数量来收费。

4. 资源管理平台（RMP）

RMP由执行环境和运行控制台两部分组成。根据部署地点的不同，执行环境可分为托管式执行环境和入驻式执行环境。托管式执行环境利用云计算服务平台将计算、网络和存储转化为资源池提供应用托管服务及运行环境，并根据应用托管的资源需求，分配虚拟计算、存储和网络资源。入驻式执行环境部署在企业内部，为入驻式企业应用提供业务流程和Web门户的运行容器。

运行控制台主要负责对云平台的资源池、执行环境，以及运行在执行环境中的应用提供管理、监控、统计分析等服务。

5. 应用中心平台（ACP）

ACP是互联网化的电子营销渠道，支持B-B-C、C-B-C、C-B-B、B-B、B-C等多种模式，为物联网产品提供上架、销售、计费、结算、支付、物流、客服等服务。

6. 业务分析平台（BAP）

BAP主要提供基础大数据分析服务和机器学习预测服务，具体内容如下。

大数据分析服务：平台在集合各类相关数据后，完成数据预处理、分类处理、数据分析等过程，提供可视化的数据分析结果（如图表展示、仪表盘、数据分析报告）；平台还可以实时动态分析大数据，对设备状态进行监控，在必要时予以预警。

机器学习预测服务：客户平台通过对结构化和非结构化的历史数据进行训练，生成预测模型，或者根据平台提供的开发工具自己开发模型，满足预测性的、认知的或复杂的分析业务逻辑。

在未来物联网平台上，机器学习算法将逐渐向人工智能算法过渡。例如，IBM Watson的Deep QA（深度问答）系统，它通过结合神经元来模拟人脑的思考方式，不断总结经验，从而实现非常强大的问答功能。人工智能算法的引入将帮助企业解决更多商业上的问题。

目前机器学习预测服务主要收取建模费用和预测费用。建模费用按照在建模期间进行数据分析、模型训练和评估的时间进行收取，即按照完成执行上述操作所需的小时数收费；预测的费用主要根据预测数据结果的信息量或者计算占用的内存资源进行收取。

阿里云物联网平台是其中一个典型的案例，如图5-2所示。阿里云物联网平台提供安全可靠的设备连接和通信能力，向下支持海量设备连接，支持设备数据采集上云；向上通过云端 API，实现对设备的远程控制，服务端通过调用云端 API 可以将远程控制指令下发至设备端。

图 5-2　阿里云物联网平台

物联网平台也为各类 IoT 应用场景和行业开发者提供了如设备管理、规则引擎等增值服务。

物联网平台主要提供以下能力。

（1）设备接入

物联网平台支持海量设备连接上云，设备与云端通过 IoT Hub 进行稳定、可靠地双向通信。

- 提供设备端 SDK（软件开发工具包）、驱动、软件包等帮助不同设备、网关轻松接入阿里云。
- 提供蜂窝（2G/3G/4G/5G）、NB-IoT、LoRaWAN、Wi-Fi 等不同网络设备接入方案，解决企业异构网络设备接入管理痛点。
- 提供 MQTT 协议、CoAP、HTTP（S）等多种协议的设备端 SDK，既满足长连接的实时性需求，又满足短连接的低功耗需求。
- 开源多种平台设备端代码，提供跨平台移植指导，赋予企业基于多种平台做设备接入的功能。

（2）设备管理

物联网平台提供完整的设备生命周期管理功能，支持设备注册、功能定义、数据解析、在线调试、远程配置、固件升级、远程维护、实时监控、分组管理、设备删除等功能。

- 提供设备模型，简化应用开发。
- 提供设备上下线变更通知服务，方便实时获取设备状态。

• 提供数据存储能力，方便用户海量设备数据的存储及实时访问。

• 支持 OTA（空中激活）升级，赋予设备远程升级的功能。

• 提供设备影子缓存机制，将设备与应用解耦，解决不稳定无线网络下的通信不可靠的痛点。

（3）安全能力

物联网平台提供多重防护，有效保障设备和云端数据的安全。

① 身份认证

• 提供芯片级安全存储方案（ID^2）及设备密钥安全管理机制，防止设备密钥被破解。安全级别很高。

• 提供一机一密的设备认证机制，降低设备被攻破的安全风险。适合有能力批量预分配设备证书（ProductKey、DeviceName 和 DeviceSecret），将设备证书信息烧入到每个设备的芯片。安全级别高。

• 提供一型一密的设备认证机制。设备预烧产品证书（ProductKey 和 ProductSecret），认证时动态获取设备证书（包括 ProductKey、DeviceName 和 DeviceSecret）。适合批量生产时无法将设备证书烧入每个设备的情况。安全级别普通。

• 提供 X.509 证书的设备认证机制，支持基于 MQTT 协议直连的设备使用 X.509 证书进行认证。安全级别很高。

② 通信安全

• 支持 TLS（MQTT 协议/HTTP）、DTLS（CoAP）数据传输通道，保证数据的机密性和完整性，适用于硬件资源充足、对功耗不是很敏感的设备。安全级别高。

• 支持设备权限管理机制，保障设备与云端安全通信。

• 支持设备级别的通信资源（Topic 等）隔离，防止设备越权等问题。

（4）规则引擎

物联网平台规则引擎包含以下功能。

① 服务端订阅

订阅某产品下所有设备的一个或多个类型消息，服务端可以通过高级消息队列协议（Advanced Message Queuing Protocol，AMQP）客户端或消息服务（MNS）客户端获取订阅的消息。

② 云产品流转

物联网平台根据您配置的数据流转规则，将指定 Topic 消息字段流转到目的地，进行存储和计算处理。

• 将数据转发到另一个设备的 Topic 中，实现设备与设备之间的通信。

• 如果购买了实例，将数据转发到实例进行时序数据存储，实现设备时序数据的高效写入。

• 将数据转发到 AMQP 服务端订阅消费组，您的服务端将通过 AMQP 客户端监听消费组获取消息。

• 将数据转发到消息服务（MNS）和消息队列（RocketMQ）中，保障应用消费设备数据的可靠性。

• 将数据转发到表格存储（Table Store）中，提供“设备数据采集+结构化存储”的联合方案。

• 将数据转发到云数据库（RDS）中，提供“设备数据采集+关系型数据库存储”的联合方案。

• 将数据转发到 DataHub 中，提供“设备数据采集+大数据计算”的联合方案。

• 将数据转发到时序时空数据库（TSDB）中，提供“设备数据采集+时序数据存储”的联合方案。

• 将数据转发到函数计算中，提供“设备数据采集 + 事件计算”的联合方案。

（5）场景联动

配置简单规则即可将设备数据无缝流转至其他设备，实现设备联动。

阿里云物联网平台网络架构如图 5-3 所示。设备连接物联网平台，与物联网平台进行数据通信。物联网平台可将设备数据流转到其他阿里云产品中进行处理。这是构建物联网应用的基础。

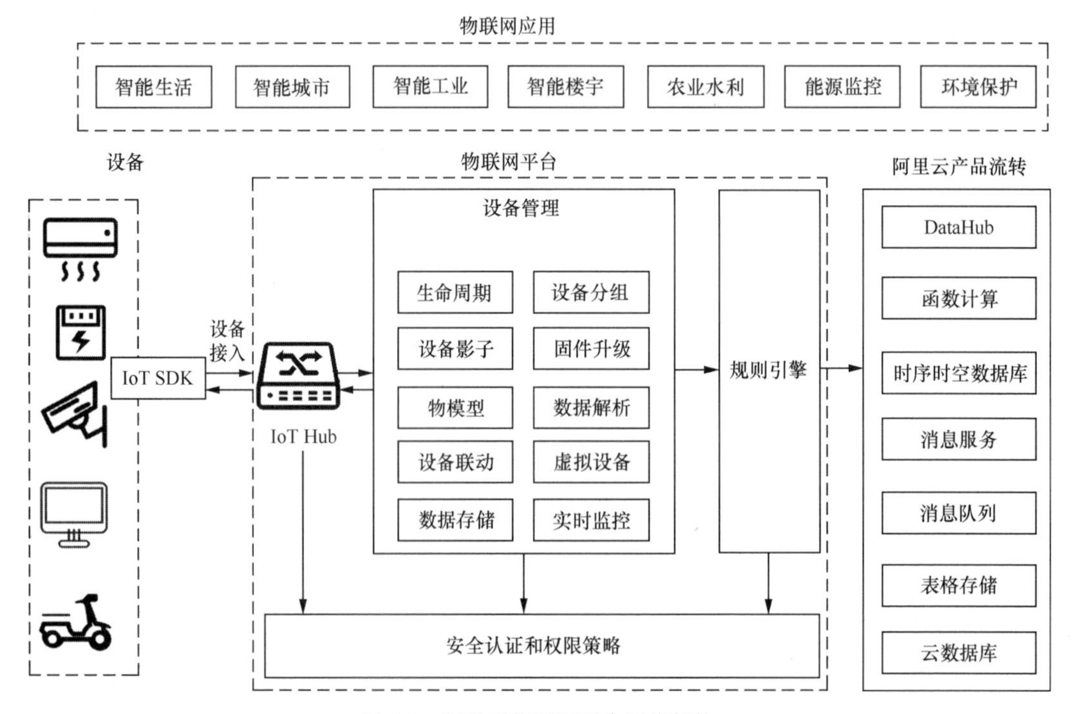

图 5-3　阿里云物联网平台网络架构

（1）IoT SDK

物联网平台提供 IoT SDK，设备集成 SDK 后，即可安全接入物联网平台，使用设备管理等功能。

只有支持 TCP/IP 的设备才可以集成 IoT SDK。

（2）IoT Hub

IoT Hub 帮助设备连接阿里云物联网平台服务，是设备与云端安全通信的数据通道。IoT Hub 支持 PUB/SUB 与 RRPC（Revert-RPC）两种通信方式。其中，PUB/SUB 基于 Topic 进行通信。

IoT Hub 具有下列特性。

① 高性能扩展：支持线性动态扩展，可以支撑十亿设备同时连接。

② 全链路加密：整个通信链路以 RSA、AES（高级加密标准）方式加密，保证数据传输的安全。

③ 消息实时到达：当设备与 IoT Hub 成功建立数据通道后，两者间将保持长连接，以减少握手时间，保证消息实时到达。

④ 支持数据透传：IoT Hub 支持将数据以二进制透传的方式传到自己的服务器上，不保存设备数据，从而保证数据的安全可控性。

⑤ 支持多种通信模式：IoT Hub 支持 RRPC 和 PUB/SUB 两种通信模式，以满足用户在不同场景下的需求。

⑥ 支持多种设备接入协议：支持设备使用 CoAP、MQTT 协议、HTTPS 接入物联网平台。

（3）设备管理

物联网平台为用户提供了功能丰富的设备管理服务，包括：生命周期、设备分组、设备影子、物模型、数据解析、数据存储、设备联动、固件升级、虚拟设备、实时监控等。

（4）阿里云产品流转

当设备基于 Topic 进行通信时，可以通过 SQL 对 Topic 中的数据进行处理，然后配置转发规则将数据转发到其他 Topic 或阿里云服务上进行处理。例如，

① 转发到实例内的时序数据存储中进行存储（仅购买的实例支持）。

② 转发到云数据库、表格存储和时序时空数据库中进行存储。

③ 转发到 DataHub 中，进而进行实时计算，使用 MaxCompute 进行大规模离线计算。

④ 转发到函数计算（FC）中，进行事件计算。

⑤ 转发到消息队列（RocketMQ）或消息服务（MNS）中，实现高可靠消费数据。

⑥ 转发到另一个 Topic 中实现 M2M 通信。

(5)安全认证和权限策略

安全是 IoT 的重要话题。阿里云物联网平台提供多重防护，保障设备和云端数据的安全。

① 物联网平台为每个设备颁发唯一证书，设备连接物联网平台时使用证书进行身份验证。

② 针对不同安全等级和产线烧录的要求，物联网平台为开发者提供了多种设备认证方式。

③ 授权粒度精确到设备级别，任何设备只能对自己的 Topic 发布、订阅消息。服务端凭借阿里云 AccessKey 对账号下所属的 Topic 进行操作。

目前存在的物联网开放平台还有中国电信的智慧楼宇，智慧楼宇建设由中国电信牵头，以智慧楼宇 SaaS 为基础，综合 NB-IoT 技术应用，涵盖智能办公、智能烟感、智能停车、智能考勤、智能安防、智能安全用电等应用场景，在楼宇物业管理及便捷办公等方面提供综合一体化解决方案，是全国领先水平的智慧楼宇示范标杆。该项目的一期工程于 2018 年 8 月完工，作为电信主要产品参加了 2018 年 9 月的世界物联网博览会。

科大讯飞旗下的智慧工业通过讯飞 iFLYIoT 平台，将工业设备连接至云端，使企业相关人员可以实时监控工业设备的生产状态，根据平台提供的多维度数据报表，制定更科学的生产计划。

5.2 设备管理平台

远程设备管理是设备管理的形式之一，可以在设备使用期间实现软件远程更新、故障排除、数据收集和提供新服务等功能。设备管理平台是整个设备管理过程的核心组成部分，通过该平台，用户可以远程管理设备数据，远程控制硬件设备，甚至可以远程动态配置硬件设备的逻辑关系，从而远程实现设备的全面、灵活管理。开放的 API 调用接口可以帮助客户轻松地进行系统集成和增值功能开发。同时，所有设备的数据都支持云端存储，根据不同的访问方法分为感知外设远程管理和传感网管理。

5.2.1 感知外设远程管理

1. 感知外设接入方案

感知外设组网如图 5-4 所示。

组网说明：感知外设与终端连接的方式可分为 3 种，直连、经传感器通信协议（Sensor Communication Protocol，SCP）Hub 中转连接和经传感器适配器中转连接，外设与运营管理平台的交互通过感知终端来实现。

2. 外设接入控制

图 5-5 展示了外设接入控制流程图。外设附属于终端，两者的关系为附属关系，终端

管理平台负责进行该附属关系的管理和维护，同时也负责控制两者之间的数据采集等逻辑连接的建立。在终端运行过程中，如有终端上电复位或者有新的外设接入终端，终端会对连接的外设进行身份识别，并将识别到的身份信息发送到运营管理平台进行验证，如果验证通过，则在终端与外设之间建立逻辑连接；否则，不建立逻辑连接。

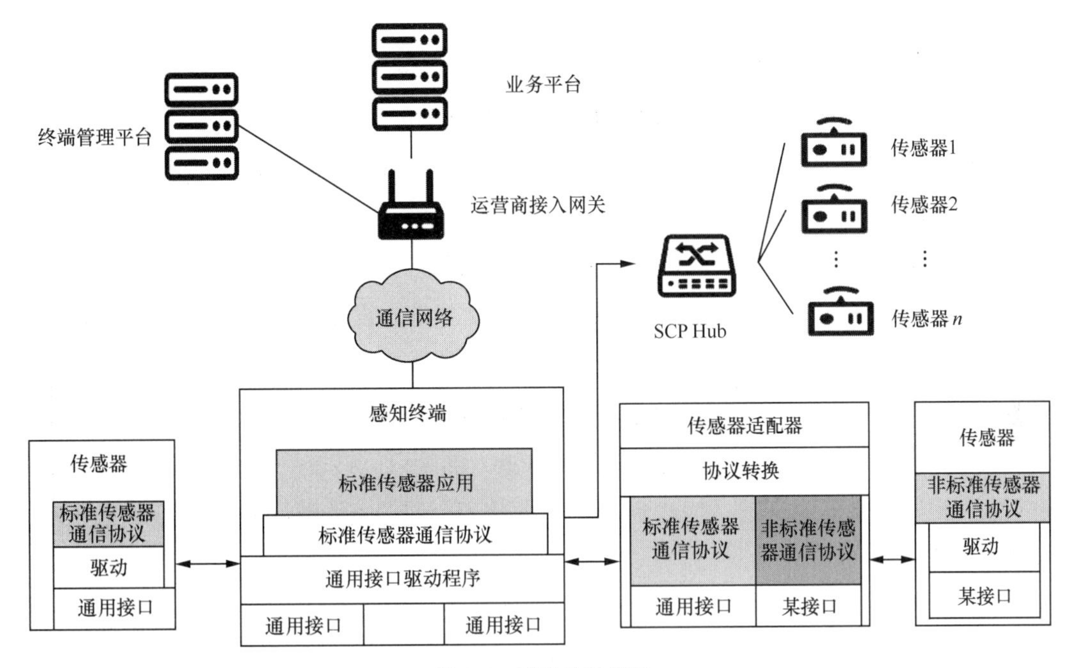

图 5-4　感知外设组网

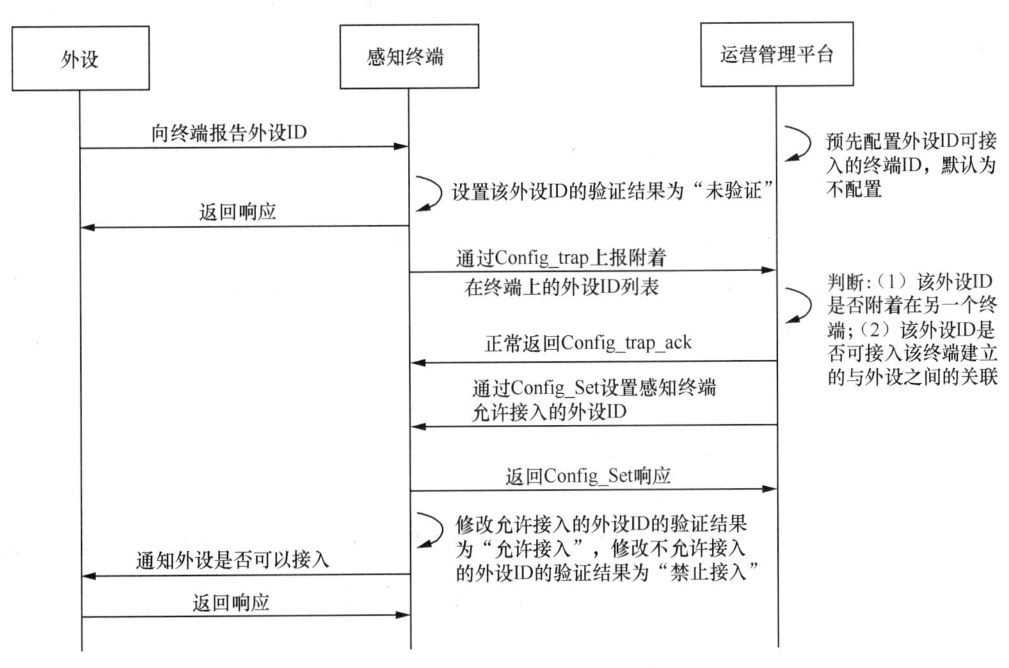

图 5-5　外设接入控制流程图

在感知终端处，有一张外设 ID 列表，信息包含外设 ID 和验证结果（有未验证、允许接入和禁止接入 3 种）。当外设第一次接入终端时，其验证结果为“未验证”，当运营管理平台验证通过该外设的身份 ID 后，外设的验证结果修改为“允许接入”；若运营管理平台显示该外设 ID 验证失败，则验证结果修改为“禁止接入”，感知终端将拒绝验证结果显示为“禁止接入”的外设的接入。

外设接入机制介绍如下。

（1）由运营管理平台门户预先为每个外设配置外设 ID。

（2）感知终端首次登录时，通过 Config_trap 向运营管理平台上报与该终端连接的外设 ID 列表，平台首先检查该列表，对比每个外设 ID 在系统中是否存在属于同一组且未和其他感知终端建立连接关系的情况，然后在终端上报的合法外设 ID 与终端序列号之间建立连接关系，正常返回 Config_trap_ack（这里认为终端上报的外设 ID 列表中没有非法外设，其他判断处理不变）。

终端登录成功后，运营管理平台根据上一步保存的外设 ID 和终端序列号之间的连接关系，通过 Config_Set 自动设置该感知终端允许接入的外设。感知终端收到消息后，将允许接入的外设 ID 的验证结果修改为“允许接入”，将不允许接入的外设 ID 的验证结果修改为“禁止接入”。

（3）运营管理平台可手工修改可接入终端的外设 ID。手动修改后，若此时终端处于登录状态，平台会自动将变化的外设 ID 信息发送给终端，保证终端及时控制外设的加入情况；若终端处于离线状态，运营管理平台会记录保存该终端已改变关联的外设 ID 信息，待终端下次登录时运营管理平台通过 Config_Set 下发变化的外设 ID。若外设 ID 信息未改变，则运营管理平台不会主动下发 Config_Set。感知终端收到平台的消息后，将允许接入的外设 ID 的验证结果修改为“允许接入”，将不允许接入的外设 ID 的验证结果修改为“禁止接入”。

（4）当有新的外设加入终端时（此时外设 ID 在终端中的外设接入控制表中不存在），终端通过 Config_trap 向终端管理平台上报新增外设 ID，运营管理平台判断外设 ID 在系统中是否存在属于同一组且未和其他感知终端建立连接关系，建立外设 ID 和终端序列号之间的连接关系，正常返回 Config_trap_ack，然后通过 Config_Set 下发变化的外设 ID。感知终端收到消息后，修改允许接入的外设 ID 的验证结果为“允许接入”，修改不允许接入的外设 ID 的验证结果为“禁止接入”。

感知外设与运营管理平台之间的接口类型一般情况下可以分为以下 5 种：外设配置请求接口、外设信息上报接口、外设信息采集接口、外设参数配置接口和外设软件升级接口。

5.2.2 传感网管理

1. 传感网接入方案

传感网组网如图 5-6 所示。

组网说明：传感网网关位于无线传感网和移动通信网之间，它的作用是收集由大量传感网节点感知到的数据，并将数据转发到上层的移动通信网；也可以接收来自上层移动通信网的管理命令，并将命令下发到无线传感网。传感网网关通过向上层转发感知数据、向下层转发管理命令实现了传感网的远程管理。

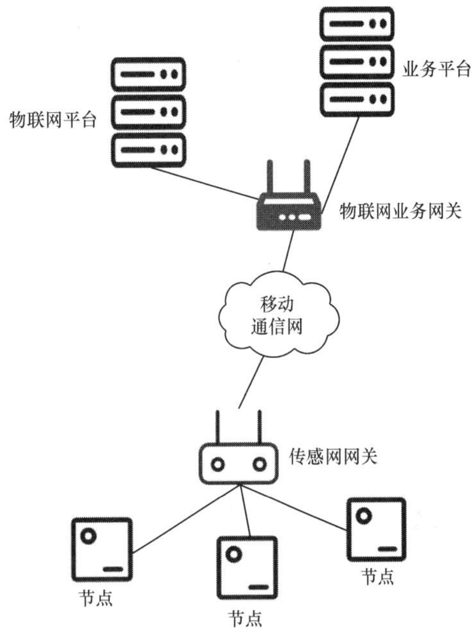

图 5-6　传感网组网

2. 传感网节点接入控制

传感网节点与传感网网关两者之间的关系为附属关系，即节点附属于网关。运营管理平台既负责管理和维护此附属关系，又负责维护两者之间的逻辑连接的建立。终端管理平台首先将可接入的传感网节点 ID 列表发送给传感网网关，再由传感网网关对节点的接入进行控制。

传感网节点接入控制流程图如图 5-7 所示。

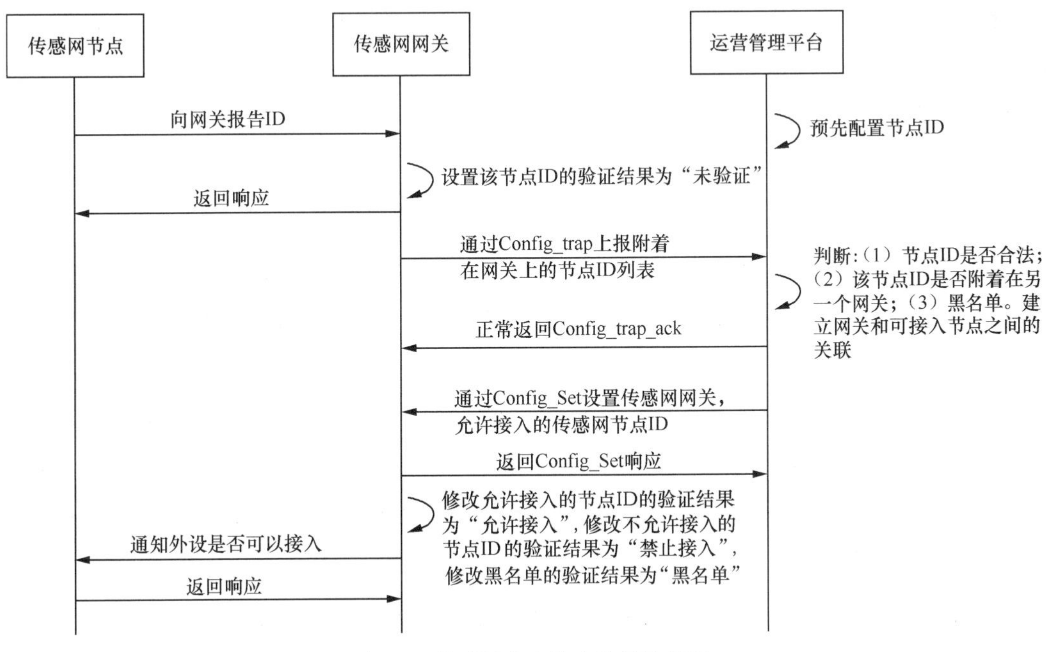

图 5-7　传感网节点接入控制流程图

首先在传感网网关处，记录保存一张节点 ID 列表，包含节点 ID 和验证结果（可以分为未验证、允许接入、禁止接入、黑名单 4 种）。当节点首次接入网关时，其验证结果为“未验证”；当运营管理平台验证通过该节点 ID 后，验证结果被修改为“允许接入”；当运营管理平台验证该节点 ID 失败时，验证结果被修改为“禁止接入”；若节点属于黑名单，则验证结果被修改为“黑名单”。网关收到“禁止接入”和“黑名单”节点的数据包后，将会对收到的数据包进行丢弃。此外，网关还会向所有节点通知“黑名单”节点的状态。

传感网节点接入机制介绍如下。

（1）由运营管理平台门户为每个传感网预先配置节点 ID。

（2）传感网节点第一次登录时，首先，通过 Config_trap 将与其连接的传感网节点 ID 列表向运营管理平台上报。然后，平台遍历该节点 ID 列表，对比每个节点 ID 是否在系统中存在未和其他网关建立连接的情况，在网关上报的合法节点 ID 和传感网网关终端序列号之间建立连接关系（若此时节点已与其他网关建立连接，则认为该连接是不合法的），正常返回 Config_trap_ack（不考虑网关上报的节点列表 ID 中存在非法节点，其他判断处理不变）。

节点登录成功后，运营管理平台根据上一步保存的节点 ID 和传感网网关终端序列号之间的连接关系，通过 Config_Set 自动设置传感网网关允许接入的节点 ID。传感网网关收到消息后，将允许接入的节点 ID 的验证结果修改为“允许接入”，将不允许接入的节点 ID 的验证结果修改为“禁止接入”，将黑名单的节点 ID 的验证结果修改为“黑名单”。

（3）运营管理平台还可手动修改可接入网关的节点 ID，手动修改后，若此时节点处于登录状态，平台会通过 Config_Set 自动将变化的节点 ID 发送给网关，保证网关可及时改变和控制加入的节点；若节点处于离线状态，平台会记录保存该网关已改变的关联节点信息，等节点下一次登录时，运营管理平台通过 Config_Set 下发变化的节点 ID 信息。若节点 ID 信息未改变，则运营管理平台不会主动下发 Config_Set。传感网网关收到消息后，将允许接入的节点 ID 的验证结果修改为“允许接入”，将不允许接入的节点 ID 的验证结果修改为“禁止接入”，将黑名单的节点 ID 的验证结果修改为“黑名单”。

（4）当有新节点加入网关时（即此时在网关中的节点接入控制表中不存在该节点 ID），网关通过 Config_trap 向运营管理平台上报新增节点 ID，运营管理平台判断节点 ID 在系统中是否存在属于同一组且未和其他网关建立连接的情况，在节点 ID 和传感网网关终端序列号之间建立连接关系，正常返回 Config_trap_ack，紧接着通过 Config_Set 下发变化的节点 ID 信息。传感网网关收到消息后，将允许接入的节点 ID 的验证结果修改为“允许接入”，将不允许接入的节点 ID 的验证结果修改为“禁止接入”，将黑名单的节点 ID 的验证结果修改为“黑名单”。

传感网与运营管理平台之间的接口类型一般包含终端监测接口、终端信息上报接受、终端参数配置接口、终端软件升级接口、鉴权管理接口、安全管理接口、终端 ID 管理接口、终端注册接口、终端登录接口、终端退出接口、终端变更映射接口、终端与应用订购管理变更时信息同步接口，以及终端管理订购关系变更时信息同步接口等。

5.3 连接管理平台

连接管理平台通常指基于电信运营商网络（蜂窝，LTE 等）提供的可连接性管理、优化以及终端管理、维护等方面的功能的平台。其功能通常包括号码/IP 地址/MAC 资源管理、SIM 卡管控、连接资费管理、套餐管理、网络资源用量管理、账单管理和故障管理等。信息采集来源包括 HLR 等核心网元、BOSS（业务支撑系统）支撑网元，以及运营商接入网关和终端。HLR 实现对全国配号信息的统一管理，连接管理平台支持终端通信管理的相关管理功能。物联网连接具备 M2M 连接数大、单个物品连接 ARPU 值低（人类连接客户 ARPU 值的 3%~5%）的特点，因此多数运营商放弃自建 CMP 平台，转与专门化的 CMP 平台供应商合作。根据物联网智库的分析，对于拥有超过 1 000 个连接的企业，长期来看，使用云平台比自建 IT 设施可节省 90%的成本。另外，很多物联网客户都是跨国企业，选择运营商时更青睐一点接入全球通用，因此全球化的龙头 CMP 企业优势显著。

典型的连接管理平台包括思科公司的 Jasper 平台、爱立信公司的 DCP、沃达丰公司的 GDSP，Telit 公司的 M2M 平台、PTC 公司的 Thingworx 和 Axeda。目前全球化的 CMP 主要有 3 家：Jasper 平台、爱立信 DCP 平台和沃达丰 GDSP 平台。其中，Jasper 的规模最大，与全球超过 100 家运营商、3 500 家企业客户展开合作，国内的中国联通也通过宜通世纪公司与 Jasper 平台进行合作。

5.3.1 终端通信状态查询

连接管理平台可以从 HLR 采集终端与网络的连接状态和终端的位置状态。终端通信状态包括终端在网状态、在线状态、IMEI 及通信故障记录。用户进行终端通信状态查询的方式如下。

方式一：用户登录到连接管理平台门户（如果运营商能提供的话）查询终端当前和历史的通信状态。

方式二：业务平台通过能力调用的方式查询终端当前和历史的通信状态。

方式三：当终端通信状态发生变更时，连接管理平台通过能力通知接口实时同步给业务平台。

1. 在网状态、在线状态、动态 IP 地址和 IMEI 信息查询

终端在网状态、在线状态、动态 IP 地址及 IMEI 信息查询是指用户可以实时查询和获

取终端在网状态、终端位置、GPRS 在线状态、APN（接入点）、RAT（无线接入技术）、动态 IP 地址及 IMEI 等信息。

连接管理平台具有 HLR 自动采集策略配置功能，其 HLR 自动采集策略可通过管理平台进行门户配置，包括起始时间、结束时间、采集间隔、采集的具体信息（在网状态或位置信息）等。

用户可通过方式一或方式二获取终端的 Cell ID 位置信息。

具体说明如下。

- 当手动查询在网状态时，连接管理平台可查询终端实时开关机信息。
- 在批量查询中，由于网络信息的实时性，以及终端异常关机等因素，查询终端在网状态和位置信息可能存在数小时的时延。
- 只能查询 PS 域的 IMEI，若终端仅使用短信功能，则无法查询 IMEI。

2. 通信故障记录查询

通信故障记录查询是指用户可以查询导致短信通信失败的故障记录。

短信故障记录包括：终端 MSISDN（移动用户号码）、平台短信端口号、短信发送方向、发送时间、故障产生时间、故障原因、故障发生网元。

可能的故障原因包括：用户欠费停机、用户未签约、用户不可及、用户存储区满、用户不存在、流量限制等。

5.3.2 终端用户支撑系统信息查询

终端用户支撑系统信息查询包括终端用户欠费状态查询、流量及余额信息查询。

1. 终端用户欠费状态查询

用户可以通过登录连接管理平台的方式查询终端用户欠费状态，业务平台也可通过能力调用的方式查询终端用户欠费状态。

2. 流量及余额信息查询

用户可以通过登录连接管理平台的方式查询终端的短信流量、GPRS 流量、语音流量及余额信息，业务平台也可通过能力调用的方式查询终端的短信流量、GPRS 流量、语音流量及余额信息。

5.3.3 通信管理使用鉴权

连接管理平台对终端通信状态查询和终端账务状态查询进行严格鉴权，只有订购了通信管理类业务的客户才被允许使用终端通信管理功能。

1. 认证技术

认证指用户采用特定方式来“证明”自己确实是自己宣称的某人(证明自己是“自己”),网络中的认证主要包括身份认证和消息认证。

身份认证用于鉴别用户身份，使通信双方确信对方身份并交换会话密钥。身份认证包括识别和验证。识别是指明确并区分访问者的身份。验证是指对访问者声称的身份进行确认。在身份认证中，保密性和及时性是密钥交换的关键。为防止假冒和会话密钥的泄密，用户标识和会话密钥等重要信息必须以密文的形式传送，这就需要事前已有能用于这一目的的主密钥或公钥。在最坏的情况下，攻击者可以利用重放攻击威胁会话密钥，或者成功假冒另一方，及时性可以保证用户身份的可信度。

消息认证用于保证信息的完整性和抗否认性，使接收方可以确信其接收的消息确实来自真正的发送方。在很多情况下，用户双方并不同时在线，而且需要确认信息是否被第三方修改或伪造，这就需要消息认证。广播认证是一种特殊的消息认证形式，在广播认证中一方广播的消息可以被多方认证。

常用的认证方法有用户名或密码方式、IC 卡认证方式、动态口令方式、生物特征认证方式，以及 USB 密钥认证方式。常用的认证机制包括简单认证机制、基于 Kerberos 网络认证协议的认证机制、基于公共密钥的认证机制及基于挑战或应答的认证机制。这些方法和机制各有优势，被应用在不同的认证场景中。

在物联网的认证过程中，传感器网络的认证机制比较重要。传感器网络中的认证技术主要包括基于轻量级公钥的认证技术、预共享密钥的认证技术、随机密钥预分布的认证技术、利用辅助信息的认证，以及基于单向散列函数的认证等。

互联网的认证是区分不同层次的，网络层的认证就负责网络层的身份鉴别，业务层(应用层)的认证就负责业务层的身份鉴别，两者独立存在。但在物联网中，业务应用与网络通信紧紧地绑在一起，认证有其特殊性。例如，当物联网的业务由运营商提供时，就可以充分利用网络层认证的结果，而不需要进行业务层的认证；当业务是敏感业务(如金融类业务)时，一般业务提供者会不信任网络层的安全级别，而使用更高级别的安全保护，这个时候就需要做业务层的认证。

2. 访问控制技术

访问控制是对用户合法使用资源的认证和控制，按用户身份及其所归属的某项定义组来限制用户对某些信息项的访问或限制对某些控制功能的使用。访问控制是信息安全保障机制的核心内容，是实现数据保密性和完整性的主要手段。访问控制的功能主要有防止非法的主题进入受保护的网络资源，允许合法用户访问受保护的网络资源以及防止合法的用户对受保护的网络资源进行非授权的访问等。

访问控制可以分为自主访问控制和强制访问控制两类，前者是指用户有权对自身所创建的访问对象（文件、数据表等）进行访问，并可将对这些对象的访问权授予其他用户和从被授予权限的用户那里收回其访问权限，后者是指系统（通过专门设置的系统安全员）对用户所创建的对象进行统一的强制性控制，按照预定规则决定哪些用户可以对哪些对象进行什么类型的访问，即使用户是创建者，在创建一个对象后，也可能无权访问该对象。

访问控制技术可分为入网访问控制、网络权限控制、目录级控制、属性控制和网络服务器的安全控制。对于系统的访问控制，有几种实用的访问控制模型，分别是基于对象的访问控制模型、基于任务的访问控制模型和基于角色的访问控制模型。目前信息系统的访问控制主要是基于角色的访问控制机制及其扩展模型。

在基于角色的访问控制机制中，一个用户先由系统分配一个角色（如管理员、普通用户等），登录系统后，根据用户的角色所设置的访问策略实现对资源的访问。显然，这种机制是基于用户的，同样的角色可以访问同样的资源。对物联网而言，末端是感知网络，可能是一个感知节点或一个物体，仅采用用户角色的形式进行资源的控制显得不够灵活，因此需要寻求新的访问控制机制。

基于属性的访问控制是近几年研究的热点，若将角色映射成用户的属性，则可以构成属性和角色的对等关系。基于属性的访问控制是针对用户和资源的特性进行授权的，不再仅仅根据用户 ID 来授权。由于属性的增加相对简单，随着属性数量的增加，加密的密文长度也随之增加，这对加密算法提出了新的要求。为了改善基于属性的加密算法，目前的研究重点有基于密钥策略和基于密文策略。

5.3.4 终端通信故障快速诊断

通信故障是指物联网终端基础通信业务运行不正常，表现如下。

上行短信故障：终端发送的短信无法到达短信中心，或者短信中心无法转发该短信到目的业务网关、再由业务网关转发到连接管理平台或业务平台。

下行短信故障：业务平台或连接管理平台下发的短信无法到达目的终端。

GPRS 故障：指终端和运营管理平台或业务平台之间无法进行 GPRS 通信。

连接管理平台具有通信故障定位功能，当终端发生这些通信故障时，连接管理平台通过综合分析相关信息，定位出通信故障的基本原因。

连接管理平台能够显示 GPRS 各个实体环节可能出现问题的概率，包括终端、订购信息、HLR、业务网关、SGSN/GGSN 和业务平台等。

5.3.5 终端自动监控规则

连接管理平台可以配置终端自动监控规则，通过终端自动监控规则，连接管理平台可以自动检测终端通信状态，在满足特定条件时根据配置触发告警并采取后续行动。

在权限范围内可以新增、删除、修改、激活、挂起、查询终端自动监控规则，查询终端自动监控规则会引起终端操作日志。一个终端可被设置多个终端自动监控规则，但各个终端自动监控规则之间不能发生冲突。

当满足终端自动监控规则条件时，连接管理平台能够记录告警和后续操作日志，包括时间、具体原因、告警情况、后续行为情况等。

告警恢复时，连接管理平台能够记录告警恢复日志，包括时间、具体原因等。系统可以查询历史告警、终端行为及当时的触发条件。

5.4 应用使能平台

应用使能平台（AEP）主要面向开发者、应用需求方提供需求沟通、协同开发等功能，包括开发社区、开发环境和测试环境 3 个模块。

5.4.1 开发社区

开发者分为个人开发者和企业开发者，开发者应在云平台用户管理中心统一进行定义、验证和管理。

1. 开发支持功能

（1）开发管理

定义项目里程碑，对开发生命周期中设计、测试、编码等环节进行过程管理和控制，并能对开发关键环节予以反馈。

（2）社区论坛

开发者可以通过论坛发布需求、业务和技术讨论，也可发布和下载帮助文档和示例教程，通过论坛进行交流，具体如下。

① 发帖与回复：支持置顶、查询等操作。

② 上传、下载文档：开发者上传的业务或技术文档可根据下载量进行积分。

③ 在线即时交流：显示用户在线状态及实时消息。

④ 消息通知：留言及邮件、短信消息推送。

（3）协同开发

开发者针对某一具体任务组建开发者团队，团队成员依托开发社区进行协同开发与测试，具体如下。

① 团队管理：组建、修改、审批、解散项目开发团队。

② 任务管理：定义任务的功能需求及项目需求。

③ 项目管理：版本控制、开发进度查询、公共信息发布。

④ 协同开发支撑：支持团队成员共享资源、即时交流、问题讨论等。

（4）圈子

开发者可根据自己的业务方向、技术方向等设定自己的主题圈子，圈子成员可以在圈子内部进行消息推送、资源共享、留言评论等操作，圈子内的信息具备一定的安全保密范围，支持自定义设置。

① 基本信息管理：圈子组建、权限管理、级别设定、公共资源管理等。

② 消息管理：组内消息发布与推送。

（5）统计报表

统计分析功能，输出业务统计报表。

（6）知识库

建立业务、技术、客服等支持库，支持知识条目化采集、编辑和存储，支持按关键字、按时间、按作者、按类型等组合查询。

2. 商品测试管理

操作人员在系统中对已经发布的商品进行测试，以保证上线商品符合商业规则，满足质量要求。商品测试需要从商品可用性、完整性、安全性及政策等层面进行。

测试环境提供应用、组件或素材的仿真模拟运行环境，提供端到端业务验证的手段，满足功能测试、性能测试、数据校验、流程测试和计费验证等需求。

3. 积分管理

根据开发者贡献的大小，管理员可赠送积分给开发者。积分可用于商品兑换、话费兑换、资源使用等。

① 积分规则定义：可根据业务发展和业务需求灵活地定义积分赠送规则和积分兑换规则。

② 积分兑换：可在开发社区内部、电子渠道等处兑换积分。

4. 信用度管理

应用开发者、应用提供商和需求发布者在参与开发的过程中，例如参与虚拟团队、参与发布需求或受理需求后建立合作关系，合作方可以互相进行信用度评分。

一个开发社区中的用户信用度，是其历史信用度评分的加权平均。信用度评分的时间越近，其权重也越大。

信用度评分采用10分制。

5. 需求及创意发布

终端用户可在开发社区进行需求及创意发布，应用提供商通过对需求进行响应，经过双方确认后，可与需求提出方建立合作关系。

开发社区对合作关系进行管理，跟踪需求的完成进度，并按时间计划进行催办。

6. 信息展现

信息展现主要对交易中心业务及应用相关的行业信息进行管理，并通过门户进行展示。信息主要包括通信行业最新动态、交易中心业务最新动态、销售信息和开发动态等。

5.4.2 开发环境

1. 业务开发环境

业务开发环境可分为在线和离线两种方式。在线开发环境只需要开发者用浏览器登录系统即可进行开发，离线开发环境则需要开发者从开发社区下载并安装开发工具。

（1）业务设计

提供可视化流程编辑，用户可以通过拖动的方式使用平台提供的功能单元，在图形化编辑工具中构造业务流程。

（2）业务生成

根据业务逻辑编辑模块的业务流程，生成可执行的业务逻辑描述脚本。业务逻辑编辑模块和业务生成引擎构成了一个开放的架构，可集成交易中心发布的素材，调用素材的配置界面，并生成调用素材的脚本代码。

（3）业务仿真

业务仿真模块主要完成业务的仿真测试，当用户或开发人员完成业务逻辑的编写后，可以加载到业务仿真模块进行仿真测试。

（4）业务测试

测试环境连接实际的终端，对业务进行测试。测试环境可实现消息跟踪、业务流程控制（如设置断点）、查看业务参数值，以及相关的管理功能。

（5）业务导出

可将业务开发环境中开发好的功能组件、原子服务和业务导出为发布包。

（6）业务模板管理

在软件开发环境（Software Development Environment，SDE）中，可以将已经编辑好、通用的业务保存为模板；同时实现对模板的修改、删除、查询等操作。在 SDE 中，还可以对模板进行分类。

当进行业务开发时，将所需要的模板导入业务流程设计器，然后修改差异化部分，便可完成一个新的、有差异化的业务开发，这在很大程度上提高了业务的开发效率。

2. 门户开发环境

（1）模板管理功能

门户开发环境应实现模板管理功能，门户模板分为页面模板和组件模板。开发者可以将设计的页面或组件另存为模板，供自己以后使用，也可以提交模板用于共享。

开发者提交的模板经管理员审核后，可以在门户开发环境中共享，以供其他开发者使用。管理员可以创建模板分类，并对开发者提交的模板进行分类管理。

（2）页面开发功能

开发者通过在线门户开发环境进行页面开发，采用所见即所得的方式，拖动控件、组件到页面中进行页面的排版设计。页面开发的过程包括页面注册、页面管理、页面赋值、页面导入与导出。

（3）栏目管理

栏目管理功能可让门户开发者对栏目进行管理，系统提供树状结构的栏目显示界面，供用户查看、管理、新增、修改栏目结构。栏目树根据用户选择，过滤显示测试或正式的栏目节点。

新创建的栏目提交后，处于待审核状态。管理员对栏目进行审核，审核通过后即处于开通状态。如果审核不通过，则栏目处于无效状态。

（4）内容管理

内容管理包括内容添加、内容查询和内容审批等功能。开发者进入内容添加页面，首先从栏目树中选择需要添加内容的栏目，然后输入内容。栏目内容包括文本、图片、视频、音频，除文本可直接在界面录入外，其他内容要通过上传本地文件实现内容添加。内容还可以指定 URL（统一资源定位系统）地址，系统在运行时实时地从该地址获得内容。

内容提交后处于待审核状态，管理员可对内容进行测试和审核，审核通过后内容即处于发布状态，否则内容将被驳回。

管理员和开发者可以对内容进行查询，开发者只能查询自己提交的内容，管理员可查询所有的内容。查询时可输入的查询条件包括内容标题、内容有效期范围、内容关键字、所属栏目等。

（5）组件开发

组件是页面上具有相似功能或外观特征的部分，是在页面设计时可重复使用的基本元素。

组件有 Wap 组件、通用组件和 Web 组件 3 种类型。每种类型的组件又可分为 JSP（Java Server Pages）开发模式和 Java 开发模式，其中 JSP 开发模式的组件可以进行的操作有查看、修改、复制、删除、属性管理、代码编辑和发布；Java 开发模式的组件能进行的操作有查看、属性编辑和发布。

在线组件开发包括组件新增、组件修改、组件复制、组件查看、组件属性管理、组件代码编辑、组件发布、组件使用、组件删除、组件导出和组件导入等功能。

3. 终端开发环境

终端开发环境提供图形化的开发工具，开发者可通过绘制业务流程来描述终端部分的业务逻辑，生成 C 或 Java 代码源文件，然后提交给编译环境，编译环境调用终端厂家提供的编译器进行编译。

5.4.3 测试环境

1. 测试工具

提供白盒测试、网络安全扫描、终端仿真、压力测试等测试工具，并提供测试所需的网络环境。

2. 测试管理

（1）测试用例管理。测试环境包含测试用例管理功能，一个测试用例包含如下信息。

① 测试用例编号。

② 测试用例名称。

③ 测试对象描述信息（包含测试对象的类型，如终端软件、业务软件、素材、能力、模组、测试对象的型号或版本信息，以及测试对象所属厂家）。

④ 测试目的。

⑤ 测试所需条件。

⑥ 测试数据的准备说明。

⑦ 测试步骤。

⑧ 预期结果。

⑨ 测试用例的录入者。

⑩ 其他备注说明。

管理人员可对测试用例进行分类管理，类别可自由设置，形成树状结构；管理人员还可以对测试用例执行查询、修改、复制和删除操作。

（2）测试方案管理。测试管理员可以创建测试方案，并在测试项目中添加测试用例，一个测试项目包含如下信息。

① 测试方案编号。

② 测试方案的创建人。

③ 测试方案名称。

④ 测试方案的目的、背景及其他描述信息。

⑤ 测试方案针对的测试对象。

⑥ 测试方案所需的条件。

⑦ 测试条目。

一个测试方案可以具备多个测试用例，测试方案的创建者可以将测试条目按目录或子目录进行管理。

（3）测试结果管理。测试方案实例化后成为测试项目，一个测试项目是指采用某个测试方案，针对某一具体的测试对象实施的测试过程。测试人员选择一个测试方案，填写具体的测试对象以后，就可以启动一个测试项目了，测试项目包含如下信息。

① 对应的测试方案。

② 测试时间（测试起止时间）。

③ 测试项目名称。

④ 测试人员。

⑤ 实际测试对象。

⑥ 被测厂家。

⑦ 所包含的测试用例的实例。

测试用例的实例包含的信息有：对应的测试用例 ID、测试人员、测试结果（通过、部分通过、不通过）、测试情况说明、被测厂家的确认情况。

一个测试项目完成后，由被测厂家确认测试结果。一旦测试结果确认后，该测试项目就被关闭，只能查询，不允许修改。

5.5 业务分析平台

业务分析平台（BAP）给物联网未来发展带来很大的想象空间。一个 BAP 先需要做好用户的数据定义、加载、存储、更新、查询、分析、挖掘、备份和恢复；同时，还要实现 NoSQL 数据库存储系统的服务状态、故障、性能、日志及数据监控和统计的功能。业务分析平台功能结构，如图 5-8 所示。

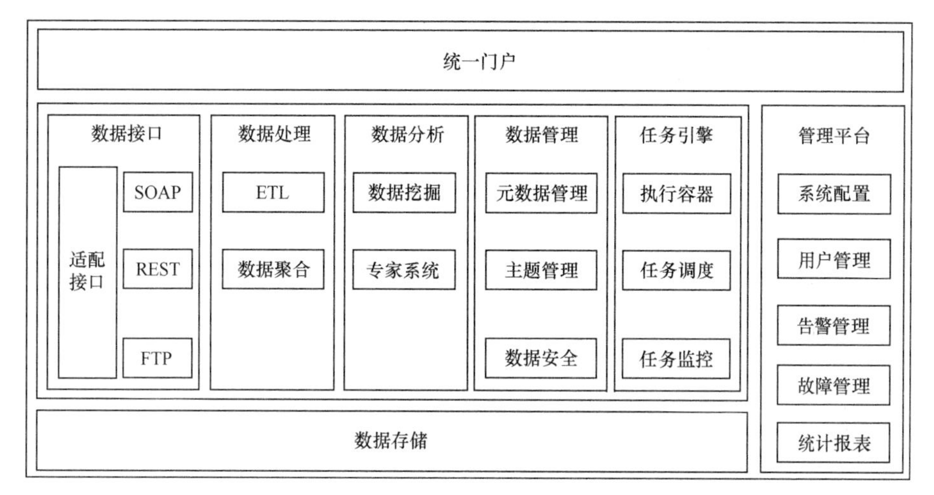

图 5-8 业务分析平台功能结构

业务分析平台包括数据管理、数据分析、数据处理、管理平台和任务引擎，每个功能模块说明如下。

（1）数据管理：为 BAP 提供数据安全、元数据管理和主题管理等相关服务。

（2）数据分析：为 BAP 提供数据挖掘、专家系统等服务。

（3）数据处理：为 BAP 提供数据的 ETL（抽取—加载—转换）、聚合等处理服务。

（4）管理平台：为 BAP 提供系统配置、用户管理、故障管理、告警管理、统计报表等服务。

（5）任务引擎：为 BAP 提供任务流执行容器、任务调度、任务监控等功能。

5.5.1 数据管理

1. 元数据管理

（1）半结构化和结构化数据：半结构化或结构化数据存储在 NoSQL 数据库存储系统和关系数据库中，因此需要预先设计存储结构并存储表的元数据。

（2）非结构化数据：非结构化数据存储在分布式文件系统中。除了完整路径外，还需要对数据的逻辑名、描述、关键字等元数据进行管理，方便用户使用数据。

2. 数据安全

（1）数据隔离：业务分析平台支持多应用系统数据访问服务，未经授权的用户无法连接到系统。不同应用系统用户之间的数据与存储系统隔离，并提供多副本数据备份机制以确保数据安全。

（2）版权控制：业务分析平台提供数据订购服务，订购的数据会被复制到单独的隔离区，无法下载或订购，只能在信息中心内部使用。

（3）权限管理：业务分析平台的用户可以对存储资源目录设置权限，权限分为共享和私有。设置为共享权限的资源可以被他人搜索订购。

3. 主题管理

业务分析平台提供的话题管理功能可以根据应用系统的具体行业进行主题划分。同一主题下的应用系统可以得到主题内推荐的数据和算法，每个主题都包含特定行业的数据处理算法。

5.5.2 数据处理

1. ETL

业务分析平台可以提取、转换和加载处理非结构化数据，将非结构化数据转换为半结构化或结构化数据。用户可以通过页面上的简单配置操作生成 ETL 任务。通过执行任务，BAP 可以自动完成海量数据的 ETL 过程。ETL 功能如下。

（1）ETL 任务流程开发。

（2）ETL 批处理组件。

（3）流程编辑器。

（4）ETL 批量组件版本管理。

2. 数据聚合

BAP 的数据处理能力具有对不同存储路径或存储方案中的数据进行关联分析的功能，用户需要对不同数据存储路径或存储方式进行元数据描述。用户在页面中配置元数据，在完成数据处理任务后，系统自动执行数据聚合工作。数据聚合功能如下。

（1）分布式文件系统配置组件。

（2）关系型数据库配置组件。

（3）NoSQL 存储系统配置组件。

5.5.3 数据分析

1. 数据挖掘

信息中心支持用户上传数据挖掘算法，并提供测试环境。用户可以设置数据挖掘算法权限，生成算法。信息中心支持大量数据的数据挖掘功能，可以使用分布式存储系统和并行计算模型对海量数据进行挖掘。功能需求如下。

（1）数据理解。

（2）数据准备。

（3）数据挖掘过程设计。

（4）数据挖掘算法上传管理。

（5）数据挖掘算法测试环境。

（6）数据挖掘算法权限管理。

2. 专家系统

信息中心专家系统支持不同行业根据特定处理逻辑生成的专家系统算法，智能分析海量数据，利用人类专家的知识和解决问题的方法来处理该领域的问题。专家系统的功能如下。

（1）知识库管理。

（2）上传专家系统的算法。

（3）专家系统算法测试。

（4）专家系统的算法权限管理。

5.5.4 任务引擎

1. 任务调度

信息中心对数据处理或数据分析任务的调度分为两种。

（1）根据调度计划定期执行。

（2）手动立即执行。

2. 任务监控

任务的执行是一个长时间的过程，所以结果不能立即反馈给用户，但是应该告知用户进程的执行状态，这样用户就可以根据状态决定下一步动作。功能需求如下。

（1）记录每次执行任务的结果。

（2）任务状态可分为正在执行和等待执行两种类型。

（3）任务实例的状态需要细分，如开始、正在执行、结束、完成、异常终止、手动终止等。

3. 执行容器

创建数据处理任务后，即可执行数据处理流程。功能需求如下。

（1）数据处理任务展示为一个个实例。

（2）在执行任务实例时，应立即向用户提供进程的执行状态。

（3）可以在任务执行过程中终止任务的执行。

本章小结

本章主要介绍了物联网开放平台的关键技术。首先详细阐述了物联网开放平台的总体架构，将物联网开放平台分为 6 个子平台：设备管理平台、连接管理平台、应用使能平台、资源管理平台、业务分析平台和应用中心平台。然后针对 6 个子平台分别进行关键功能及工作原理的阐述。通过对平台详细地介绍，读者可以充分掌握物联网平台的工作原理。

本章习题

1. 物联网平台应提供哪些能力？
2. 简述物联网开放平台的作用。
3. 用户查询终端通信状态的方式有哪 3 种？
4. 简述 ETL 功能。
5. 应用使能平台中开发社区有哪些功能？
6. 业务分析平台有几个功能模块？请简要介绍每个功能模块。

CHAPTER 6

第6章 物联网典型应用

学习目标

熟悉物联网在各个领域的应用及意义。

本章知识点

（1）物联网在公共事业领域的应用实例及作用。

（2）物联网在交通领域的应用实例及作用。

（3）物联网在工业领域的应用实例及作用。

（4）物联网在农业领域的应用实例及作用。

内容导学

利用物联网的技术优势，可以实现对应用的数据传输与处理、状态监控与管理等自动化、智能化、全面化的管理。目前，物联网技术遍布在社会的各个领域，并在公共事业、日常生活、工农业等领域形成了一些具有代表性的应用。

物联网技术使各个领域更加智能化、透明化、高效化、多样化。在学习本章内容时，重点理解物联网在公共事业、无人驾驶、工业应用、智慧物流、智慧建筑与家庭、消费与医疗、农业与环境和智慧城市等领域的典型应用案例。

6.1 公共事业

物联网正在逐渐影响着人类社会，给人类的生产生活带来巨大的变化。物联网技术在电网、环保、水利和石油等公共事业领域的应用，可提高多个业务流程的效率，优化资源分配，节省人力物力，帮助政府部门实现智能化管理。

1. 智能电网

电力行业是国民经济的支柱行业，国民经济的其他领域（如工业、医疗、环保、教育等）都要依赖于电力行业。然而，随着社会发展，对能源的需求日益增长，传统电网的提供量越来越不能满足社会需求量。

传统电网是一个简单的输电、配电、变电和送电系统，缺乏智能控制和调度，存在诸多局限性，如下。

（1）反应迟钝。传统电网的系统是多级控制的垂直系统，其反应迟钝，不能根据实际情况进行实时配置。

（2）抗干扰能力差。传统电网缺乏电网基础体系和技术支撑体系的支持，面对外部施加的干扰，容易被影响。

（3）供电结构简单。传统电网能源结构简单，供电结构以煤电为主，调节能力不足，环境保护压力大。

（4）自愈性差。传统电网的自身修复功能和自愈能力不好，完全依赖于实体的人工操作。这种人工方式不仅难以实现故障的迅速修复，还不能及时预见和检测电力传输系统中的故障。同时，大量的人工操作需求也带来了人工管理成本高的问题。

（5）智能管理薄弱。传统电网是一种简单的输电载体，缺乏智能管理能力。为了提高用电效率和质量，需要灵活管理电网中的用电终端。

（6）应用单一。传统电网具有单向输送的特点，无法构建成反馈性系统。传统电网只对用户提供简单的服务，完全没有远程抄表等智能应用。

（7）缺少信息共享能力。传统电网的自动化是孤立的、局域的，整个系统的智能化低，没有好的信息共享能力。

如何突破传统电网这些局限成为当前研究和发展的重点。用电紧张不仅影响经济的发展，还会引发社会问题，特别是电网某个关键位置出现问题时，就会引起大范围的停电现象。各国政府对可持续发展、节能减排等问题越来越重视，大家都将大力支持发展智能电网技术，以增加电网的可控性、可靠性等，进而解决传统电网的问题。智能电网是基于各种高效、集成的双向通信网络。应用先进的传感技术、测量技术、设备技术、控制方法和决策支持系统，可以实现电网的可靠、经济、安全和高效运行。

智能电网具有自愈性、鲁棒性、交互性、集成化、清洁性等主要特性，能够提供满足用户需求的电能。

（1）自愈性：智能电网具有现场数据信息在线监测和安全运行风险识别能力，能够快速预测、监测和应对运行中设备可能出现的问题。智能电网还具有自动故障诊断、故障隔离和系统自恢复能力，在发生事故时能够自我修复，提高电网的安全性和可靠性。

（2）鲁棒性：智能电网可以保证基础设施得到很好的保护，对人为错误、恶意攻击、自然灾害等各种风险因素具有较强的抗干扰能力。当电力线路发生瞬时故障时，智能电网的运行系统仍将保证用户的持续用电，并能在自我学习和有效调解下快速判断和排除故障。因此，智能电网不会像传统电网那样出现大规模停电。当自然灾害和恶劣天气来袭时，智能电网仍然可以安全可靠地运行，并有能力保证电力信息的安全。

（3）交互性：智能电网的环境、设备和用户之间的交互是智能电网的另一个重要特征。智能电网彻底改变了传统的电力服务模式，从用户角度为用户提供高质量、低成本的专属服务。

（4）集成化：智能电网在电力系统建设、控制、维护、能源管理、配电管理、电力市场运营、企业资源规划等各个领域进行统一的资源共享和平台管理，并使用统一的计算模型来传输和交换信息，从而彻底实现标准化运营和标准化管理。

（5）清洁性：智能电网优化了各种资源的利用，节约了建设成本和基础设备的运维成本。一方面，智能电网可以通过动态评估技术优化资产配置，提高电网控制系统运行效率，降低电网运行维护成本。另一方面，智能电网建设将光伏、风力等清洁可再生能源纳入可调式能源调度系统，全面推动新能源的合理有序发展。

物联网作为智能电网信息感知的核心部分，在智能电网应用中有着非常广阔的前景。通过引入物联网技术，智能电网可以感知与电网相关的外部因素，构建传感器网络的监控网络，全方位监控和响应影响变电站运行的因素。

智能电网以智能控制为工具，以通信网络为媒介，实现电力行业电力信息、数据信息和业务信息的一体化。电力行业分为几个方面，涉及发电、输电、变电、配电和用电。在这些方面应用物联网技术将有助于提高电网的传输能力，增强电网的安全性和可靠性，提高用户的用电质量，为用户提供智能便捷的服务。在输电环节，智能电网可以根据需求合理向各个终端输电，根据成本选择成本最低的输电线路；在变电环节，智能电网通过应用场景自动实现电压转换；在配电环节，智能电网可以实现配电的智能巡检和管理，通过信息网络实现终端设备的远程故障检测，并根据故障对设备进行维护；在用电环节，智能电网自动采集用电信息并生成计费信息，结合数据挖掘、神经网络、自学习等数据决策技术，帮助供电方做出智能决策。

智能电网在推动智慧城市和智能家居建设中发挥着重要作用。随着智能电网技术和应用的不断普及，智能电网将形成一个完整的网络，可以接入所有终端客户和电气设备。通过智能电网可以实现互联网、电信网、有线电视网等网络的融合，用户可以使用任何终端设备访问智能电网，如手机、平板电脑等，然后查询用电情况，修改用电设备的运行状态。

智能电网也可以实现“云电网”，用户不仅是电力的消费者，也可以是电力的提供者。

2. 地下管网监测

地下管网作为城市生命线的重要组成部分，与社会经济发展和人民生活密切相关，是城市最重要的基础设施之一。随着城市的发展，地下管网变得更加复杂，这给仍然停留在人工管理模式下的管网管理带来了巨大的挑战。电力、水、油、气公司的地下管网容易出现意外故障，因此公用事业公司必须进行定期检查，这将消耗大量的人力和物力。气体本身易燃、易爆、有毒，一旦管网设施发生泄漏，极易发生火灾、爆炸、中毒等重大安全事故，威胁居民生命财产安全。随着物联网技术的引入，现在公用事业公司可以在设备中安装传感器，实时监测设备的状态，检测设备中的异常行为，并及时通知维修人员。例如，物联网传感器可以监控油气管道、压力表和阀门，以防止它们泄漏，污染环境。一旦发生事故，物联网传感器还可以及时向公司和紧急服务部门寻求帮助。

以地下燃气管网监测系统为例，地下燃气管网监测系统首先利用监测仪器监测地下燃气管网及其邻近空间的可燃气体浓度，评估爆炸的风险，确定各空间的风险等级分布，从而对不同风险等级的地下空间进行分级监测，并在此基础上优化传感器的布局。其次，系统根据监测结果划分地下空间爆炸风险，计算泄漏位置，分析风险发展趋势，同时利用综合预测分析模型进行快速计算，模拟分析事件的发展和后果，预测可能出现的次生和衍生事件，确定事件可能的影响范围、影响方式、持续时间和危害程度，并结合相关预警分类指标提出预警分类建议。最后，系统将向相关部门发布风险图和预警信息，并生成应急辅助决策计划。地下燃气管网监测系统的总体流程如图 6-1 所示。

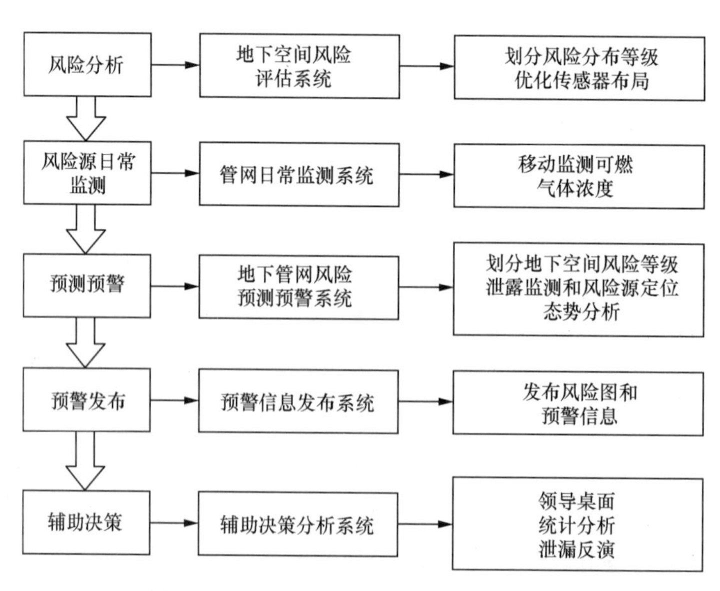

图 6-1　地下燃气管网监测系统的总体流程

3. 智能环保

智能环保是物联网和环境信息相结合的概念，通常由污染源前端监控系统、传输网络和监控中心组成。智能环保借助物联网技术，将包括各种传感器和测量仪器在内的各种先进传感设备嵌入到各种环境监测对象中，实时收集污染源、环境质量、生态和环境风险信息，构建全方位、多层次、全覆盖的生态环境监测网络，促进环境信息资源高效、准确地传递，推动海量数据资源中心和统一服务支撑平台建设，实现人类社会与环境业务系统的融合。智能环保可以更精细、更动态地实现智能化的环境管理和决策。

物联网技术在智能环保中的应用涵盖水资源保护、动物保护和垃圾处理等多个方面。例如，在动物保护方面，可以在海洋渔区部署感应节点，综合海洋环境数据、渔船行驶轨迹数据、渔业捕捞生产数据、降水量、风力风向、海洋气象灾害预警、渔情预测等信息进行多元数据融合分析，给出捕捞风险系数，渔区捕获概率，进而给出渔民决策建议。

智能环保给社会带来许多积极的意义。对政府部门而言，智能环保可以为环境保护行政主管部门在环境评价质量监测、污染源监测、环境应急管理、排污费管理、污染投诉处理、环境信息发布门户网站等方面提供数据和行政处罚依据，有效提高了环保部门的管理效率，解决了人员不足和监管任务繁重之间的矛盾。智能环保还可以实现移动执法、移动公文审批、移动查看污染源监控视频等功能。对于企业来说，智能环保可以提高企业的管理水平，企业可以准确掌握自己产生的废水、废气和废渣量。当三废排放量过高，洗消设备无法完成净化工作时，企业可以停产，这样可以避免因超标排放或不合格排放而被环保部门重重罚款，同时承担企业责任。对于公众来说，智能环保可以很好地满足公众对环境状况的知情权，公众可以通过环境信息门户网站了解当前环境的各项监测指标，同时也可以通过环境污染举报投诉处理平台向环保部门投诉举报，从而帮助环保部门更有效地管理非法排污企业，共同维护良好的环境。

6.2 无人驾驶

无人驾驶是物联网技术在交通领域的重要应用。它利用车载传感器感知车辆周围环境，根据实际路径、车辆位置、交通状况和障碍物等信息控制车辆转弯和速度，从而安全可靠地自动规划行驶路线，达到预定目的地。无人驾驶汽车需要采集和处理大量数据，通过物联网共享道路信息，更新数据，提高自动化程度。

一些发达国家很早就开始探索无人驾驶技术。其中，美国谷歌公司在无人驾驶技术上获得了许多成就，先后完成了数十万公里的路试。谷歌公司主要从事自主驾驶核心技术的研发，并不制造汽车，其无人驾驶原型车是在其他现有车型的基础上改装而成的。Waymo

原是谷歌公司于 2009 年开启的一项自动驾驶汽车计划，之后于 2016 年 12 月由谷歌公司独立出来，成为 Alphabet 公司（谷歌母公司）旗下的子公司。Waymo 被普遍认为是无人驾驶领域的领头羊。此外，特斯拉和 Uber 在无人驾驶领域也取得了巨大成就。特斯拉开发了自己的自动驾驶系统 AutoPilot，可以使车辆在车道内自动辅助转向、自动辅助加速和自动辅助制动。与谷歌相比，特斯拉的自动驾驶仪技术商业化更成熟。在欧洲，奔驰和宝马也在探索无人驾驶汽车技术，并计划在未来开发成熟的商用车。

我国对无人驾驶技术的探索还处于初级阶段。2011 年，由国防科技大学自主研制的红旗 HQ3 无人驾驶汽车完成了道路无人驾驶测试，标志着我国无人驾驶技术在环境识别、智能行为决策和控制等方面取得了新的突破。百度公司的无人驾驶项目始于 2013 年，是国内最早布局无人驾驶的企业。百度无人驾驶汽车基于百度自行采集制作的高精度地图，地图中记录完整的 3D 道路信息，实现厘米级精度的车辆定位，同时依靠世界领先的交通场景物体识别技术和环境感知技术，实现高精度的车辆检测识别、跟踪、距离和速度估计、道路分割和车道线检测，为无人驾驶的智能决策提供了依据。百度发布了无人驾驶平台 Apollo，向汽车行业及无人驾驶领域的合作伙伴提供一个开放、完整、安全的软件平台，帮助他们结合车辆和硬件系统，快速搭建一套属于自己的完整的无人驾驶系统。

无人驾驶汽车是计算机科学、模式识别和智能控制技术高度发展的产物，在国防和国民经济领域具有广阔的应用前景。无人驾驶的关键技术是环境感知技术、定位导航技术、路径规划和运动控制。

环境感知技术是无人驾驶汽车的关键和基础部分。无人驾驶汽车自主驾驶的前提是能够观察周边环境来判断自身状态。无人驾驶汽车需要感知路边基础设施、传感器标定、道路检测、障碍物检测、交通信号灯检测、交通标志检测、周边车辆检测等信息。近年来，物联网技术极大地推动了无人驾驶技术的发展。无人驾驶汽车在感知环境时需要激光雷达、毫米波雷达、红外传感器、摄像头、超声波传感器以及各种传感元件，不同的传感器设备有不同的应用范围。无人驾驶汽车的环境感知不仅仅局限于对短距离和当前环境的感知，还包括对环境的远距离感知和自动预测。人工智能技术中机器学习和深度学习的引入，使得环境感知更加合理可靠。

定位导航技术和路径规划在无人驾驶中是非常重要的。无人驾驶汽车需要使用定位系统来确定它们在周围环境中的位置，以便进行路径规划。导航技术主要是在运动规划中确定车辆的速度和方向。目前，GPS 技术是无人驾驶汽车中应用最广泛的定位技术。基于人工智能技术的路径规划是当前的主流。无人驾驶汽车在沿着规划的路径行驶时可能会遇到不可预测的情况，因此有必要对路径进行重新规划。基于人工智能技术的路径规划可以使无人驾驶汽车的行驶距离最短，油耗率最低，不仅节省汽车乘坐人员的时间和成本，还节能减排。

无人驾驶车辆控制是一种模块，它控制车辆在不同情况和环境下的行为，并指导其执行。无人驾驶汽车感知周围环境并进行路径规划和定位导航后，在执行器的控制和执行器的操作下，可以向目的地移动。无人驾驶汽车的控制系统不同于传统汽车，一方面，无人驾驶汽车的运动控制要保证有效性；另一方面，在传感器系统信号的传输中可能存在时延或错误，控制系统必须具有正确处理这种时延和错误的能力。当无人驾驶车辆在运动过程中遇到不可预测的物体，路径规划更新时，控制系统需要及时进行调整。

无人驾驶数据包括 3 种基本的类型：技术数据、众包数据和个人数据。技术数据来自传感器，这些数据可以帮助汽车识别人或障碍物，发现道路坑洼，或者计算出旁边汽车驶来的速度等。此外，技术数据有助于捕捉新的驾驶场景，并把它传至云端，以便进行学习和改进控制驾驶行为的软件。当技术数据传输到云端后，可以惠及所有连接在这一云端的车辆。众包数据是本地汽车从周边收到的数据。例如，交通状况和路况变化。很多应用都能用到这类数据，例如，寻找附近的停车场或规避交通拥堵点。个人数据，包括用户想听的广播电台、喜欢的咖啡厅、首选的路线等，此类数据有助于在无人驾驶汽车中创造更加精彩的个性化体验，满足消费者的个性化需求。

据统计，每个人平均每天在车内的时间是一个半小时，而一辆无人驾驶汽车预计在一个半小时内会产生 4TB 的数据量，如何更好地处理和管理如此庞大的数据并从中学习就变得尤为重要。未来，无人驾驶汽车必须与数十亿台设备一起竞争网络带宽，当今网络无法满足这一需求，也无法处理路上行驶的数百万辆无人驾驶车辆所生成的数据流量。各大正在引领 5G 网络转型的公司，旨在满足无人驾驶速度、时延、能耗、规模以及瞬时响应所产生的各种需求。

除了庞大数据量带来的压力以外，无人驾驶汽车在应用中还面临着许多挑战。

首先，网络安全是一个重要的问题。无人驾驶依靠网络平台，一旦系统遭到恶意攻击，车辆及其所有者的信息可能会被窃取。更严重的是，黑客攻破无人驾驶车辆系统后，可以获得车辆管理员的权限，从而远程控制车辆，威胁乘客的生命安全。

其次，无人驾驶汽车面临着可靠性的挑战。无人驾驶技术需要处理海量传感器数据，需要及时感知和预测周围环境，对时延要求较高。虽然人工智能领域的先进技术得到了应用，但目前的无人驾驶汽车对不同道路的适应性仍然有限。许多无人驾驶汽车制造商是在特定环境下进行测试的，缺乏在交通混乱、天气恶劣等特殊场景的模拟，这让消费者无法完全信任无人驾驶汽车。

最后，无人驾驶汽车也面临法律法规的挑战。目前，世界上关于无人驾驶汽车的相关法律法规并不完善，当交通事故发生时难以划分责任方，这对现行的交通法规提出许多挑战。

6.3 工业应用

随着物联网技术的快速发展和广泛应用，制造方式也发生了变化。将物联网、云计算、大数据等技术应用于工业生产已经成为必然的发展趋势。各国政府都提出了策略，比如德国提出的“工业 4.0”。“工业 4.0”是指利用信息物理系统（Cyber-Physical System，CPS）对生产中的信息进行数字化和智能供应、制造和销售，最终实现快速、有效和个性化的产品供应。

1. CPS

CPS 的核心“3C”，即计算（Computer）、通信（Communication）和控制（Control），其概念图如图 6-2 所示。CPS 通过现实世界与信息世界的交互，实现大型工程系统的实时感知、动态控制和信息反馈。

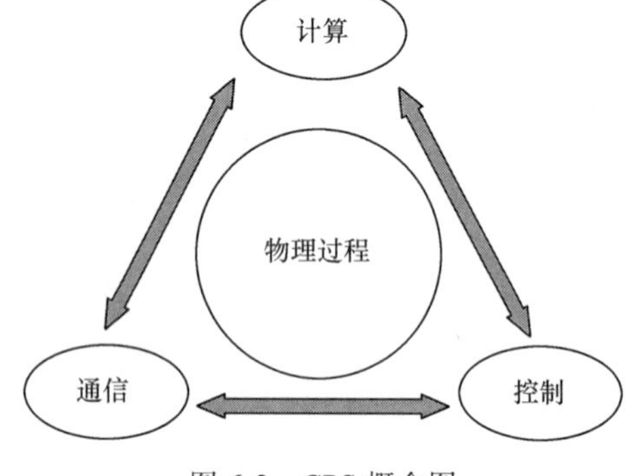

图 6-2　CPS 概念图

CPS 是由传感器件、嵌入式计算设备和网络组成的多维复杂系统。典型的 CPS 体系结构主要包括 3 种类型的组件：传感器、执行器和分布式控制器，如图 6-3 所示。传感器主要用于感知物理世界中的物理信息，通过模数转换器将各种模拟的、连续的物理信息转换成计算机和网络可以处理的数字的、离散的信息；分布式控制器接收传感器采集并通过网络传输的物理信息，经处理后以系统输出的形式反馈给执行器执行，并在此基础上提供智能服务；执行器接收控制器的执行信息，调整物理对象的状态和行为，以适应物理世界的动态变化。

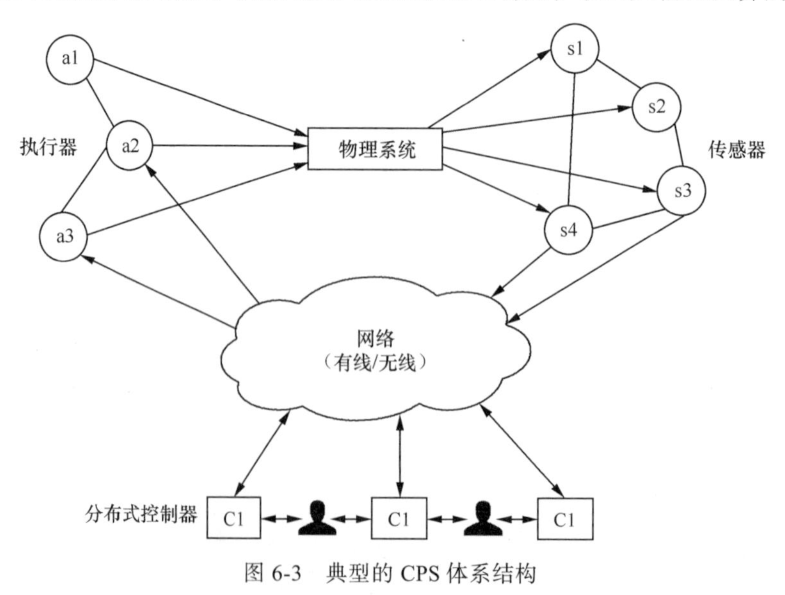

图 6-3　典型的 CPS 体系结构

CPS 具有深度嵌入、泛在互联、智能感知和交互协作的特点，将虚拟空间与物理现实世界紧密联系起来，使智能物体相互交流和互动。CPS 可以提供构建物联网的基础部分，并与服务互联网集成实现“工业 4.0”。

2. 工业物联网

工业物联网（Industrial Internet of Things，IIoT）是物联网中最大的和最重要的组成部分。随着物联网和 CPS 概念在工业应用场景中的引入，工业自动化正在发生巨大的变化。工业物联网将各种具有传感和监控能力的传感器或控制器，以及移动通信、智能分析等技术集成到工业生产过程的各个方面，从而大大提高了制造效率，提高了产品质量，降低了产品成本和资源消耗，最终将传统产业提升到智能化的新阶段。工业物联网的网络规模具有可扩展性，使得原有的设备和网络，以及新的设备和网络能够同时包含在物联网的有线和无线连接中。从应用形式来看，工业物联网的应用具有实时性、自动化、安全性和信息互操作性等特点。

基于无线通信技术的工业物联网是目前的研究热点。目前，工业物联网有三大国际标准：中国的 WIA-PA 标准、国际自动化协会的 ISA100.11a 标准、HART 基金会的 WirelessHART 标准。工业物联网的体系结构分为设备层、接入层和云分析层。设备层是由大量自控设备组成的大规模网络。接入层从许多设备层收集数据，并执行分散的决策规划。云分析层对接入层收集的小数据生成的大数据进行处理和分析，从而指导整体智能。

3. 工业 4.0

“工业 4.0”一词用于即将发生的下一次工业革命。在这场工业革命之前，人类历史上已经发生了三场工业革命。“工业 1.0”是机械制造时代，时间大概是在 18 世纪 60 年代至 19 世纪中期。“工业 1.0”通过水力和蒸汽机实现工厂机械化。这次工业革命的结果是机械生产代替了手工劳动，经济社会从以农业、手工业为基础转型到以工业、机械制造带动经济发展的新模式。“工业 2.0”是电气化与自动化时代，时间大概是 19 世纪后半期至 20 世纪初。“工业 2.0”在劳动分工基础上采用电力驱动产品的大规模生产，进入了由内燃机、发电器、继电器、电气自动化控制机械设备生产的年代。“工业 3.0”是从 20 世纪 70 年代开始的电子信息化时代。“工业 3.0”广泛应用电子与信息技术，使制造过程自动化控制程度进一步大幅度提高。在此阶段，工厂大量采用由单片机、计算机等电子信息技术化的机械设备进行生产，机器能够逐步替代人类作业。“工业 4.0”则是智能化时代，它利用信息化技术促进产业变革。

“工业 4.0”最早是由德国提出的，后被德国政府列入《德国 2020 高技术战略》确定的十大未来项目之一。“工业 4.0”旨在支持工业领域新一代革命性技术的研发与创新，提高制造业的智能化水平，打造具有适应性、资源效率和基因工程的智能工厂，在业务流程和价值流程上整合客户和业务伙伴。目前该领域的研究项目由德国政府出资 2 亿欧元支持，技术基础是 CPS 系统和物联网。“工业 4.0”计划的核心是通过 CPS 系统实现人、设备和产品的实时连接、相互识别和有效沟通，构建高度灵活的个性化和数字化智能制造模式。物联网和服务互联网的结合，使得“工业 4.0”成为可能。

“工业 4.0”下的智慧工厂的工作模式是 CPS 监控物理过程，建立物理世界的虚拟副本，实现分布式决策，然后通过物联网在 CPS 之间，以及 CPS 与人之间进行实时通信和协调。在智慧工厂中，智能产品了解其生产历史、当前状态和目标状态，并通过指示机器执行所需的制造任务并订购输送机以运输到下一个生产阶段，从而积极地引导自己完成生产过程。工业生产机械不再只是“加工”产品，产品会告诉机器应该采取什么操作。

6.4 智慧物流

物流业作为复合服务业，集仓储、运输、包装、配送、信息服务等产业于一体，是支撑国民经济发展的基础性、战略性产业。近年来，我国物流业已经成为增长最快的新兴产业之一。在我国加快经济结构调整、转变发展方式的经济转型期，传统的物流模式已经不能满足市场需求，降低成本、提高效率成为物流业发展亟待解决的问题。智慧物流基于大数据、物联网、云计算、区块链等新兴技术，是物流业自身发展内在要求的智慧产物。2009 年，我国物流技术协会信息中心等机构联合提出智慧物流的概念，指出智慧物流是利用集成智能化技术，使物流系统能模仿人的智能，具有思维、感知、学习、推理判断和自行解决物流中的某些问题的能力，它包含了智能运输、智能仓储、智能配送、智能包装、智能装卸及智能信息的获取、加工和处理等多项基本活动，为供方提供最大化的利润，为需方提供最佳的服务，同时也应消耗最少的自然资源和社会资源，最大限度地保护好生态环境，从而形成完备的智慧社会物流管理体系。

物联网的发展离不开物流行业的支持。在没有出现物联网之前，传感器网络就是最早的物联网，而传感器网络最早应用在物流行业，并在实践中不断地丰富物联网的应用。另外，智慧物流的不同环节需要不同的物联网技术支撑才能实现相应的功能。可以说，物流行业和物联网之间是相互促进、相辅相成的关系。

智慧物流中的技术主要包括物流信息采集与识别、物流信息空间、物流信息共享、物流信息处理以及物流信息服务等技术。

1. 物流信息采集与识别技术

在物流信息系统中，实时数据采集和传输是物流信息化过程中的重要环节。如何实时、准确地采集物流数据，并及时、有效地传输是一个关键问题，直接影响整个系统的效率。物流信息采集与识别技术主要包括条码技术和 RFID 技术。通过物流信息采集与识别技术，可以实现物流信息的自动扫描，为供应链管理提供了有力的技术支持，方便企业物流信息系统的管理。

2. 物流信息空间技术

物流信息空间技术主要包括 GPS、地理信息系统（Geographic Information System，GIS）等。作为一种处理与物流空间信息相关的多源信息的技术，物流信息空间技术已经成为现代物流信息技术的重要组成部分。GPS 能够实时定位、跟踪、监控货物的运输情况，将 GPS 应用于物流车辆，可以实时定位和跟踪运输的车辆和货物，也可以对车辆进行调度和监控。通过将 GPS 与各种现代物流技术相结合，可以为现代物流带来一种全新的运营模式。

GIS 主要用于物流分析，即利用 GIS 强大的地理数据功能来提高物流分析技术。GIS 的主要应用包括运输路线的选择、仓库选址、仓库容量设置、运输车辆调度和配送路线等。随着 GPS 和 GIS 技术的发展和成熟，物流配送可以依靠 GPS 和 GIS 技术进行空间网络分析和配送跟踪。通过物流配送监控系统，物流公司可以实时掌握货物的在途信息，根据变化及时调整运输计划，有效利用车辆资源，降低物流成本。

3. 物流信息共享技术

电子数据交换（Electronic Data Interchange，EDI）是一种利用计算机进行商务处理的新方法，它按照一种国际公认的标准格式，将标准的经济信息通过通信网络传输，在贸易伙伴的电子计算机系统之间进行数据交换和自动处理。国际标准化组织（International Organization for Standardization，ISO）把 EDI 定义为根据商定的交易或电文数据的结构标准，进行商业或行政交易，并从一台计算机向另一台计算机传输电子数据。EDI 利用计算机代替人工处理交易信息，大大提高了数据的处理速度和准确性，同时也消除了贸易过程中的纸面单证，因此也被称为“无纸化交易”。EDI 技术是企业为提高经营活动效率，在标准化的基础上通过计算机网络进行数据传输和交换的方法，功能主要包括电子数据的传输、数据的存储、数据标准格式的转换以及为物流信息提供增值服务等。

EDI 技术将传统的通过邮件、快递或传真的方法来进行两个组织之间的信息交流，转化为用电子数据来实现两个组织之间的信息交换。通过电子数据交换，不同企业之间能够实时传递信息，从而提高企业内部生产率、改善渠道关系、提高企业外部生产率、提高企业的竞争力、降低作业成本。EDI 最初是由美国企业应用于企业间的订货业务活动，后来其应用范围从订货业务扩展到其他业务，如销售点信息传递业务、库存管理业务、发货信息和支付信息传递业务等。近年来，EDI 在物流中得到广泛应用，货主、承运人和其他相关单位通过 EDI 系统交换物流数据，并以此为基础实现物流作业活动。图 6-4 是基于 EDI 的物流信息流程图。

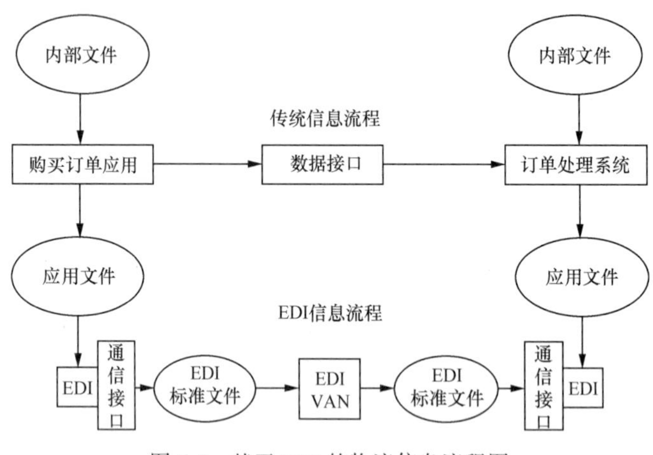

图 6-4 基于 EDI 的物流信息流程图

4. 物流信息处理技术

（1）信息存储技术

存储设备是信息存储技术的一个重要组成部分。目前流行的主要存储设备，磁存储有磁带、软磁盘、硬磁盘、磁卡等；光存储有各种 CD、DVD 光盘；半导体存储器有随机存储器（SRAM、DRAM）、只读存储器（掩膜 ROM、E2PROM、闪存等）、基于闪存的便携移动闪存盘及各种闪存卡等；新型固体存储器有磁性随机存储器（MRAM）、铁电存储器（FRAM）等。

信息存储技术的另一个重要构成是存储系统，网络存储结构大致分为 3 种：直连式存储（Direct Attached Storage，DAS）、网络存储设备（Network Attached Storage，NAS）和存储网络（Storage Area Network，SAN）。DAS 中存储设备直接连接到各种服务器和主机，并且完全以服务器为中心，通常靠近服务器的物理位置。NAS 是指使用通用通信协议将集成存储系统连接到信息网络的技术。NAS 具有技术成熟，安装管理简单等优点，但它争夺网络资源，系统规模扩展有限。SAN 将数据存储设备与服务器分开，将数据存储设备与服务器分离，与局域网连接，集中管理，使网络中的任何主机都可以访问网络中的任何存储设备，从而实现数据共享。

（2）信息处理技术

数据库技术已经成为信息社会中组织和管理大量数据的重要技术手段和软件技术，是网络信息管理系统的基础。常用的数据库有 Oracle、SQL Sever、Access、Informix、MySQL 和 PostgreSQL 等。数据库技术是物流信息系统的核心技术。物流数据库的基本应用程序包括数据采集、数据存储、数据传输、数据处理、信息解释和信息输出 6 个方面。物流信息系统的服务对象是物流管理者，因此它必须向物流管理者提供可解释的信息。

数据挖掘（Data Mining）是指通过算法来搜索隐藏于大量数据中的信息的过程。数据挖掘技术是以大规模数据采集、功能强大的计算机和数据挖掘算法作为支撑的。数据挖掘的基本模型主要包含决策树、关联规则、聚类、神经网络、遗传算法、贝叶斯分类、支持向量机、模糊集、基于案例的推理等。数据挖掘技术在解决选址、仓储、配送等物流基础问题中发挥重要作用，将成为深化物流信息管理的最有效方法。例如，在选址问题中，利用分类树的方法，不仅可以确定中心点的位置，还可以确定各个地址之间的每年货物运输量，从而保证整个企业必要的销售量；在配送问题中，可以采用贝叶斯分类、聚类等方法对客户需求和运输路线进行分类，这对整个配送策略中车辆的合理选择和分配会有很好的效果；在仓储问题中，将关联模型用于分析货物存储、运输和客户服务中的成本问题，可以提高拣货效率。

（3）信息可视化技术

可视化是将数据信息和知识转化为视觉形式，充分利用人可以快速识别视觉模式的自然能力。有效的视觉界面使人们能够观察、操作、探索、过滤、发现和理解大规模数据，并方便地与之进行交互，从而极其有效地发现隐藏在信息内部的特征和规律。随着商业数据的海量计算、电子商务的全面发展和数据仓库的大规模应用，人们对可视化的需求越来越广泛。信息可视化融合了科学可视化、人机交互、数据挖掘、图像技术、图形学、认知科学等诸多学科的理论和方法，并逐步发展。

信息可视化主要是指在计算机的支持下，对非空间的、非数值的、高维的信息进行可视化表示，以增强用户对其背后抽象信息的认知。信息可视化技术已经应用于信息管理的许多方面，如信息提供的可视化技术、信息组织和描述的可视化方法、信息检索和利用的可视化等。基于信息可视化技术的物流信息系统可以实现库存、运输、订单等整个物流信息的可视化，进而实现全方位的物流跟踪、实时信息交互、业务管理和决策信息化。

上述关键技术与电子商务技术、信息标准技术、系统仿真技术、人工智能技术和系统集成技术共同构成了信息处理技术体系。物流信息处理技术是基于现代计算机信息系统和物流信息业务发展起来的，是现代物流信息技术的重要组成部分。物流信息处理技术主要用于存储不同企业的生产、销售、库存信息，为物流服务提供灵活的收集手段，自动传输和加载数据，根据客户数据了解其物流需求，从而为物流服务提供良好的数据支持。物流信息处理技术主要用于物流中物流货物的订单处理、采购、补货、拣货和库存管理，其应用将使物流信息系统中的信息数据得到有效的处理。

5. 物流信息服务技术

物流信息服务技术主要为物流信息集成、物流信息共享和物流信息平台的构建提供服务。基于集成技术的物流管理信息系统的集成过程如图 6-5 所示。由于物流行业的信息集成涉及许多异构的数据源，并在信息查询方面有较高的要求，因此对面向物流的信息集成也提出了更高的需求。

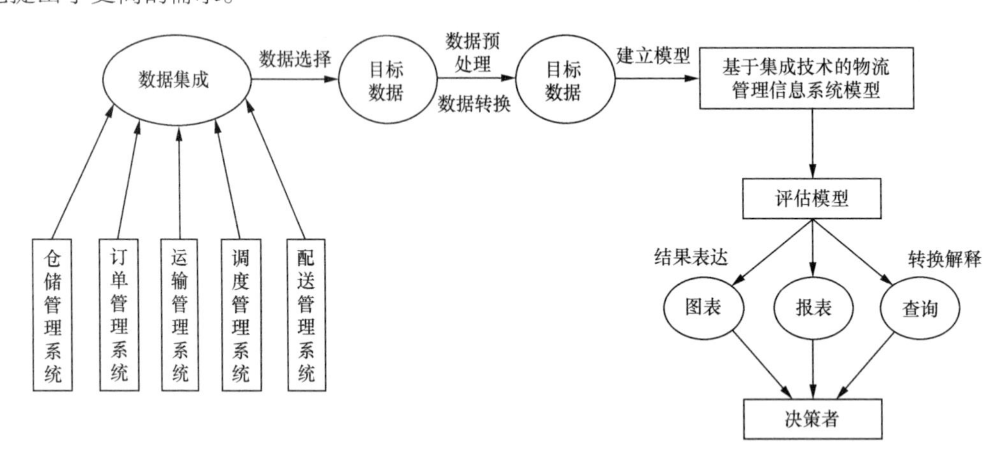

图 6-5　基于集成技术的物流管理信息系统的集成过程

物联网技术应用在物流行业中具有以下几个方面的优势。

（1）实时监控货物状态

传统物流管理信息系统中的每个模块只是其相应工作内容的一个集成，没有对货物的状态和将要发生的变化进行实时跟踪和监控。通过物联网，智慧物流系统可以实时地监控货物，进而实时地监控物流运营中货物的状态，方便企业管理者在货物管理中做出最佳的管理决策。

（2）有效处理物流作业中的突发情况

物流运营需要与大量的客户、产品、供应商和服务公司合作和竞争，因此需要物流信息系统能及时有效地识别物流活动中的异常情况。例如，在物流系统中，需要定期检查库存和订单计划，但在传统的物流信息系统中，需要人工检查，这将花费大量时间。通过物联网，企业能够在物流管理中尽快发现需要注意的情况，以便管理人员及时做出决策来处理这些异常情况，提高企业的业务处理效率。

（3）信息共享

通过物联网智慧物流系统，可以实现内部和外部物流管理信息系统之间的信息共享。企业内部各职能部门不仅可以在该系统的支持下完成本部门的所有工作，还可以通过信息共享帮助各部门方便地交流信息。企业也可以在这个共享的信息平台上获取企业外部的有用信息，将物流的发展提高到一个新的水平。

（4）敏捷沟通

传统的物流管理信息系统无法实现制造商、销售商和运输商之间的敏捷沟通。信息时代中广泛、海量、快速的信息交互使企业物流活动越来越复杂，在许多情况下，需要物流管理信息系统来帮助企业实现与其他合作伙伴和客户的敏捷沟通。智慧物流系统可以根据环境的变化快速调整和重组，实现敏捷沟通。敏捷沟通的实现是市场快速变化、产品快速更新和企业核心竞争力提高的要求。

（5）客户服务响应快

传统企业中客户服务是一个单独的部门，往往和企业的其他部门是分开的。客服很大程度上是在收到客户反馈信息后咨询相关部门，然后在收到信息后为客户解决问题。这种方式过于复杂，企业各部门之间的协调能力对其影响很大，而且在接受客户反馈的时候，其实已经影响了企业的声誉。智慧物流系统可以将客户关系管理与物流管理相结合，实时监控商品信息，帮助企业更好地了解用户使用的产品，并在客户发现问题之前解决问题。

通过物联网发展智慧物流，推动供应链变革，实现物流系统中货物的透明化、实时化管理，实现物流物联网运营服务平台、物流物联网数据控制中心、物流物联网信息采集网络平台等通用技术支撑平台，同时结合移动通信、互联网和 RFID 系统、GPS 和 GIS 等各种技术，不仅可以改变目前物流业单一的 GPS 车辆监控功能，还可以为物流企业的发展带来突破性的解决方案，实现车货、人货、系统与客户之间完善的物联网应用系统，为客户提供车辆定位、运输货物监控、在线调度和配送的可视化管理，建立物流运营的智能控制。基于物联网的物流信息网如图 6-6 所示。

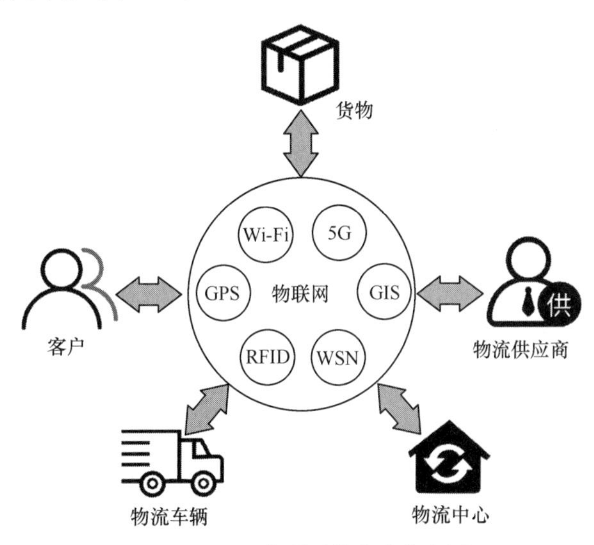

图 6-6　基于物联网的物流信息网

6.5　智慧建筑与家庭

智慧建筑由传统建筑演变而来，其宗旨是利用各种信息化技术打造便捷的、安全的、舒适的、节能的建筑功能环境，进而推进建筑行业的可持续发展。国际上首个智慧建筑起源于美国，为 1984 年建造的“都市办公大楼”，是由美国康涅狄格州福德市的旧金山金融大厦改建而成的，它标志着智慧建筑发展的起步。随着建筑行业的发展和各种智能化技术的进步，智慧建筑的规模以及运用范围也在不断壮大。尽管当前行业内对智慧建筑还没有一个统一的定义，但毋庸置疑的是，智慧建筑的实现必须依赖于智能设备、网络技术和自动化系统，与物联网之间有着密切的联系。

智能家居是指通过信息技术与家居环境的相互融合，以住宅为平台实现生活环境的智能化。与普通家庭相比，智能家居可以提供人性化和智能化的服务，优化人们的生活方式，提高生活质量。简单来说，智能家居主要针对于住宅建筑，以家庭住宅为单位，智慧建筑包含了智能家居的功能，可以说智能家居是从智慧建筑这个概念中衍生出来的，是智慧建筑的一种表现形式。

物联网技术在智慧建筑和智能家居中的应用主要体现在楼宇健康监测、智能安防、智能家电、智能照明和节能减排等方面。

1. 楼宇健康监测

建筑物的安全是备受重视的问题。基于物联网的楼宇健康监测系统具有结构简单、智能化、人性化等优点，能够对建筑物健康情况进行全方位的分析与评估。楼宇健康监测系统将光纤光栅传感器、倾角传感器、温湿度传感器、烟雾传感器等节点集成到建筑物中，这些节点采集信息并上传数据到楼宇健康评估中心。一旦数据有异常，楼宇健康监测系统就可以预警，提前做好保障工作，为提高高层楼宇的安全保障提供了有效的途径。

2. 智能安防

智能安防的功能包括出入口控制、入侵报警、视频监控等。智慧建筑中通过门禁卡、指纹识别、人脸识别等手段确认刷卡人的身份信息，并将刷卡人的信息和进出时间上传到数据库。同时楼宇内部会布设视频监控，一旦有案情发生，就可以作为重要证据。家庭中可以布置红外传感器、玻璃破损传感器、烟雾探测器、气体泄漏传感器等节点，在发生入室、燃气泄漏等事故时，安防系统会自动报警求助。相对于传统安防系统，智能安防提供了一种更加有效、全面且便捷的安保措施，可以有效保证家庭的安全。

3. 智能家电

智能家电就是将微处理器、传感器技术、网络通信技术引入家电设备后形成的家电产品，可以自动感知住宅空间状态和家电自身状态、家电服务状态，能够自动控制及接收住宅用户在住宅内或远程的控制指令。智能家电作为智能家居的组成部分，能够与住宅内其他家电和家居、设施互联组成系统，实现智能家居功能。智能冰箱、智能洗衣机、云电视等是智能家电的代表性产品。通过物联网，所有的产品都可以接收、发送信息，实现人与家电、家电与环境之间的交互。智能冰箱可以与食品“对话”，并将信息传送到超市，延伸到食物链，从而享受到关于食品的各种服务。智能洗衣机可以智能识别衣服的质地和洁净度，自动洗净衣服。

智能冰箱系统一般包括 RFID 监控、食品管理系统和无线通信 3 个模块，如图 6-7 所示。

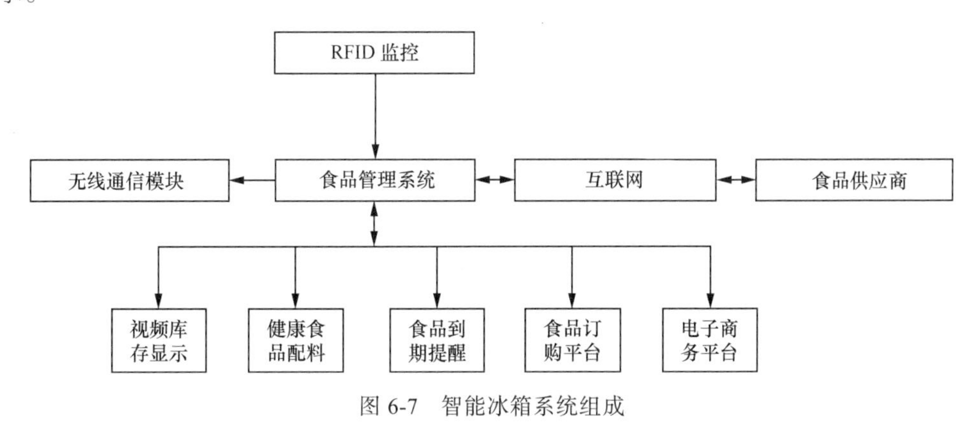

图 6-7　智能冰箱系统组成

智能冰箱中的 RFID 监控模块负责读取食品的属性，如生产日期、保质期等。通过食品管理系统模块，智能冰箱提醒用户哪些东西需要购买，哪些东西到了保质期，并根据用户的指令订购各种食品。智能冰箱还可以统计用户的健康、饮食习惯，提供健康食谱搭配等服务。无线通信模块负责以上过程的通信。

4. 智能照明

目前，我国照明消耗的电能占总用电量的比例很大。智能照明是指由物联网技术、有线或无线通信技术、电力载波通信技术、嵌入式计算机智能信息处理、节能控制技术等组成的分布式照明控制系统，实现对照明设备的智能控制。智能照明不仅可以提高能效，还可以改善家居环境。

智能照明控制系统主要由智能移动终端、控制模块和环境光传感器等组成。用户在手机、平板等设备上安装相关软件后，可实现家庭照明设备的集中控制。控制模块包括调光控制和场景控制等，它可以手动或通过接收控制模块的命令来控制室内照明和切换照明模式，也可以根据预设的场景来实现不同的灯光情景效果。例如，当用户选择生日模式时，灯光自动调节到温馨多彩的生日照明，营造温馨的生日会氛围。如果用户担心忘记关灯，还可以进行定时熄灯、远程熄灯等操作。控制模块还可以根据环境光传感器反馈的室内光线条件，自动调节灯光亮度来降低照明功耗。

智能照明逐渐成为品质家居生活的必备。智能照明不仅便利、易于管控、人性化，而且在节能效果上比传统照明更高一筹。对于追求生活品质的人来说，智能照明是必然的选择。

5. 节能减排

绿色环保是智慧建筑的发展目标。物联网时代的智慧建筑可以充分利用自然资源，降低能耗，节约能源，减少排放。安装在智慧建筑中的无线传感器可以实时监测室内的温度、湿度等参数，从而控制空调系统并将其调节到最低能耗状态。智能照明系统也是节能减排的一个重要组成部分。

6.6 消费与医疗

1. 物联网在消费领域中的应用

物联网对消费领域的影响体现在多个方面。

（1）物联网改变消费模式

物联网技术通过智慧感知打破线上线下消费模式的天然壁垒，改变了现有的消费模式和消费环境。物联网技术在消费模式上最明显的应用就是共享经济，比如共享单车。共享单车融合物联网技术、自动控制技术和 GPS 全球定位技术等多种技术。单车停放在路边，通过 GPS 定位模块，定期将定位信息告知给设备商的云服务器。用户通过手机 APP 授权自己的位置信息，并访问云服务器的数据查看周边的单车停放位置信息。单车和用户手机互联的过程主要是基于蓝牙、2G 通信、eMTC 和 NB-IoT 等原理。物联网技术的发展解决了共享单车损坏、被盗等管理问题和固定桩等用户体验问题。用户使用自行车共享后，汽车整体使用率有明显下降，缓解了城市交通的拥堵延误问题。可以看出，由于物联网技术的成熟应用，人们的消费模式在出行、购物和支付等方面发生了变化，这不仅大大提高了消费效率，而且有效降低了消费成本，极大地促进了居民消费。

（2）物联网改善消费环境

无人超市是物联网改善消费环境的一个很好的例子。对消费者而言，他们可以在更自由、更安静、更便捷、更被信任的环境中购物，对零售商而言，他们也可以节省导购、监督、收费等环节花费的人力物力。无人超市的核心在于无人运营，其发展的关键基础在于物联网技术，以未来商店、缤果盒子、淘咖啡等已有的无人超市为例，这些超市的无人运营均涉及了扫码开门、人脸识别、防盗监控、远程客服、智能收银等物联网技术。无人超市智能系统主要分为两大块，一块是以支付为核心的无人智能消费模块，另一块是提供无人超市场景舒适度的物联网智能方案模块。如何在无人的情况下最快地、最安全地完成消费，如何提供舒适的场景，将是无人超市未来两大技术支撑。面对多元化的消费模式，尽管技术上未能达到完美，但不可否认的是，无人超市正在改变人们的生活方式。

（3）物联网保护消费者权益

保护消费者权益的能力是提高消费水平不可或缺的因素。物联网的互联性和实时感知性可以有效提高对消费者安全权、知情权和监督权的保护，保障了消费者权益。例如，在产品上安装带有标准、生产日期等信息的 RFID 电子标签，可以使消费者轻松判断真伪，可以有效地保护消费者的安全权和知情权。另一方面，电子标签的内部记录信息和运维管理平台的记录信息可以作为具有法律效力的证据，可以解决消费者维权过程中取证困难等复杂问题，降低维权成本，提高维权效率，有效保护消费者的求偿权和监督权。物联网技术可以在一定程度上提高消费者权益保护能力，从而扩大消费者需求，对提高居民消费水平产生积极影响。

2. 物联网在医疗保健中的应用

医疗保健是物联网最具吸引力的应用领域之一。随着社会的发展和人类的进步，人们逐渐认识到健康不仅是社会发展追求的目标之一，还是促进经济发展的基本条件。随着人们对各种医疗保健需求的增长，现有的公共卫生服务及其可支持性受到了极大的挑战。

由于物联网技术在信息的感知、传输和应用方面具有明显的优势，因此基于物联网的医疗服务将为患者提供最佳的医疗帮助、最小的医疗费用、最短的治疗时间和最满意的保健服务。从医疗保健提供商的角度来看，物联网可以通过远程配置减少设备停机时间；可以正确地确定最佳时机以补充各种设备的耗材，保障其平稳连续地运行；可以监控医疗设备的生产、交付、防伪和追踪的全过程。

基于物联网的医疗服务可以管理包括身份识别、药品识别、病历识别等在内的医疗信息，并构建危重病人的远程咨询和持续监控的医疗管理平台。基于物联网的医疗应用主要有：远程医疗和移动医疗、医疗设备和药物控制、医疗信息管理和老人护理等。

（1）远程医疗和移动医疗

远程医疗是一种新型的医疗服务，旨在通过计算机技术、通信技术、多媒体技术和医疗技术的结合，提高诊断和医疗水平，降低医疗成本，满足人们的健康需求。远程医疗建立了一个以病人为中心的服务系统，可以持续监控危重病人并提供远程咨询服务。随着远程技术的发展，先进的传感器已经能够在患者的身体传感器网络内进行有效的通信。移动医疗可以通过监测生命体征为每个客户建立一个数据库。该数据库包含体重、胆固醇、脂肪含量和蛋白质含量等身体状况信息。它可以实时分析客户的身体状况信息，并将结果追溯到社区或相关医疗单位，这些机构可以为客户提供饮食调节和保健建议。

远程医疗和移动医疗通过医用传感器和身体传感网实现，如图 6-8 所示。

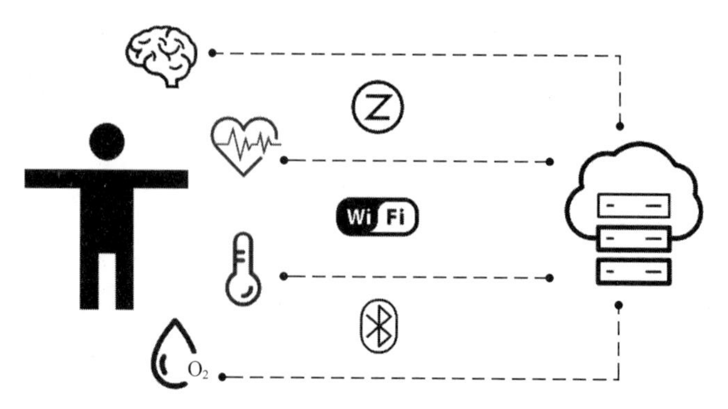

图 6-8　基于医用传感器和身体传感网的远程医疗

医用传感器是指用于生物医学领域的传感器，是一种能够感知人体生理信息并将其转换为具有确定功能关系的电信号的装置。一般常用的医用传感器有体温传感器、血氧仪传感器、脑电波传感器等。

① 体温传感器：体温传感器有很多种，包括电子体温计和红外热辐射温度传感器。电子体温计是接触式的，通过某些物质的电阻、电压或电流等物理参数随温度变化的关系测算温度，以数字形式显示体温。与传统的水银温度计相比，电子温度计具有测量速度快、测量精度高、读数方便等优点。红外热辐射温度传感器是根据人体表面的辐射能量来确定体温的，是非接触式的。

② 血氧仪传感器：血氧饱和度反映了人体呼吸功能及氧含量是否正常，它是显示我们人体各组织是否健康的一个重要生理参数。血氧仪传感器有一对 LED，其中一个为红光，另一个为红外线，它们交替照射使用者身体的半透明部位（通常是指尖或耳垂）。微处理器计算所吸收的这两种光谱的比率，得出血氧饱和度。血氧仪传感器提供了一种以无创方式测量血氧饱和度或动脉血红蛋白饱和度的方法，为临床提供了便捷可靠的测定方法。

③ 脑电波传感器：脑电波传感器能够帮助人们实时监控大脑活动状态，可以将其贴在额头上，对脑电波进行无线测量。通过脑电波检测，可以检测使用者的睡眠质量，有助于发现一些疾病的初期症状（如阿尔茨海默病等）。此外，脑电波传感器还可以应用到安全领域，比如监测司机大脑状态，在其驾驶疲劳或者身体不适时，及时切换为自动驾驶模式并及时报警等。

BSN 的体系结构分为 3 个层次。第一层包含具有检测功能的传感器节点，可以测量和处理人体的生理信号、动作信号和环境信息。这些传感器节点需要尺寸很小以易于穿戴或植入，而且它们需要尽可能低功耗地进行通信。传感器节点将这些信息传输到外部控制节点，也可以接收外部命令触发动作。第二层是功能设计完整的移动个人服务器，包括汇聚节点或基站，负责与外部网络通信，接收分析第一层得到的传感数据，并执行指定的用户程序。第三层包括提供各种应用服务的远程服务器。例如，医疗服务器保存注册用户的电子病历，并为这些用户、医务人员和护理人员提供相应的服务。

（2）医疗设备和药物控制

借助物联网技术，可以监控医疗设备和药物的生产、交付、防伪和追踪的全过程，以维护公共医疗安全。

① 医疗器械及药品的防伪：贴在产品上的RFID标签中的身份是唯一的，并且难以复制，消费者可以通过它轻松查询产品的所有信息，可以快捷地识别出假冒伪劣产品。

② 持续实时监控：在药物生产、流通和使用的全过程中，可以进行持续实时地监控。当药品被包装时，安装在生产线中的读取器可以自动识别每种药品的信息，然后将其传输到数据库。当出现药品质量问题时，可以根据不合格药品的产地批次等信息来追溯问题源头，认定责任方。

③ 医疗垃圾信息管理：借助医院和运输公司的合作，建立可追溯的医疗垃圾信息系统，可以追踪医疗垃圾从医院到垃圾处理厂的整个运输过程，避免非法处置医疗垃圾。

（3）医疗信息管理

物联网在医疗信息管理中具有广阔的应用前景。目前，医院对医疗信息管理的需求主要包括患者或医生的身份识别，药物、医疗设备或实验室化学品的样本识别，病情或体征的病历识别等。具体应用涉及以下几个方面。

① 患者信息管理：病人的电子健康档案，包括病史、体格检查、治疗记录和药物过敏等，可以为医生制订治疗计划提供一些帮助。

② 医疗应急管理：在受伤患者过多，无法联系患者亲属或患者处于危急状况的某些特殊情况下，借助可靠，高效的信息存储和RFID技术检查方法，医生可以快速确认患者的身份，包括姓名、年龄、血型、电话号码、病史等详细信息，并完成办理手续，以节省宝贵的时间来进行紧急治疗。

③ 药物存储管理：RFID技术可以应用于药物的存储，它将简化人工和纸张记录，防止药物短缺，并使药物召回更加方便，从而避免混淆相似的药物名称和剂量，加强用药管理，保障及时用药。

④ 药物制剂的错误预防机制：建立药物制剂的错误预防机制，在配药、用药、药效跟踪等环节对药物制剂进行信息化管理。通过该机制，可以确认患者服用的药物的剂量和类型，并记录药物的流量及其批号，以避免药物流失并确保患者的安全。

⑤ 医疗设备和药物的可追溯性：通过记录包括产品使用的基本信息、不良事件中涉及的产品的特定信息、存在质量问题的产品的来源，以及使用存在质量问题的产品的患者等，可以轻松地跟踪存在质量问题的产品以及所涉及的患者，以控制所有未使用的医疗设备和药物，并为处理事故提供强有力的支持。

⑥ 信息共享：通过共享医疗信息和病历，可以形成一个先进的综合医疗网络。一方面，通过使用该网络，授权医生可以查看患者的病历、病史、医疗方法和保险范围，同时，患者还可以自由地选择或更换他们的医生或医院。另一方面，该网络支持城镇和社区医院与中心医院之间的完整信息交换，还可以帮助城镇和社区医院不断接收医学专家的治疗建议、转移治疗和医学培训。

⑦ 报警系统：通过对医院医疗设备和患者的实时监视和跟踪，警报系统可以发送紧急求救信号，防止患者未经许可离开医院，避免贵重物品被损坏或被盗，并保护对温度敏感的药品和实验室样品等。

（4）老人护理

随着社会的发展，越来越多的年轻人离开家乡去打拼，家中留下年迈多病的父母。由于子女不在身边，老人的生活可能无人照料，病痛可能不能及时妥善治疗，甚至抑郁的情绪可能无法及时排解，空巢老人生存现状已成为无法回避的社会问题。物联网可以为空巢老人及其子女之间提供一条及时联系的桥梁。物联网在老人护理方面的应用具体如下。

① 防走失：老人位置实时定位，子女可通过移动护理设备实时查看老人所在的位置和行动的轨迹，当老人走失、迷路时可以准确定位，及时报警处理。

② 一键求助：老人需要帮助时，可以通过呼叫按钮一键拨打电话。系统收到紧急信号后，会在护理终端系统上发送报警信号，子女可以通过终端响应报警事件。

③ 体征检测：将老年人的呼吸、心率等特征数据实时上传至智能监控服务器系统，由系统进行分析处理，实时掌握老年人的健康状况。当体征数据异常时，系统会触发报警，解决老年人在睡眠中发病的急救问题。

物联网技术与养老相结合，可以有效地提升居家养老和机构养老的服务水平，实现智能养老，为老年人提供安全健康的护理，提高老年人护理的效率和质量。

6.7 农业与环境

当今全球粮食的供应量正面临着巨大的挑战。一方面，当今世界人口在不断增加，到2050年，人口将预计达到约97亿。另一方面，由于各种原因（例如工业化的推进），农业用地正在逐渐被蚕食。粮食是人类的最基本的需求，因此如何提高农作物产量是一个迫在眉睫的问题。

在目前的情况下，由于昆虫侵袭、植物病害，对农作物的必需补品缺乏适当的知识等，使用传统耕作方式的农民面临着重重障碍。智能农业是互联网、云和物联网设备等各种技术和设备的应用，可以使耕作变得容易、经济，能够提高作物产量，帮助农民解决上述问题。智能农业的概念出现时间不长，目前还没有公认的定义。但其设计思路是充分利用当前的信息技术，包括更深入的感知技术、更广泛的互联技术和更透彻的智能技术，使农业系统更加有效、智能地运行，从而实现农产品竞争力强、农业可持续发展、农村能源有效利用和环境保护的目标。一般来说，智能农业并不关注农业信息技术在农业中的单一应用，而是将农业视为一个有机联系的系统，将信息技术全面、综合、系统地应用于农业系统的各个环节。

与智能农业类似的一个概念是精细农业（Precision Agriculture）。精细农业是一种管理策略，可收集、处理和分析时间、空间和个人数据，并将其与其他信息结合起来，实施现代化耕作和管理，从而提高资源利用效率、生产力、质量、盈利能力和农业生产的可持续性。精细农业寻求使用新技术来提高农作物的产量和利润，同时降低种植农作物所需的土地、水、肥料、除草剂和杀虫剂等的投入。精细农业需要三个“精准”：一是精准定位，准确确定灌溉、施肥、病虫害防治的位置；二是精准定量，准确确定水、肥、药、种子等的量；三是精准定时，准确确定施肥、播种、灌溉、病虫害防治、除草、收割等措施的实施时间。

一般来说，智能农业是一种理念，它运用农业信息技术和理论方法，使农业更加智能化、透明化、高效化、多样化。提高农作物整体效益，其实现方法就是提高农业信息技术，即精细农业。可以说，智能农业和精细农业是一种包含关系。

1. 智能农业的关键技术

智能农业和精细农业的实现需要各系统的配合，其技术核心是全球定位系统（GPS）、农田遥感监测系统（RS）和农田地理信息系统（GIS），即“3S”技术。

（1）GPS 技术

GPS 在智能农业和精细农业中的具体应用如下。

① 土壤分布调查：采集土样时，可以利用 GPS 精确定位采样点的地理位置，计算机进一步绘制土样点分布图。

② 作物产量监测：收割作物时，可以使用产量监测仪记录作物的产量，用 GPS 记录收割的作物的位置，计算机根据这些信息绘制产量分布图。结合土壤成分的分析，可以找出影响作物产量的相关因素，进而可以对实施施肥等具体措施进行改良。

③ 病虫害区域性监测：使用 GPS 可以准确划定害虫区域，定位害虫，及早防范。

（2）RS 技术

遥感技术是一种利用各种传感仪器，采集地球表面各种目标的电磁波信息，对信息进行收集、分析、处理并且成像，从而对地面目标进行探测和识别的探测技术。

遥感系统主要由信息源、信息采集、信息处理和信息应用 4 部分组成。信息源是指需要通过遥感技术进行探测的物体。信息采集是指利用遥感设备接收并记录目标物体电磁波特征的探测过程。信息采集部分主要包括遥感平台和遥感器，其中遥感平台是运载传感器的运载工具，如车辆、热气球、飞机、卫星等。遥感器是用来探测目标物体电磁波特性的仪器设备，常用的有照相机、扫描仪、成像雷达等。信息处理是指利用光学仪器和计算机设备对获取的遥感信息进行校正、分析和解释，从遥感信息中识别和提取所需的有用信息。信息应用是指专业人员根据不同目的将遥感信息应用于各种业务领域的过程。

通过不同波段的反射光谱分析，遥感系统可以提供农田作物的生长条件，并实时反馈给计算机，帮助大家了解土壤和作物的空间变化，以便科学管理和决策。

（3）GIS 技术

GIS 是智能农业和精准农业的技术核心，它可以将土地界线、土壤类型、灌溉系统、历年土壤成分、化肥和农药的使用情况，以及历年的产量结果纳入自己的地理信息图中进行统一管理。通过对历年产量图的分析，可以得到田间产量的变化情况，找出低产地区，然后通过产量图与其他因素层的比较，找出影响产量的主要因素。在此基础上，编制土地优化管理信息系统，用于指导播种、施肥、除草、病虫害防治和灌溉等。

2. 物联网在智能农业中的应用

物联网是实现智能农业应用的重要方法。低功耗和低成本传感器技术进步使无线传感网络能够收集大量环境数据，将收集到的数据进行抽象分析以获取基本反馈，或者直接发送到数据库进行深入分析。基于物联网的智能农业系统结构如图 6-9 所示。

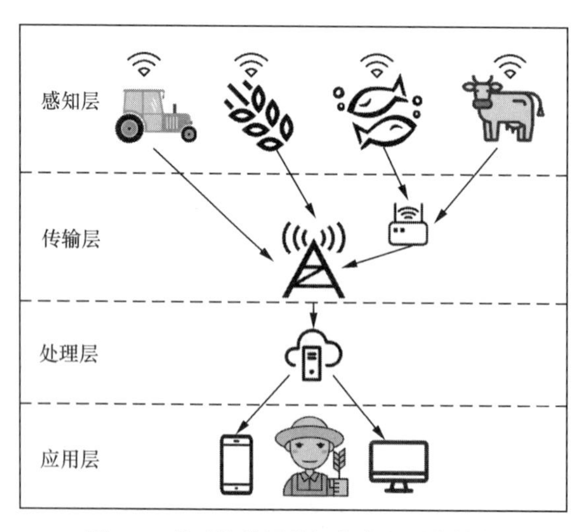

图 6-9　基于物联网的智能农业系统结构

物联网技术（如 RFID、WSN 等）可以应用到智能农业的方方面面，给农业生产带来巨大收益。

（1）动物识别与跟踪

RFID 技术已经广泛应用于畜牧业，可以通过射频信号自动识别目标物体，获取相关数据信息。在动物身上安装电子标签，并写入代表该动物的标识号。当动物进入 RFID 阅读器的识别范围时，阅读器会自动识别动物的数据信息。阅读器将数据传输到动物管理信息系统，可以实现对动物的跟踪。

（2）农畜产品安全生产

RFID 标签包含了关于目标对象的各种相关信息，可以记录动物的个体信息、免疫疾病信息、交易信息等。一旦发现传染病，通过这些信息可以直接溯源，从而及时采取控制措施。RFID 技术提高了信息采集的准确性和及时性，减少了人工失误和大量的劳动，提高了信息质量和处理效率。

（3）农产品流通

RFID 技术具有非接触、读取速度快、数据容量大、多目标识别等优点，使用 RFID 技术可以大大提高产品信息在流通过程中的采集速率，提高农产品供应链中的信息整合和共享程度，从而提高整个供应链的效率和客户满意度。

（4）环境监测与控制

农田面积大，采集农业信息时需要铺设海量的传感器节点，如果采用有线方式通信，则需要巨大的线路成本，而且灵活性差。WSN 具有易于部署、低功耗、低成本、无线等特点，非常适合智能农业的信息采集。使用无线传感器等技术，可以自动记录田间图像、温度、湿度、酸碱度、日照等信息，详细记录农产品的生产和生长情况。此外，WSN 使分布在不同地理位置的通信设备可以连接在一起，实现农业信息的相互通信和资源共享。利用无线网络的特点，可以建立一个用于农业信息采集和管理的无线局域网，实现农业信息的无线实时传输。同时，可以为用户提供更多的决策信息和技术支持，实现整个系统的远程管理。例如，可以在田间部署多个环境传感器节点以收集、预处理和发送测量数据，同时也可部署无人机和摄像机节点以捕获图像。接下来，网关将节点连接到服务器云，数据被发送到服务器云以进行存储、分析和可视化。用户可以通过计算机和智能手机等与监视系统进行交互。

（5）智能灌溉

随着人口的增长，家庭收入的增加，良好的营养和多样化的饮食，农业部门对水的需求不断增加。根据《2016 年联合国世界水发展报告》，农业部门约占全球用水量的 70%，如果不使用高效替代方法，到 2050 年，农业用水量预计将增长 20%。因此，需要一种智能灌溉系统最大程度地减少用水量和最大化农作物产量。

智能灌溉系统利用传感器和执行器来测量和控制土壤湿度参数，测得的数据通过物联网通信传输到本地或远程服务器进行处理和分析。图 6-10 展示了一种智能灌溉系统结构，该系统基于传感器技术，由无线传感器节点、无线路由节点、无线网关和监控中心 4 部分组成。传感器节点分布在监测区域内，连续采集湿度、温度等农业参数信息，并与预设参数的上下限进行对比，判断是否需要灌溉以及何时停止灌溉。智能灌溉系统采用混合组网方式，各传感器节点通过 ZigBee 构成自组网，监控中心与无线网关之间通过 GPRS 传输控制信息。传感器节点将收集到的数据发送到最近的无线路由节点，路由节点根据路由算法选择最佳路由，并建立相应的路由表。无线网关用于连接 ZigBee 无线网络和 GPRS 网络，是基于 WSN 的智能灌溉系统的核心部分，负责无线传感器节点的管理。路由节点通过网关连接到广域网，最后将数据传输到远程监控中心，方便用户进行远程监控和管理。

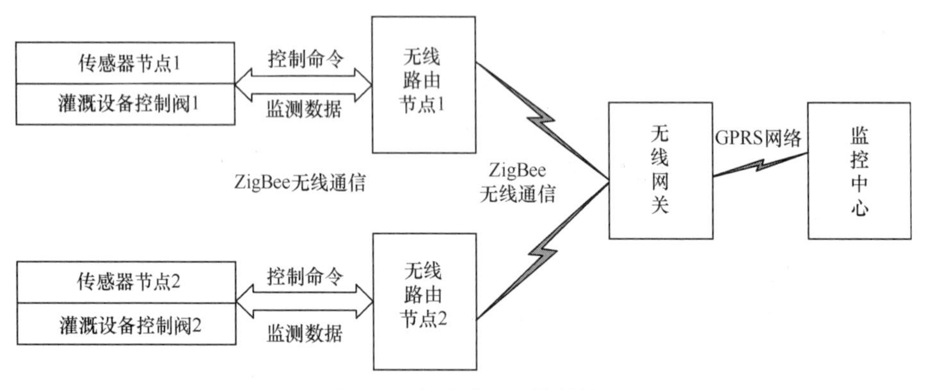

图 6-10　智能灌溉系统结构

6.8　智慧城市

智慧城市的定义之一是：将物理基础设施、信息技术基础设施、社会基础设施和商业基础设施连接起来，以提升资源运用的效率，优化城市管理服务，以及改善市民生活质量。2010 年，IBM 正式提出“智慧城市”愿景，认为城市由组织（人）、政务、交通、通信、水、能源六大核心系统组成。这些系统不是分散的，而是以合作的方式相互连接的，城市本身就是由这些系统组成的宏观系统。

可以说，智慧城市是一个更宏观的概念，是更为复杂的物联网应用。智慧城市包含多个子应用程序或服务，包括本章提到的智能电网、智能环保、智慧建筑、智慧医疗、无人驾驶等。所有这些智能子应用程序或服务均应由统一的通信网络基础架构支持，或者应将为这些子应用程序或服务设计的通信网络互联，以建立用于物联网应用程序的大规模互联异构网络，其目的是通过引入信息和通信技术解决方案来管理公共事务，在减少环境影响的同时更好地利用资源。智慧城市可以更有效地使用公共资源，从而提升提供给用户的服务质量，并降低公共管理的运营成本。

基于物联网的智慧城市的架构如图 6-11 所示，其一般包括如下几个方面。

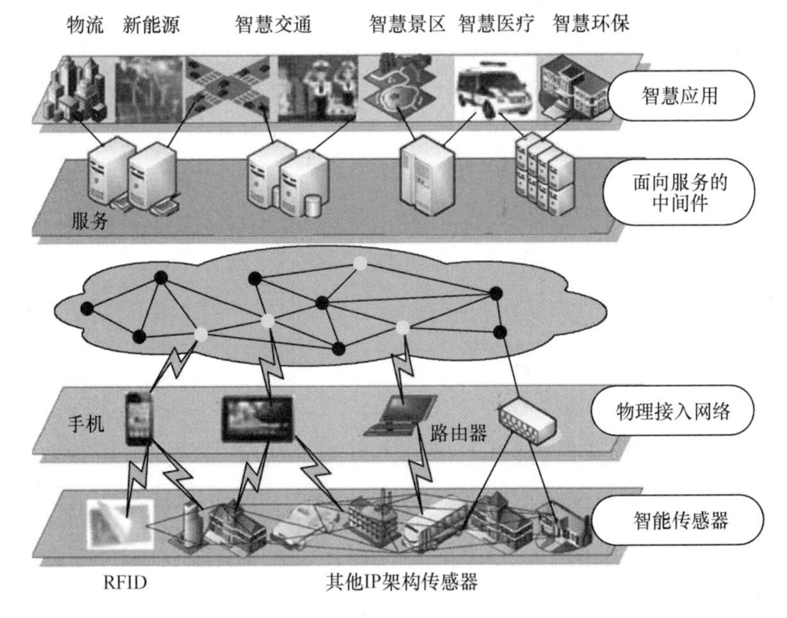

图 6-11　基于物联网的智慧城市的架构

1. 智慧城市包含物联网和云计算

在有了基础框架后，智慧城市还需要进行实时的信息采集、处理分析与控制。物联网和云计算就是实现这些功能的关键。物联网和云计算的核心和基础是互联网，互联网的用户端延伸和扩展到了任何物品与物品之间，使这些物品可以相互进行信息交换和通信。

2. 智慧城市与物理城市融为一体

在智慧城市中，传感器和控制器可用于测量物理城市中的环境和对象数据，如温度、湿度、噪声、移动对象的大小、速度和方向等。随着传感器和控制器的种类和数量的增加，智慧城市将物理城市与电子世界完美融合，自动控制相应的城市基础设施。

3. 智慧城市能实现自主组网和自维护

智慧城市中的物联网需要具备自组织和自动重构的能力。当单个节点或本地节点因环境变化而发生故障时，网络拓扑能根据有效节点的变化自适应重组，并自动提示故障节点的位置及相关信息。网络也要有维护动态路由的功能，保证整个网络不会因为某些节点失效而瘫痪。

智慧城市有 4 个核心主题：社会、经济、环境和治理，如图 6-12 所示。智慧城市的“社会”主题标志着该城市的市民可以参与城市的建设与变革。智慧城市的“经济”主题标志着该城市能够随着持续的就业增长和经济增长而蓬勃发展。智慧城市的“环境”主题表明，该城市将能够维持可持续发展。智慧城市的“治理”主题表明，该城市在执行政策和结合其他要素方面具有强大的能力。

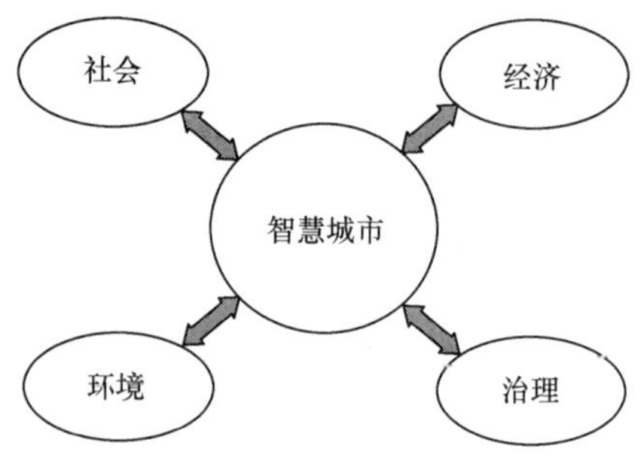

图 6-12　智慧城市的核心主题

建设智慧城市的挑战是多种多样且复杂的，包括成本、效率、可持续性、通信和安全性等。这些挑战受各种因素的制约，包括自然环境、政策、社会社区和经济。成本是智慧城市设计的最重要因素，一般成本包括设计成本和运营成本。设计成本是一次性成本，运营成本是维护智慧城市所需的成本。较低的成本将使城市更容易长期运行，且城市预算负担最小，在整个系统生命周期内进行成本优化是一个具有挑战性的问题。智慧城市的运营效率也是一个重要的挑战，更高的效率可以降低运营成本并提高智慧城市的可持续性。智慧城市需要应对人口增长，同时以优化的运营成本确保长期可持续性，并且它们必须能够抵御灾难和避免故障发生。灾难可能来自自然，而故障可能是由系统中的多种原因引起的，例如信息通信故障和电源故障等。自然灾害还可能导致智慧城市的各个组成部分发生故障。智慧城市的设计需要考虑这些潜在的灾难和故障，以便城市能够从这些情况中快速恢复。智慧城市也需要减少碳排放和城市废物，以提高可持续性和效率，并降低运营成本。同时，智慧城市利用了多种智能组件，需要处理和存储大量数据，所以信息和基础架构的安全性必须得到保证。智慧城市也需要保护居民的安全，这也可能增加设计和运营预算。

本章小结

本章主要介绍了物联网在生活中的典型应用，主要包括公共事业、无人驾驶、工业应用、智慧物流、智慧建筑与家庭、消费与医疗、农业与环境以及智慧城市等多个不同领域，通过上述应用领域的分析介绍，读者能够对物联网的应用价值有更深刻的了解。

本章习题

1. 物联网在交通领域的作用是什么？给出物联网在交通领域的应用实例。
2. 物联网在物流领域的作用是什么？给出物联网在物流领域的应用实例。
3. 物联网在工业领域的作用是什么？给出物联网在工业领域的应用实例。
4. 简述物联网在智能电网管理中的应用和意义。
5. 简述基于物联网的智慧城市架构的一般特征。

缩略语

2G	2nd generation	第二代
2T2R	2 Transmit 2 Receive	2 发射 2 接收
3G	3rd Generation	第三代
3GPP	3rd Generation Partnership Project	第三代合作伙伴计划
4G	4th Generation	第四代
4T4R	4 Transmit 4 Receive	4 发射 4 接收
5G	5th Generation	第五代
6LoWPAN	IPv6 over Low Power Wireless Personal Area Network	基于 IPv6 的低速无线个域网
	A	
ACK	Acknowledge Character	确认字符
ACP	Application Center Platform	应用中心平台
ADSL	Asymmetric Digital Subscriber Line	非对称数字用户线
AEP	Application Enablement Platform	应用使能平台
AES	Advanced Encryption Standard	高级加密标准
AIM Global	Association for Automatic Identification and Mobility	国际自动识别制作商协会
AMC	Adaptive Modulation and Coding	自适应调制编码
AMF	Access and Mobility Management Function	访问和移动管理功能
AMPS	Advanced Mobile Phone System	高级移动电话系统
AMQP	Advanced Message Queuing Protocol	高级消息队列协议
AN	Access Network	接入网络
ANSI	American National Standards Institute	美国国家标准协会
API	Application Programming Interface	应用程序接口
ARPU	Average Revenue Per User	每用户平均收入
ASK	Amplitude Shift Keying	幅度偏移调制
ATM	Asynchronous Transfer Mode	异步传输模式
AUSF	Authentication Server Function	身份验证服务器功能
	B	
BAN	Body Area Network	体域网
BAP	Business Analytics Platform	业务分析平台
BBU	Base Band Unit	基带处理单元

续表

BCCH	Broadcast Control Channel	广播控制信道
BOSS	Business and Operation Support System	业务支撑系统
BSC	Base station control	基站控制器
BSN	Body Sensor Network	身体传感网络
BSSGP	Base Station System GPRS protocol	基站系统 GPRS 协议
	C	
Capex	Capital Expenditure	资本性支出
CCD	Charge Coupled Device	电荷耦合元件
CDMA	Code Division Multiple Access	码分多址
CERP-IoT	Cluster of European RFID Projects	欧洲物联网研究项目组
CIS	Contact Image Sensor	接触式图像传感器
CLSM	Closed-loop Spatial Multiplexing	闭环空分复用
CMC	Connection Mobility Control	连接移动控制
CMOS	Complementary Metal-Oxide-Semiconductor	互补金属氧化物半导体
CMP	Connectivity Management Platform	连接管理平台
CN	Core Network	核心网络
CoAP	Constrained Application Protocol	受限应用协议
CoMP	Coordinated Multipoint	多点协作
CP	Control Plane	控制平面
CPS	Cyber-Physical System	信息物理系统
CS	Channel State Information	信道状态信息
CSMA	Carrier Sense Multiple Access	载波侦听多路访问
CTS	Clear to Send	允许发送
	D	
D-AMPS	Digital Advanced Mobile Phone System	数字高级移动电话系统
DAS	Direct Attached Storage	直连式存储
DC	Dual Connectivity	双重连接
Deep QA	Deep question and answer	深度问答
DES	Data Encryption Standard	数据加密标准
DFT	Discrete Fourier Transform	离散傅里叶变换
DHCP	Dynamic Host Configuration Protocol	动态主机配置协议
DL	Down Link	下行链路
DMP	Device Management Platform	设备管理平台
DMTS	Delay Measurement Time Synchronization	时延测量时间同步算法
DN	Data Network	数据网络
DNA	Deoxyribonucleic acid	脱氧核糖核酸
DNS	Domain Name System	域名系统
DRX	Discontinuous Reception	非连续接收

续表

DS-CDMA	Direct Sequence CDMA	非正交技术直接序列码分多址
DSDV	Destination-Sequenced Distance-Vector Routing	目的节点序列距离矢量路由
DTLS	Datagram Transport Layer Security	数据报传输层安全性
DTW	Dynamic Time Warping	动态时间规整
	E	
EAN	European Article Numbering Association	欧洲物品编码协会
EDI	Electronic Data Interchange	电子数据交换
eDRX	Extended Discontinues Reception	扩展的非连续接收
EEPROM	Electrically Erasable Programmable Read-Only Memory	带电可擦除可编程只读存储器
eMBB	Enhanced Mobile Broadband	增强移动宽带
eNodeB	Evolved Node B	演进型 Node B
EPC	Electronic Product Code	电子产品代码
EPDCCH	Enhanced Physical Downlink Control Channel	增强的下行物理控制信道
ERP	Enterprise Resource Planning	企业资源计划
	F	
FDD	Frequency Division Duplex	频分双工
FDMA	Frequency Division Multiple Access	频分多址
FE	Fast Ethernet	快速以太网
FFD	Full Functional Device	完整功能设备
FR	Frame relay service	帧中继业务
FSK	Frequency Shift Keying	频率偏移调制
FTPC	Fast Transmission Power Control	快速功率控制
FTSP	Flooding Time Synchronization Protocol	洪泛时间同步协议
	G	
GAF	Geographical Adaptive Fidelity	地域自适应保真算法
GE	Gigabit Ethernet	千兆以太网
GGSN	Gateway GPRS Support Node	GPRS 网关支持节点
GIS	Geographic Information System	地理信息系统
GMM	Gaussian Mixture Model	高斯混合模型
GPRS	General Packet Radio Service	通用分组无线业务
GPS	Global Positioning System	全球定位系统
GSM	Global System/Standard for Mobile Communication	全球移动通信系统
GTP	GPRS Tunnel Protocol	GPRS 隧道传输协议
	H	
HEED	Hybrid Energy-Efficient Distributed clustering	混合节能的分布式聚类
HiperPAN	High Performance PAN	高性能个域网
HLR	Home Location Register	归属位置寄存器

续表

HMM	Hidden Markov Model	隐马尔可夫模型
HS	The Harmonized Commodity Description and Coding System	编码协调制度
HSDPA	High Speed Downlink Packet Access	高速下行链路分组接入
HSPA	High Speed Packet Access	高速数据包接入
HTTP	Hypertext Transfer Protocol	超文本传输协议
	I	
IaaS	Infrastructure as a Service	基础设施即服务
IBM	International Business Machines Corporation	国际商业机器公司
IC	Integrated Circuit	智能卡
ICV	Intelligent Connected Vehide	智能网联汽车
IIoT	Industrial Internet of Things	工业物联网
IMEI	International Mobile Equipment Identity	国际移动设备识别码
IMSI	International Mobile Subscriber Identification Number	国际移动用户识别码
IMT-Advanced	International Mobile Telecommunications-Advanced	下一代移动通信系统
IP	Internet Protocol	网际互联协议
IPv6	Internet Protocol version 6	网际协议第 6 版
ISO	International Organization for Standardization	国际标准化组织
ITU	International Telecommunication Union	国际电信联盟
	L	
LADN	Local Area Data Network	本地数据网络
LAN	local Area Network	局域网
LAPDm	Link Access Protocol on the Dm Channel	控制信道链路接入协议
LDPC	Low Density Parity Check Code	低密度奇偶校验码
LEACH	Low Energy Adaptive Clustering Hierarchy	低能耗自适应聚类层次
LLC	Logical Link Control	逻辑链路控制
LMA	Local Mean Algorithm	本地平均算法
LPWAN	Low-Power Wide-Area Network	低功率广域网
LR-WPAN	Low Rate Wireless Personal Area Network	低速率无线个域网
LTE	Long Term Evolution	长期演进
	M	
M2M	Machine to Machine	机器对机器
MAC	Media Access Control	介质访问控制
MAN	Metropolitan Area Network	城域网
MCL	Maximum Coupling Loss	最大耦合路损
MEC	Mobile Edge Computing	移动边缘计算
MIMO	Multi Input Multi Output	多进多出
mMTC	Massive Machine Type Communication	大规模机器类型通信

续表

mmW	Millimeter-Wave	毫米波
MQTT	Message Queuing Telemetry Transport	消息队列遥测传输
MSC	Mobile switching center	移动业务交换中心
	N	
NAS	Network Attached Storage	网络存储设备
NAT	Network Address Translation	网络地址转换
NB-IoT	Narrow Band Internet of Things	窄带物联网
NEF	Network Exposure Function	网络陈列功能
NFC	Near Field Communication	近场通信
NFV	Network Functions Virtualization	网络功能虚拟化
NMT	Nordic Mobile Telephony	北欧移动电话
NOMA	Non-orthogonal Multiple Access	非正交多址接入
NR	New Radio	新空口
NRF	Network Repository Function	网络存储库功能
NS	Network Slicing	网络切片
NTP	Network Time Protocol	网络时间协议
	O	
OCR	Optical Character Recognition	光学字符识别
OFDM	Orthogonal Frequency Division Multiplexing	正交频分复用
OFDMA	Orthogonal Frequency Division Multiple Access	正交频分多址
OSI	Open System Interconnection Model	开放式系统互联模型
OTN	Optical Transport Network	光传送网
	P	
PA	Power Amplifier	功率放大器
PAN	Personal Area Network	个域网
PAT	Port Address Translation	端口地址转换
PCF	Policy Control Function	策略控制功能
PCRF	Policy Control and Charging Rules Function	策略控制和计费规则功能单元
PCU	Packet Control Unit	分组处理单元
PDC	Personal Digital Cellular	个人数字蜂窝
PDCCH	Physical Downlink Control Channel	物理下行控制信道
PDCH	Physical Data Channel	专用物理数据信道
PDF417	Portable Document Format-417	高信息含量的便携式数据文件
PDP	Packet Data Protocol	分组数据协议
PDU	Protocol Data Unit	协议数据单元
PEGASIS	Power-Efficient Gathering in Sensor Information Systems	传感器信息系统中的能量高效采集
PLMN	Public Land Mobile Network	公共陆地移动网

续表

POS	Point of Sales	销售终端
PRB	Physical Resource Block	物理资源块
PROM	Programmable read-only memory	可编程只读存储器
PSD	Power Spectral Density	功率频谱密度
PSK	Phase Shift Keying	相位偏移调制
PSM	Power Saving Mode	节电模式
PTN	Packet Transport Network	分组传送网
PTP	Percision Time Protocol	高精度时间同步协议
PUCCH	Physical Uplink Control Channel	物理上行控制信道
	Q	
QoS	Quality of Service	服务质量
QPSK	Quadrature Phase Shift Keying	正交相移键控
QR	Quick Response Code	快速响应矩阵
	R	
RA	Range Assignment	范围分配
RAC	Radio Admission Control	无线接收控制
Radius	Remote Authentication Dial in User Service	远程用户拨号认证
RAM	Random Access Memory	随机存储器
RAN	Radio Access Network	无线接入网
RBC	Radio Bearer Control	无线承载控制
RBS	Reference Broadcast Synchronization	参考广播同步
RFD	Reduce Functional Device	精简功能设备
RFID	Radio Frequency Identification	射频识别
RLC	Radio Link Control	无线链路层控制协议
RMP	Resource Management Platform	资源管理平台
RNC	Radio Network Controller	无线网络控制器
ROM	Read-Only Memory	只读存储器
RPR	Resilient Packet Ring	有线的弹性公组环
RRM	Radio Resource Management	无线资源管理
RS	Remote Sensing Dynamic Monitoring System	遥感监测系统
RTS	Request to Send	请求发送
	S	
SAN	Storage Area Network	存储网络
SCP	Sensor Communication Protocol	传感器通信协议
SDCCH	Standalone Dedicated Control Channel	独立专用控制信道
SDH	Synchronous Digital Hierarchy	同步数字体系
SDK	Software Development Kit	软件开发工具包
SDN	Software Defined Network	软件定义网络

续表

SDU	Service Data Unit	服务数据单元
SGSN	Serving GPRS Support Node	GPRS 服务支持节点
SIC	Successive Interference Cancellation	串行干扰抵消
Single RAN	Single Radio Access Network	整体式无线接入网
SLA	Service Level Agreement	服务水平协议
S-MAC	Sensor-MAC	传感器介质访问控制
SMF	Session Management Function	会话管理功能
SMSC	Short Message Service Center	短消息服务中心
SNDCP	Sub-Network Dependent Convergence Protocol	子网相关汇合协议
SNR	Signal to Noise Ratio	信噪比
SPIN	Sensor Protocol for Information via Negotiation	基于协商并具有能量自适应功能的信息传播协议
STEM	Sparse Topology and Energy Management	稀疏拓扑结构与能量管理协议
sTTI	short Transmission Time Interval	短传输时间间隔
	T	
TA	Time Advanced	最大时间提前量
TACS	Total Access Communication System	全接入通信系统
TBCC	Tail Biting Convolutional Coding	尾端位回旋码
TCH	Traffic Channel	业务信道
TCP	Transmission Control Protocol	传输控制协议
TDD	Time Division Duplex	时分双工
TDMA	Time Division Multiple Access	时分多址
TEEN	Threshold Sensitive Energy Efficient Sensor Network Protocol	门限敏感的高效能传感器网络协议
T-MAC	Timeout-MAC	自适应能量无线传感器访问控制
TopDisc	Topology Discovery	拓扑发现
TPSN	Timing-sync Protocol for Sensor Networks	传感器网络时间同步协议
TTI	Transmission Time Interval	传输时间间隔
	U	
UCC	Uniform Code Council	美国统一编码协会
UDG	Unit Disk Graph	单位圆图
UDM	Unified Data Management	统一数据管理
UID	Unique Identifier	唯一标识符
UL	UP LINK	上行链路
ULCL	Uplink Classifier	Uplink 分类器
UN	Ubiquitous Network	泛在网
UP	User Plane	用户平面
UPC	Universal Product Code	商品统一代码

续表

UPF	User Plane Function	用户平面功能
uRLLC	Ultra Reliable and Low Latency Communication	超高可靠超低时延通信
UWB	Ultra Wideband	超宽带
	V	
V2V	Vehicle to Vehicle	车辆到车辆
V2X	Vehicle to Everything	车辆到任何对象
VPN	Virtual Private Network	虚拟专用网
VQ	Vector quantization	矢量量化
	W	
WAN	Wide Area Network	广域网
WAP	Wireless Application Protocol	无线应用协议
Wi-Fi	Wireless fidelity	无线传输系统
WiGig	Wireless Gigabit	无线千兆比特
WirelessHART	Wireless Highway Addressable Remote Transducer	无线可寻址远程传感器高速通道的开放通信协议
Wi-SUN	Wireless Smart Ubiquitous Network	无线智能泛在网
WLAN	Wireless Local Area Network	无线局域网
WNAN	Wireless Neighborhood Area Network	无线邻域网
WPAN	Wireless Personal Area Network Communication Technologies	无线个人局域网通信技术
WSN	Wireless Sensor Network	无线传感器网络
WWAN	Wireless Wide Area Network	无线广域网
	Z	
Z-MAC	Zebra-MAC	混合型介质访问控制

参考文献

[1] 韩毅刚，冯飞，杨仁宇. 物联网概论 第 2 版[M]. 北京：机械工业出版社，2017.

[2] 韩毅刚，王大鹏，李琪. 物联网概论[M]. 北京：机械工业出版社，2012.

[3] 丁飞. 物联网开放平台[M]. 北京：电子工业出版社，2018.

[4] 张阳，王西点，王磊，等. 万物互联 NB-IoT 关键技术与应用实践[M]. 北京：机械工业出版社，2017.

[5] 贾坤，黄平，肖铮. 物联网技术及应用教程[M]. 北京：清华大学出版社，2018.

[6] 埃里克·达尔曼，斯特凡·巴克浮，约翰·舍尔德，等. 5G NR 标准 下一代无线通信技术[M]. 北京：机械工业出版社，2019.

[7] 林辉，焦慧颖. LTE-Advanced 关键技术详解[M]. 北京：人民邮电出版社，2012.

[8] 任宗伟. 物联网基础技术[M]. 北京：中国物资出版社，2011.

[9] 摩托罗拉工程学院. GPRS 网络技术[M]. 北京：电子工业出版社，2005.

[10] 刘军，阎芳，杨玺. 物联网技术[M]. 北京：机械工业出版社，2017.

[11] 李新平，杨红云. 物联网教育工程概论[M]. 武汉：华中科技大学出版社，2016.

[12] 冯耕中. 物流信息系统[M]. 北京：机械工业出版社，2009.

[13] 张蕾. 无线传感器网络技术与应用[M]. 北京：机械工业出版社，2016.

[14] 余成波，李洪兵，陶红艳. 无线传感器网络实用教程[M]. 北京：清华大学出版社，2012.

[15] 韩毅刚. 通信网技术基础[M]. 北京：人民邮电出版社，2017.

[16] 潘立武，刘志龙，罗丛波. 物联网技术与应用[M]. 北京：航空工业出版社，2018.

[17] 施云波. 无线传感器网络技术概论[M]. 西安：西安电子科技大学出版社，2017.

[18] 郑军，张宝贤. 无线传感器网络技术[M]. 北京：机械工业出版社，2012.

[19] 刘洋，铁勇. 无线传感器网络关键技术及应用研究[M]. 北京：中国水利水电出版社，2018.

[20] 童利标，漆德宁. 无线传感器网络与信息融合[M]. 合肥：安徽人民出版社，2008.

[21] 吕辉，曾志辉. 无线传感器网络研究与应用[M]. 北京：地质出版社，2018.

[22] 马飒飒. 无线传感器网络概论[M]. 北京：人民邮电出版社，2015.

[23] 冯耕中. 物流管理信息系统及其实例[M]. 西安：西安交通大学出版社，2003.
[24] 史治国，潘骏，陈积明. NB-IoT 实战指南[M]. 北京：科学出版社，2018.
[25] 邵长恒，孙更新. 物联网原理与行业应用[M]. 北京：清华大学出版社，2013.
[26] 范兴兵. 物流管理信息系统[M]. 北京：北京交通大学出版社，2007.
[27] 张起贵，梁风梅，刘彦隆，等. 物联网技术与应用[M]. 北京：电子工业出版社，2015.
[28] 安立华，任秉银，董景峰，等. 物流信息系统[M]. 沈阳：东北财经大学出版社，2013.
[29] 李善仓，张克旺. 无线传感器网络原理与应用[M]. 北京：机械工业出版社，2008.
[30] 吴忠，张磊. 物流信息技术[M]. 北京：清华大学出版社，2009.
[31] 杨庚，许建，陈伟，等. 物联网安全特征与关键技术[J]. 南京邮电大学学报（自然科学版），2010,30(4):20-29.
[32] 兰京. 无人驾驶汽车发展现状及关键技术分析[J]. 内燃机与配件，2019(15):209-210.
[33] 谭松鹤，覃琪. 无线传感器网络路由协议研究[J]. 电脑知识与技术，2018,14(17):64-65.
[34] 刘林峰，金杉. 无线传感器网络的拓扑控制算法综述[J]. 计算机科学，2008,35(3):6-12.
[35] 勾保同，赵建平，田全利，等. NB-IoT 的覆盖增强技术探讨[J]. 通信技术，2018,51(6):1254-1258.
[36] 丁飞，张西良. Z-Wave 无线家庭网络技术[J]. 电视技术，2005(11):71-73.
[37] 林辉. 4G LTE-Advanced 技术标准[J]. 电信网技术，2010(5):22-25.
[38] 焦慧颖. 第四代移动通信关键技术研究[J]. 通信管理与技术，2011(3):18-21.
[39] 张相飞，周芝梅，王永刚，等. NFC 技术原理及应用[J]. 科技风，2019(5):69-70.
[40] 陈越. 电信运营商物联网运营管理平台研究[J]. 互联网天地，2017(4):37-43.